Wolfram zu Mondfeld

Enzyklopädie des historischen Schiffsmodellbaus

Titelübersicht

Band 1	Modelle und Vorkenntnisse
Band 2	Material und Werkzeug
Band 3	**Der Rumpf**
Band 4	Die Ausrüstung
Band 5	Boote und Kleinfahrzeuge
Band 6	Sichtbare Schiffsmaschinen
Band 7	Masten und Rahen
Band 8	Taue, Blöcke und Segel
Band 9	Stehendes Gut
Band 10	Laufendes Gut
Band 11	Allerlei Exoten
Band 12	Flaggen, Lexikon und Nachträge

Neckar-Verlag GmbH
78008 Villingen-Schwenningen

Der Autor:

Wolfram zu Mondfeld (mit vollem Namen Wolfram Prinz zu Löwenstein-Wertheim-Freudenberg-Mondfeld) gilt seit über 30 Jahren international als ***der*** Spezialist für historischen Schiffs- und Schiffsmodellbau. Bisher hat er 32 Bücher (in fast alle Weltsprachen übersetzt) veröffentlicht, zahllose Fachartikel zum Thema geschrieben und über 30 Modelle gebaut, die heute großteils im Deutschen Technikmuseum in Berlin ihren endgültigen Ankerplatz gefunden haben. Die Berliner Zeitung nannte ihn „Europas Modellbau-Papst“. Die Welt fasste es so zusammen: „Der Autor erweist sich als Koryphäe für die Geschichte des Schiffbaus und Schiffsmodellbaus, wie es wohl keine andere gibt.“ 2003 wurde Wolfram zu Mondfeld für seine außerordentlichen wissenschaftlich-künstlerischen Leistungen mit dem Verdienstorden der Bundesrepublik Deutschland (Bundesverdienstkreuz) ausgezeichnet.

Die Herausgeberin:

Barbara zu Wertheim (Prinzessin zu Löwenstein-W.-F.-M.) ist seit einem Jahrzehnt mit dem Autor verheiratet. Sie ist eine ebenso kompetente Autorin, Herausgeberin und begeisterte Modellbauerin wie ihr Gatte.

Das Buch:

Die Enzyklopädie des historischen Schiffsmodellbaus ist Theorie und Praxis des historischen Schiffbaus, speziell aufbereitet für den Modellbauer – vom Anfänger bis zum Spitzenkönner.

In den 12 Bänden dieser Enzyklopädie kommen sämtliche irgendwie relevanten Themen zur Sprache: Quellen und Materialkenntnisse, Arbeitstechniken und Tricks, originale Bauformen, Proportionstabellen und Werkzeuge für Modelle, deren Zeitbogen sich vom mehr als 10.000 Jahre alten, eiszeitlichen Jägerfellboot bis zum Dampf-Segel-betriebenen Passagierschiff der Mitte des 19. Jahrhunderts, vom europäischen 74-Kanonen-Zweidecker und der eleganten Fregatte bis zur chinesischen Futschou-Dschunke zieht.

Ausgestattet mit Tausenden (buchstäblich!) von Zeichnungen, Ansichten und Rissen, sowie Hunderten von Fotos erstklassiger Modelle, mischt sich in dieser Enzyklopädie optimal das Wissen eines exzellenten Fachhistorikers mit den Kenntnissen eines nicht weniger brillanten Modellbauers, um für den Bau maßstäblicher und exakt detailgetreuer Schiffsmodelle das Rüstzeug zu vermitteln.

Wolfram zu Mondfeld

Enzyklopädie des historischen Schiffsmodellbaus

Herausgegeben von **Barbara zu Wertheim**

Band 3 Teil 2

Der Rumpf

Neckar-Verlag GmbH
78008 Villingen-Schwenningen

ISBN 978-3-7883-1157-5

Gestaltung und Layout: Wolfram zu Mondfeld und Barbara zu Wertheim

Printed by Baur-Offset, Lichtensteinstraße 76, 78056 Villingen-Schwenningen

Inhaltsverzeichnis

Teil 1

Teil 2

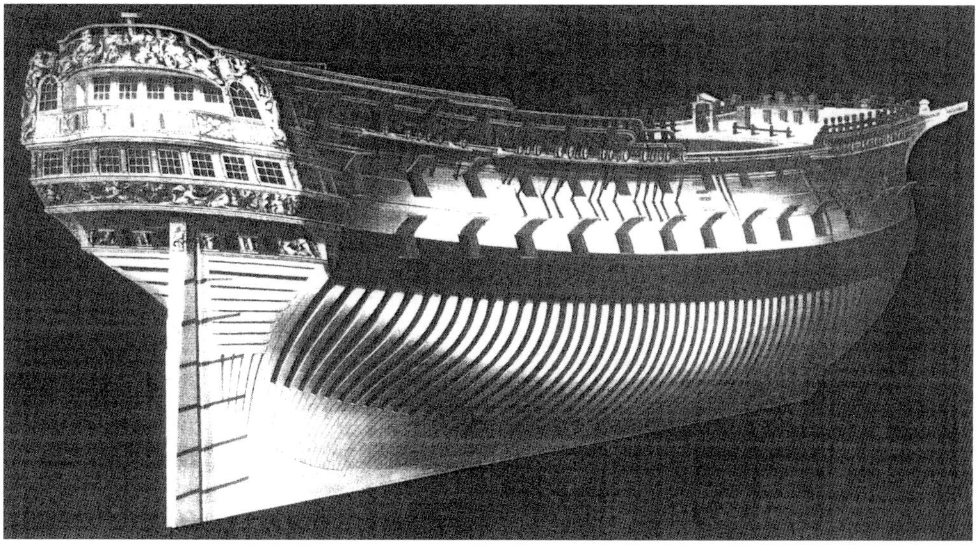

Admiralty-Model des englischen 74-Kanonenschiffes HMS Royal Oak von 1769.
(s. auch Teil 1 S. 11)
(Gemälde im National Maritime Museum London-Greenwich)

Vorwort

Das Material – historisch wie modellbauerisch – dieses zweifellos *dicksten* Bandes der ENZYKLOPÄDIE ist so umfangreich, dass es sich ganz einfach, auch buchbindetechnisch, nicht mehr problemfrei zwischen nur *zwei* Buchdeckel pressen ließ.
Wir haben uns deshalb, wie im ersten Teil schon gesagt, entschlossen den Band in *zwei Bücher* zu teilen, die freilich – Sie werden das sehr schnell erkennen – inhaltlich und optisch untrennbar zusammengehören. Da dies eben eine ENZYKLOPÄDIE DES HISTORISCHEN SCHIFFSMODELLBAUS ist, dürfen wir da wohl voll mit Ihrem Verständnis rechnen, selbst wenn die eine oder andere Information nun nicht punktgenau ein Thema Ihres ganz persönlichen Schiffsmodells treffen sollte.

Die überwiegende Mehrzahl der Modellbauer widmet sich Schiffen aus dem 17. bis 19. Jahrhundert.
Dagegen ist *wahrlich* absolut nichts einzuwenden!

Weshalb dann aber die gelegentlichen, sogar ausführlichen „Ausflüge“ etwa ins frühe oder auch nur hohe Mittelalter?

Kurzantwort: Eben weil diese ENZYKLOPÄDIE eben *kein* handsames „Bastelbüchlein“ sein will!

Selbstverständlich wollen wir Sie nicht zu „wenig unüblichen“ Schiffsmodellen *bekehren!*

Aber es liegt zweifelsfrei auch im Sinne dieser ENZYKLOPÄDIE jenen, die sich nicht auf ausgelatschten Trampelpfaden des Schiffsmodellbaus bewegen, einige, oft nur extrem schwer auftreibbare Hilfen und Hinweise zu geben.

Gewiss wird sich nun der eine oder andere Modellbauer fragen, weshalb etwa Spantmodelle und Admiralty-Models in diesem Band zwar erwähnt, in ihrer Anfertigung jedoch nicht ausführlich beschrieben wurden, obwohl der Autor doch auch sonst auf kleinste Details eingeht. Die Antwort ist ganz einfach:

Dieser Band ist ohnehin der umfangreichste der ENZYKLOPÄDIE DES HISTORISCHEN SCHIFFSMODELLBAUS. Um ihn nicht noch mehr aufzublähen, haben sich Autor, Herausgeberin und Verlag entschlossen, einige Spezialthemen in andere Bände „auszulagern“. Näheres zum Bau von Spant- oder Admiralty-Models finden Sie daher in Band 11, ALLERLEI EXOTEN.
In dem Band geht es nicht nur um hierzulande eher seltener nachgebaute Schiffstypen vom eiszeitlich-nordischen Jägerfellboot bis zur Galeere des Mittelmeers, von der arabischen Dhau bis zur thailändischen Rua chalom und der südvietnamesischen Geh luoi rung oder Indianer-Kanus.
In besagtem Band geht es auch um eher selten gebaute Modellbau-„Exoten“ wie Quer- und Längsschnitt-Modelle, um Spantmodelle und Admiralty-Models samt den Möglichkeiten, wie man diese optimal herstellen kann.

Heckbeplankung

Von der Konstruktion des Hecks war bereits im Kapitel Heck ausführlich die Rede. Hier geht es also nur noch um die jeweilige Beplankung.

Spitzgatt

Bei Schiffen mit spitzem Heck gibt es keine besondere Heckbeplankung wie es auch keine spezielle Bugbeplankung gibt, da sich beide automatisch aus der Seitenbeplankung ergeben.

Rundgatt

Doch je fülliger die „Poppa de la moliere" wurde, umso schwieriger wurde es, die

Das Rundgatt blieb vielfach, zumal im niederländischen Schiffbau, durchaus beliebt. (Stich von Pieter Bruegel dem Älteren – bekannt als „Bauern-Bruegel" – um 1550)

Holländische Fleute, das wohl häufigste und beliebteste Handelsschiff des 17. Jahrhunderts. Auffallend der extrem Achtersteven, damit das, auch recht breite, Ruder entsprechend angeströmt werden konnte.
(Originalmodell aus dem 17. Jahrhundert im Nederlandsch Historisch Scheepvaart Museum, Amsterdam)

Planken in diesem Bereich zurecht zu biegen, sie zusammenzuhalten (s. dazu auch Kap. Barkhölzer) und sie dann auch noch einigermaßen wasserdicht zu bekommen, denn alle verformten Hölzer tendieren dazu, sich wieder in ihre Wuchsrichtung zurückzubiegen. Wenn sie allzu sehr in Form „gezwungen“ werden, springen sie auch nur zu gerne leck. Und das war einerseits teuer, andererseits höchst ärgerlich.

Rundgatt im Modellbau

Dem Modellbauer, der solche Schiffe baut, bleibt keine Wahl, als seine Beplankung entsprechend nachzuvollziehen samt allen damit verbundenen bautechnischen Ärgernissen. Erspart bleibt ihm einzig, dass durch die Spalten zwischen den Planken kein Wasser in seinen Laderaum eindringen kann.

Plattgatt

Das Plattgatt bzw. der Unterspiegel war stets schräg geplankt. Die Planken unterhalb des Heckbalkens verliefen vom Achtersteven aus gesehen in einem Winkel von etwa 30 bis 45° nach außen/unten.
Alles was oberhalb des Heckbalkens lag – also etwa Kastelle – war im Mittelalter oftmals senkrecht geplankt. Seit spätestens 1500 wurde grundsätzlich alles, was oberhalb des Heckbalkens lag, waagerecht, also parallel zur Wasserlinie geplankt.
Ein solches Plattgatt ließ nun auch die Möglichkeit zu, an dieser „Achillesferse" jeden Schiffes Geschütze aufzustellen. Tatsächlich war der Heckspiegel seit dem frühen 16. Jahrhundert entsprechend ausgerüstet. Tatsächlich befanden sich jedoch nur im frühen 16. Jahrhundert dort auch wirklich fest installierte Geschütze (Abb. s. Band 1, MATERIAL UND WERKZEUG, S. 101). Später gab es dort zwar ebenfalls Stückpforten, doch waren diese nicht ständig besetzt, d. h. die letzten Breitseitengeschütze wurden nur im Notfall nach hinten gedreht. Anders ausgedrückt waren diese Pforten also in aller Regel geschlossen.

Kleine Galeone der Malteser-Ritter Mitte des 16. Jahrhunderts. Sehr schön zu sehen, die schräge Beplankung des Unterspiegels und die durchgehend waagerechte Beplanung oberhalb des Heckbalkens. (Kopie eines zeitgenössischen anonymen Stichs)

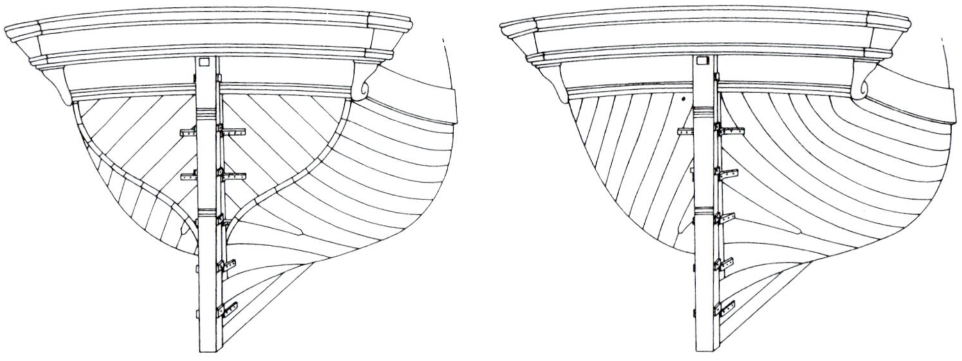

Links: Heckbeplankung Plattgatt. Rechts: Heckbeplankung Halbrundgatt.

Plattgatt im Modellbau

Modellbautechnisch macht ein Plattgatt kaum Probleme. Wie im Kapitel Spanten schon geschildert, ist die oftmals abgestufte und teilweise gerundete Grundform vorgegeben. Die entsprechend gebogene Unterplankung fertigt man am besten aus 1 mm starkem Sperrholz, das sich optimal anfügt (notfalls binnenbords einritzen wie die Zeichnung zeigt) und beklebt sie mit entsprechenden Edelholzleisten der Oberplankung.

Selbstverständlich müssen dort historisch existierende Stückpforten angebracht werden, doch da diese in den allermeisten Fällen ja geschlossen waren, genügt es, die Kanten des Pfortendeckels entsprechend einzuschneiden und samt Scharnieren, Brooktaubolzen und Pfortenreeps auszurüsten (s. auch Band 4, DIE AUSRÜSTUNG, Kap. Stückpfortendeckel).

Schiffe niederländischer Bauart schmückten im 17. Jahrhundert die Gillung gerne mit den Ansichten ihrer Städte wie etwa auch, rechts, den Kurbrandenburgischen Zweidecker FRIEDRICH WILHELM ZU PFERDE von 1681.
(Modell von Robert Volk, Augsburg, im Deutschen Technikmuseum, Berlin)

Halbrundgatt

Seit der Mitte des 18. Jahrhunderts begann der platte Unterspiegel endgültig zu verschwinden und machte wieder einem Rundgatt Platz, bei dem die Planken wieder bis zum Heckbalken hochgezogen wurden. Allerdings war dieses nun sehr viel flacher gehalten als im Spätmittelalter.

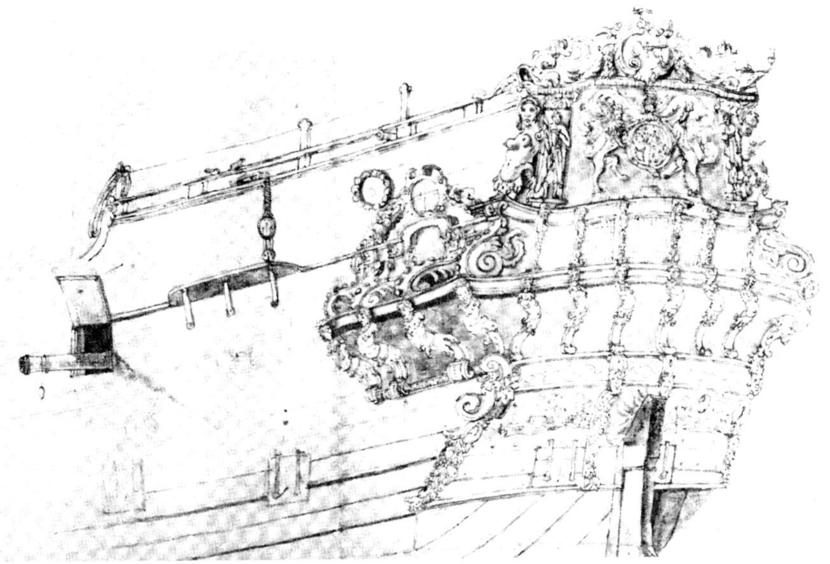

Ehe man die Sache endgültig im Griff hatte, gab es mit der Halbrundbeplankung des Hecks wohl zunächst noch einige Probleme, wie die beiden geknickten obersten Rumpfplanken der Darstellung zeigen.
(Zeichnungen von Willem van der Velde dem Älteren, spätes 17. Jahrhundert oder von Willem van der Velde dem Jüngeren, Mitte 17. Jahrhundert)

Halbrundgatt im Modellbau

Während die Plankung einer „Poppa de la Mama" durchaus Schweißperlen auf die Stirn eines Modellbauers treiben kann, waren diese „neuen" Rund- bzw. Halbrundgatts auch in Hinsicht auf die Plankenläufe optimal konstruiert. Ich war beim Bau des russischen 74-Kanonen-Linienschiffes Aleksandr Nevskij von 1780 für das Deutsche Technikmuseum, Berlin, (Abb. s. Band 2, Material und Werkzeug, S. 32) ehrlich verblüfft, wie problemlos sich die Planken am Heck ohne heftiges Abhobeln in der Breite (von Butten ganz zu schweigen) anschmiegen ließen!

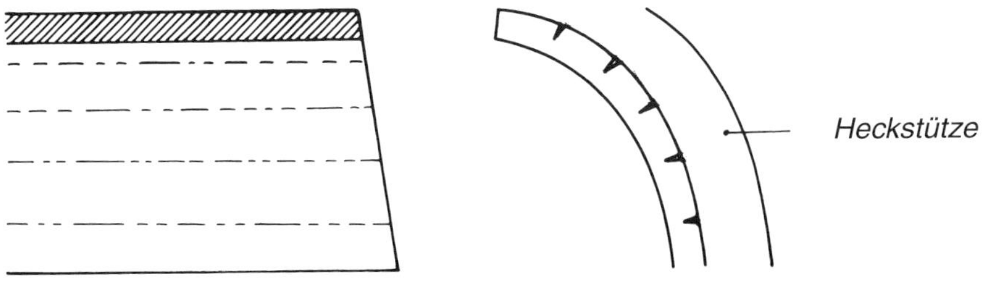

Die Unterplankung horizontaler jedoch vertikal gebogener Teile stellt man am besten aus dünnem Sperrholz her. Falls es Probleme mit dem Anpassen gibt, kann man dieses mit einem Skalpell anritzen, um die Platte besser biegen zu können.

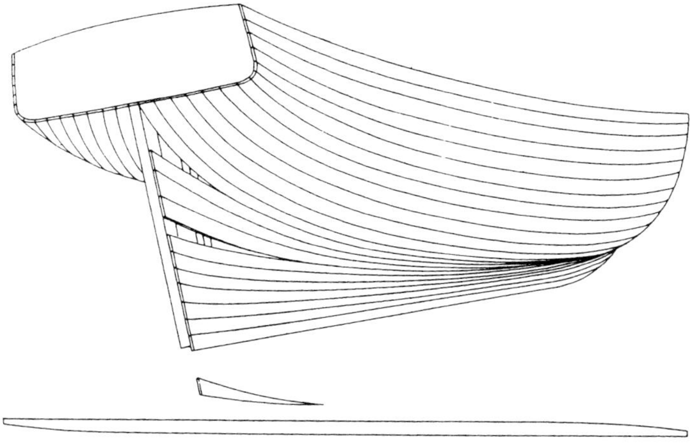

Nie, nie, NIE *spitze Butten – die gab es ganz einfach nicht, auch wenn sie in diversen Modellbauanleitungen immer wieder so dargestellt werden!*
(Auch die häufige Wiederholung von Fehlern machen solche nun einmal nicht richtiger!!)

Heck des englischen Zweideckers WOOLWICH *aus dem späten 17. Jahrhundert mit perfekt glatt einlaufenden Heckplanken.*
(Zeichnungen von Willem van der Velde dem Jüngeren)

Schleifen und Kalfatern

Der Modellrumpf ist nun fertig aufgeplankt. Und trotzdem ist er noch nicht ganz perfekt!

Schleifen

Um den Rumpf tatsächlich perfekt zu machen, benutzte man seinerzeit schwere Langhobel (s. Band MATERIAL UND WERKZEUG, S. 113, ziemlich mittig). Im modernen Fall, etwa auf der Werft von Federico la Rosa in Agrigento, werden dafür kräftige Elektrohobel eingesetzt. Solch „grobes Gerät" braucht der Modellbauer selbstverständlich nicht.
Der Modellrumpf muss vielmehr nur noch mit feinem und feinstem Schmirgelpapier säuberlichst verschliffen werden.
Einige Spitzenmodellbauer schwören auch auf die extrem scharfen Kanten von Glasscherben etwa einer zerbrochenen Fensterscheibe, mit denen man die letzten Unebenheiten des Rumpfes behutsam „abzieht".

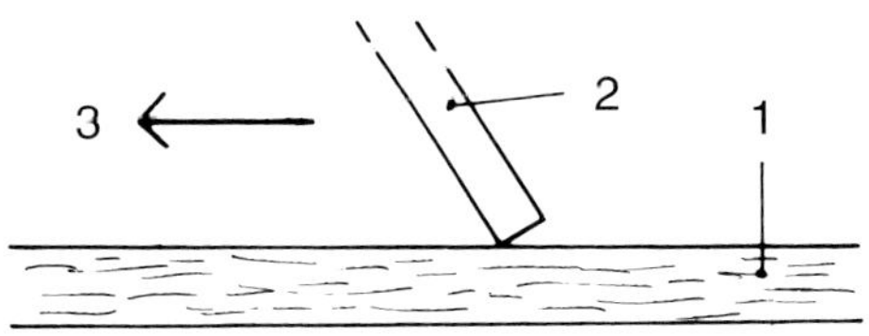

Ziehrichtung der Glasscherbe unbedingt beachten, sonst gibt es „Rattermarken", also das genaue Gegenteil des erwünschten Effekts! 1. Leiste, 2. Glas, 3. Ziehrichtung.

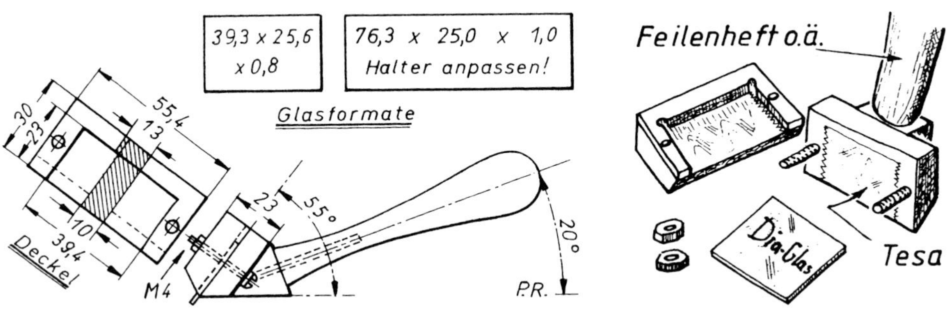

Dieser „Glashobel" ist ein absolut unsinniges Gerät.
Sein Erfinder, Herr Peter Rückert, ist der wohl fundamentalistische Modellbaufundi, dem ich in den letzten 30 Jahren begegnet bin. Seine Werkstatt ist so perfekt eingerichtet (nebst Teppichfußboden) und mit sorgsam gepflegten, jedoch wohl kaum benutzten Werkzeugen so optimal ausgestattet, wie ich dies noch nirgendwo sah. Und für jede Winzigkeit baut er zunächst einmal ein „Spezialwerkzeug" (vermutlich verfügt er längst auch über ein solches zum Nasebohren!*). Der Haken: In all der Zeit hat noch niemand je ein* fertiges *Schiffsmodell von ihm erblickt …*
(Zeichnungen von Peter Rückert, Augsburg)

Hierbei aber Vorsicht! Hohe Verletzungsgefahr! Da solche Scherben wirklich extrem scharfkantig sind, nur mit entsprechend geschützten Fingern anfassen! Außerdem sollte man diese Technik zunächst an einigen Probestücken gründlich erproben, ehe man damit auf seinen Modellrumpf losgeht!
Um diese Schleifarbeit nicht unnötig zu behindern, sagte ich: „Keine Nägel" in diesem Baustadium! Und wohl dem, der seine Barkhölzer nicht einbaut, sondern erst nachträglich aufsetzt, denn diese behindern das Schleifen ganz erheblich.

Kalfatern

Kein Holzschiffsrumpf ist wirklich „dicht". Durch die Spalten zwischen den Planken konnte jede Menge Wasser eindringen. Um dieses Wasser auf ein handhabbares Maß zu reduzieren, wurden Rumpf und Decks „kalfatert".
Hierzu wurden zunächst die „Nähte" zwischen den Planken mit dem „Scharfeisen" (auch „Ritzeisen" genannt) etwas aufgeweitet und der erste „Draht" (Wergschnur) oder „Docht" (Baumwollschnur) eingelegt und mit dem „Dichteisen" eingetrieben. Je nach Plankendicke wurden darauf bis zu fünf weitere Drähte mit Hilfe des stumpfen „Rabatteisens" (auch als „Kalfateisen" bezeichnet) gesetzt, wobei der letzte Draht gut dichtgesetzt werden musste, damit ihn die Planken nicht „auskauen" (herauspressen) konnten, wenn sich diese im Seegang „begeben" (ausweiten) sollten. Anschließend wurden die Nähte mit Pech ausgegossen und das überschüssige Pech mit einer Art Spachtel „geschrappt" (abgekratzt). Dicke Planken wurden „klameit", wobei ein Mann den Draht und das mit einem langen Eisenstiel versehene „Klameieisen" führte, während ein zweiter den Draht mit einem Hammer einschlug.

Mit den Klameieisen wird ein „Draht" (Wergschnur) von den Kalfatern in einen Stoß der Deckplanken geschlagen. Im Hintergrund der Teereimer. (Zeichnung von Elisabeth Gaudlitz-Holzschuher, Polling)

Modelle kalfatern

Auch der Modellbauer wird kaum darum herumkommen, sein Schiff zu „kalfatern“, denn irgendwo sind eben doch immer noch winzige offene Spalten zu entdecken. Aber natürlich muss er dazu weder Kalfateisen noch geteerte Wergschnüre benutzen!

Sehr feine Ritzen „kalfatert“ man am besten dadurch, dass man sie mit ein bisschen Weißleim ausschmiert und dann, wenn dieser halb getrocknet ist, die Planken nochmals überschleift – der Schleifstaub lässt die Ritze optimal abgedichtet erscheinen.

Etwas breitere Spalten kann man hervorragend zunächst mit über einer Kerzenflamme verflüssigtem „Reparaturwachs“ (etwa der Firma Clou) füllen (s. auch Band 2, Material und Werkzeug, Kap. Materialverbindungen) und das übergequollene Wachs danach durchaus originalgetreu „schrappen“.

Um die in dem meist sehr hellen Holz der Decks deutlich sichtbaren Kalfatnähte im Modell optimal darzustellen gibt es einige besonderes Tricks, die im Kap. Das Deck noch näher dargelegt werden.

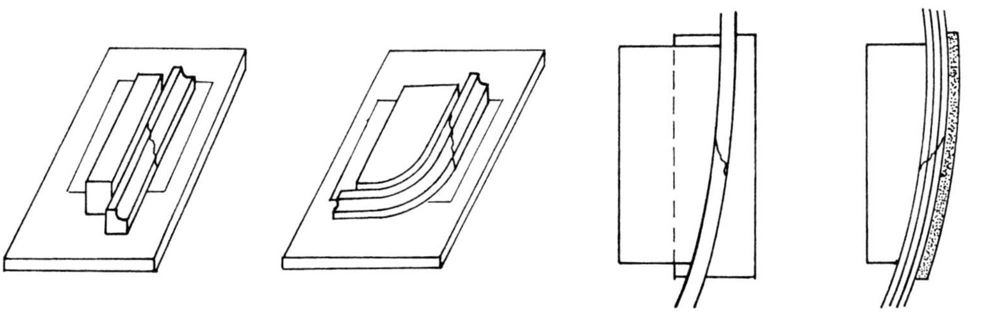

Noch eine gut gemeinte, in der Modellbaupraxis jedoch eher unsinnige Technik: das Zusammenkleben gebrochener Planken.
Zum Einen: Entsprechend mit „Wasser und Feuer“ vorgebogene Planken brechen wahrlich nicht so leicht.
Zum Anderen: Anstelle eines aufwändigen Reparaturwerkzeuges gibt es da eine sehr viel einfachere Methode – ein neues Leistenstückchen!
(Zeichnung von Günter Bossong)

Barkhölzer und Fender

Das Thema historisches „Sein“ und modellbautechnischer „Schein“ wurde mittlerweile so gründlich ausgewalzt, dass ich auf Wiederholungen gerne verzichten möchte.

Barkhölzer

Als Historiker habe ich zum Thema Barkhölzer im entsprechenden Kapitel eigentlich alles gesagt, was es da zu sagen gibt.
Als Modellbauer – das muss keineswegs ein unvereinbarer Gegensatz sein! – plädierte ich dort schon dafür, die Barkhölzer eines Modells erst nachträglich aufzusetzen (s. Kap. Barkhölzer). Den Unterschied zwischen eingebauten und aufgesetzten Barkhölzern sieht man am Modell ohnehin nicht. Und beim Feinschleifen des Rumpfes tut man sich zunächst ohne Barkhölzer nun einmal ganz erheblich leichter.

Wenn man die Barkhölzer erst nachträglich aufsetzt, kann man sie freilich nicht mehr „anpinnen“, um sie bis zum Austrocknen des Klebers („Ponal“ von Henkel oder „Alleskleber Kraft“ von Uhu) in der gewünschten Biegung zu halten, ohne die Oberplankung zu beschädigen.
Was man jedoch nun durchaus kann und darf, das ist, sie mit entsprechend gesetzten Nägeln zu fixieren. Es ist unnötig, bereits das gesamte Barkholz originalgetreu zu nageln, ein paar Nägel an „strategisch“ wichtigen Punkten genügen vorläufig vollauf.
Achtung: Da diese Nägel jedoch zur „Sichtnagelung“ gehören, müssen sie in Kopfgröße und Platzierung exakt stimmen! (Genaue Angaben dazu siehe Kap. Nähen, Dübel, Bolzen, Nägel, Nieten).

Fender

Heute kennt man Fender vor allem in Form alter Autoreifen, welche außenbords hängen, um den Zusammenprall zwischen Schiffsrumpf und beispielsweise Hafenmole abzufedern.

Seit dem Hochmittelalter wurden hölzerne Fender auch auf klinkergebauten Schiffen eingesetzt – teils um die Beplankung beim unvermeidlichen Zusammenstoß mit der Hafenmole abzufedern, teils auch um den Plankenverbund besser zusammenzuhalten, wie das dritte Ratssiegel von Southampon um 1400 belegt. (Zeichnung von Werner Zimmermann, Augsburg)

Im Mittelalter und bis in die Mitte des 16. Jahrhunderts dienten hierzu senkrecht gesetzte, kräftige, hölzerne Leisten, die für eine zusätzliche Versteifung des Schiffsrumpfes sorgten und Beschädigungen der Außenhaut verhindern sollten, wenn die Schiffe beim Enterkampf Bordwand an Bordwand lagen (Abb. s. auch Band 1, MODELLE UND VORKENNTNISSE, S. 19, 48, 49, 52, 69, 77 und 111). Nach der Mitte des 16. Jahrhunderts wurden stets nur noch zwei oder drei Fender mittschiffs angebracht, die eine Beschädigung der Beiboote an den Kanten der Barkhölzer verhindern sollten, wenn die Boote aus- und eingesetzt wurden. Mit Einführung der Davits verschwanden auch diese Fender (s. Band 4, DIE AUSRÜSTUNG, Kap. Davits).

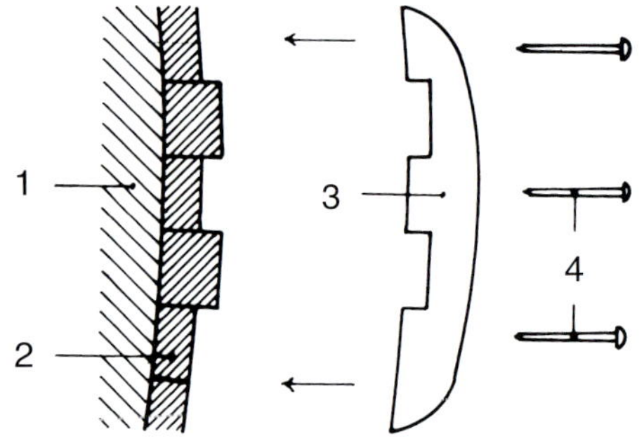

Im Modell wie im Original müssen Fender an den Barkhölzern einsprechend eingeschnitten und dann aufgenagelt/aufgebolzt werden.
1. Spant, 2. Beplankung mit Barkhölzern, 3. Fender entsprechend eingeschnitten, 4. Bolzen (original natürlich mehr).

Historisch gibt es an diesem Modell der SANTA MARÍA von 1592 eine Menge zu beanstanden. Korrekt aber sind die damals noch zahlreichen Fender. (Modell der Firma AEROPICCOLA, Turin)

Achtung!: Bis zum Abschluss dieser Arbeiten sollte kein Tröpfchen Lack, geschweige denn Öl (oder ähnliche Substanzen) Ihr Modell berühren! So sehr letztlich diese Mittel Strukturen Ihres Modells hervorheben können und dieses auf jeden Fall auch langfristig konservieren, so entschieden sind sie der Feind jeglichen Klebstoffs! Weiteres dazu im Kapitel Farben, Lack und Öl.

Der englische Zweidecker HMS Neptune Ende des 17. Jahrhunderts.
Gut zu erkennen die drei Fender mittschiffs – in der Regel hinten zwei und vorne einer –, welche beim Aussetzen oder aufholen der Beiboote derer Rumpf schützen sollten.
(Ein durchaus gutes Modell der Firma Corel, Mailand)

Beidseitig einsehbare Beplankungen

Dieses Thema wurde ja bereits in den Kapiteln Unterplankung 1 und 2 angesprochen, es betrifft einerseits Boote und Kleinfahrzeuge (dazu siehe Band 5), aber auch bei den Schanzkleidern etc. (s. Kap. Unterplankung 2) kann man sich als Modellbauer um die Schwierigkeiten irgendwie noch herummogeln.

Klinkerbeplankung

Wirklich ernsthaft wird das Problem aber bei größeren Modellen, etwa von geklinkerten Schiffen des Früh- und Hochmittelalters.
Generell lassen sich geklinkerte Planken keineswegs schlechter auf eine Unterplankung kleben als kraweele Planken. Vielleicht sollte man den Leim ein bisschen dicker auftragen, um die Lücken zwischen den Planken besser zu füllen (doch das ist wirklich marginal).
Da jedoch oberhalb der Decklinie die Beplankung sowohl von außen wie von innen voll einsehbar ist, muss man hier auf eine Unterplankung verzichten und die Oberplanken „original" setzen. Zum Glück überlappen diese Planken klinker, d. h. man kann sie an ihren Kanten zusammenkleben („Pattex" von Henkel und „Alleskleber Kraft" von Uhu haben sich da optimal bewährt).
Die modellbauerische Schwierigkeit besteht dabei nicht zuletzt darin, dass man die Planken mit Wasser/Kerzenflamme bzw. Bügeleisen optimal vorformen muss. Die später stützenden Knie können erforderliche Krümmungen im Modell meist nicht ganz so auffangen und den erforderlichen Halt geben wie erforderlich. Da können sogar schon 1-mm-Leisten (im Maßstab 1:50 = 5 cm = Originalstärke der Planken des Oseberg-Schiffes) ganz schön sperrig sein. 0,6-mm-Furnierholz ist da eindeutig sehr viel „geschmeidiger". Oft ist es allerdings dann doch einfach zu dünn und „labberig" und macht an den Stoßstellen umso mehr Probleme.
Trick:
Formen Sie die Außenbeplankung tatsächlich aus Furnierholz. Setzen Sie dann die entsprechenden Knie ein. Und dann kleben Sie binnenbords eine zweite Holzschicht, ähnlich dem bereits auf Seite 192 gezeigten Muster, zwischen den Knien ein. Dies hat zum einen den Vorzug, dass die Beplankung – vor allem an den Problemstellen – nun entsprechend ausgesteift ist. Zum anderen werden so minimale Spalten zwischen Knie und Planken ganz einfach überdeckt. Und schließlich erhält die Beplankung doch noch ihre nötige Dicke.

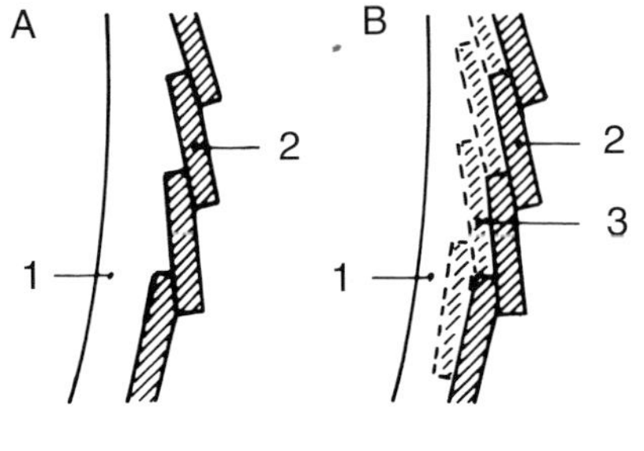

Unhistorische Aussteifung größerer, beidseitig einsehbarer geklinkerter Schiffe mit einer zweiten Schicht Furnierholz zwischen den Spanten. A. Original, B. Modelltrick.
1. Spant, 2. korrekte Außenplanken, 3. versetzte „unkorrekte" Binnenplanken (die für den Modellbauer solcher Schiffe durchaus sinnvoll sein kann).

Wenn ich dies allerdings an unserem Augsburger Modellbauerstammtisch vorschlüge, so würde mein Freund Werner Zimmermann entsetzt auffahren und mich grimmig anfunkeln: „Und wie soll das mit der Plankendicke funktionieren?" – „Zwei Furnierschichten wären 1,2 mm dick. Zugegeben, bei einem 1:50-OSEBERG-Modell der Zeit um 800 n. Chr. wären diese dann um 0,2 mm zu stark, was man aber notfalls außen sogar wegschleifen könnte", würde ich ihm entgegenhalten, „150 Jahre später wäre diese Plankenstärke durchaus angemessen. Und bei den Nefs und Koggen seit dem späten 13. Jahrhundert müsste man wohl sogar eine Binnenplankung von 1 mm oder sogar mehr verwenden." – „Aber die Plankenstöße längs wären innen und außen eindeutig in der Höhe versetzt!" würde er argumentieren. Ich würde offen zugeben, dass dies tatsächlich der Fall wäre, aber auch fragen, ob er das tatsächlich erkennen würde, wenn er es nicht vorher gewusst hätte? – „Derlei Plankendopplungen sind aber frühestens im späten Mittelalter nachweisbar!" würde Werner sein letztes Argument abfeuern. – Und ich würde fragen: „Sieht man das? Sieht man auch alle Tricks, die du bei deinen Modellen verwendest?"
Werner Zimmermann ist nicht nur ein exquisiter Fachmann für Schiffe des frühen und hohen Mittelalters, sondern hat auch Dutzende wahrhaft brillanter Museumsmodelle erbaut (s. auch sein im Neckar-Verlag erschienenes Buch DAS *ETWAS ANDERE* SCHIFFSMODELL), ist aber wahrlich kein verbohrter Fundamentalist. Vermutlich würde er eine Weile in seinen Bart grummeln und etwas wie „Scheißmodellbauer" äußern. Dann würde er mir zuzwinkern und uns beiden ein frisches Glas Weizenbier bestellen. Fachliche Streitereien über solche und ähnliche Themen sind sozusagen „das Salz in der Suppe" unserer persönlichen Freundschaft.

Kraweelbeplankung

Mehr zu diesem Thema in den Kapiteln Kastelle und Aufbauten und Schanzkleid und Reling.

Klinkerbeplankung kann man in einer Stickerei nur schwer ausdrücken, es sei denn mit durchaus „modern verfremdeten" Farben wie auf dem Wandteppich aus dem 11. Jahrhundert, der die Eroberung Englands durch die Normannen darstellt. Central die MORA, das Flaggschiff Herzog Willelms, der als der „Eroberer" in die Geschichte einging. (Musée de la Tapisserie de la Reine Mathilde, Bayeux)

Bei Schiffen niederländischen Bauart im 17. Jahrhundert war der oberste Teil der Back sowie Schanz und Pupp in aller Regel geklinkert. Dort wo die Klinkerung auch binnenbords sichtbar ist, sind Doppel- und Dreifachklinkerungen (s. Kap. Geklinkerte Beplankung S. 192) absolut legitim, historisch sogar erforderlich.

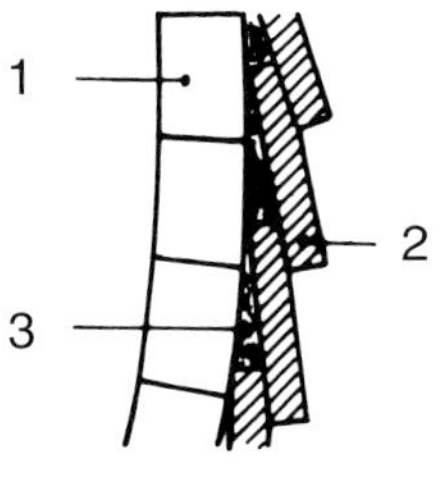

Von innen nicht sichtbare Klinkerungen: Man kann sie im Modell einfach auf die Unterplankung kleben, wobei man mit dem Leim durchaus etwas großzügig umgehen darf. 1. Unterplankung, 2. Klinkerleiste, 3. Leim.

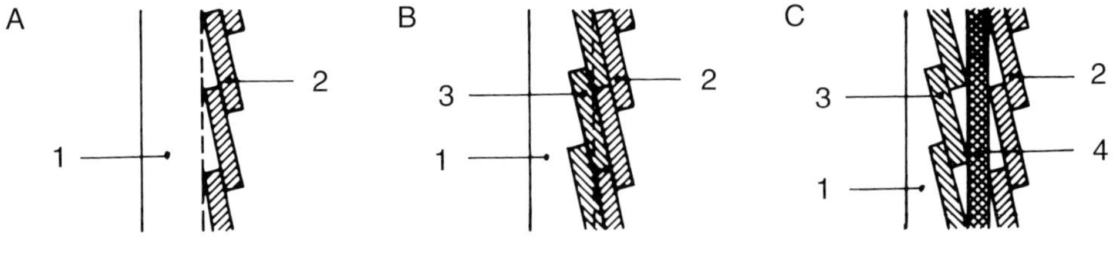

Von innen sichtbare Klinkerungen vor allem auf Schiffen niederländischer Bauart im 17. Jahrhundert. A. einfach – höchst selten, B. doppelt bzw. dreifach – die Regel, C. Modellbau – Zwischenplankung ist überflüssig, meist sogar störend: 1. Spantauflanger, 2. Außenklinkerung, 3. Binnenklinkerung zwischen den Auflangern binnerbords eingesetzt, verdeckt zweifelsfrei die original vielfach „eingehauenen“ Stufen, 4. Zwischenplankung.

Farben, Lack und Öl

Nun ist der Zeitpunkt gekommen, dass die Außenhaut eines Modells farblich gefasst und auch entsprechend geschützt und konserviert werden muss.
Die Entscheidung lautet: Will ich, dass mein Modell so aussieht wie im Original, nur eben entsprechend verkleinert, oder will ich ein „Kunstmodell" bauen? Beides hat schließlich seine unbestreitbare Berechtigung!

Farben

Das Thema wurde in Band 2, MATERIAL UND WERKZEUG, in den Kapiteln Pinsel und Farben, Modelle bemalen, Historische Anstriche, Nationalfarben, Silber und Gold sowie Farben am Schnitzwerk so ausführlich behandelt, dass sich hier eine Wiederholung wahrlich erübrigt.
Trotzdem noch ein paar Tricks für Modellbauer:

Farben an Blankholzmodellen

Die Erbauer von Blankholzmodellen sind eine eigene und eigenwillige Gruppe, der ich „philosophisch" zwar eher fern stehe, deren Arbeiten ich aber mit größter Hochachtung zu bewundern vermag!

Der Rumpf dieses Blankholzmodells der ENDEAVOUR, mit dem James Cook 1764 bis 1771 die Südsee erforschte, ist unbestritten tadellos. Da jedoch nur aus einem einzigen Holztyp gefertigt, freilich auch gnadenlos langweilig – und die knallbunten (per se durchaus korrekten) Flaggen stören eher den Gesamteindruck. (Bis auf Winzigkeiten sehr guter Baukasten der Firma COREL, Mailand)

Aus nur einer Holzsorte gebaute Blankholzmodelle sehen freilich oft ein wenig eintönig und fad aus.
Wenn man diese Modelle jedoch aus verschieden gefärbten Hölzern baut – etwa die Beplankung aus Birne oder gar Buchsbaum und die Barkhölzer gar aus Ebenholz, um die Linienführung des Modells elegant hervorzuheben – so hebt dies eindeutig die optische Wirkung.
Mitunter freilich ist der rechte Farbton mit nur einem anderen Holz schwer zu erzielen. Und dann hilft eben doch nur *färben*.
Im Musée de la Marine in Paris stehen etliche Blankholzmodelle, die in dieser Hinsicht für meinen persönlichen Geschmack einfach optimal sind!
Sie sind, wie gesagt, Blankholzmodelle. Doch Barkhölzer, der Rumpf zwischen unterstem Barkholz und Wasserlinie und die eigentlich farbig gestrichenen Teile der Aufbauten (mit nun kontrastierenden schwarzen Barkhölzern dazwischen) sind, um den historischen Farbunterschied zu verdeutlichen, schwarz gefasst. Und das war im Modell keineswegs immer schwarzes Ebenholz, sondern ganz normale schwarz gefärbte Birne oder Buchsbaum! Für Admiralty-Models gilt das Gleiche!
Vielfach ging man sogar so weit, dass man vergoldete Teile, etwa Schnitzereien, tatsächlich in *Gold* fasste.

Ein hervorragendes Blankmodell „mit etwas Farbe“: unterstes Barkholz schwarz, Binnenanstrich und Pfortendeckel innen original rot, die Malerei außen am Rumpf von Back bis Pupp und am Heck original in Goldocker aus hellem Blaugrau, das Schnitzwerk wie bei Admiralty-Models vergoldet.
Optimal auch zu sehen die drei damals noch üblichen Fender zum Aus- und Einsetzen der Beiboote (s. Kapitel Barkhölzer und Fender).
(Modell des englischen 60-Kanonen-Schiffes HMS Achilles, Science Museum, London)

Wie dem auch sei, die eingesetzten Hölzer sollten ungedingt dem Farbwert des Originals entsprechen. D. h. auch im „lupenreinsten“ Blankmodell sollten etwa original vergoldete Teile gelblich hell (z. B. Buchsbaum) und original geteerte Barkhölzer dunkel (z. B. Europäischer Nussbaum oder Ebenholz) gehalten werden.
Herr Ivan Trtanj aus Kressbronn am Bodensee ist fraglos einer der genialsten Schnitzer von Schiffsmodellteilen in der Geschichte des Schiffsmodellbaus. Dass ihm in seiner Heimat deshalb ein eigenes kleines Museum eingerichtet wurde, ist durchaus nachvollziehbar und berechtigt.
Ich hätte im Rahmen dieser Enzyklopädie wirklich gerne Fotos einiger seiner

Modelle präsentiert! Leider will Herr Trtanj mit Typen wie mir und meinen Veröffentlichungen, „die noch unbeholfen im Neandertaler-Modellbau-Sumpf herumstolpern" (wörtliches Zitat am Telefon!), nichts zu tun haben. Herr Trtanj lässt sich gerne als „Größter Modellbauer aller Zeiten" betitulieren und sein Schnitzerkönnen *ist* brillant und unanfechtbar! Seine Wahl des jeweiligen Holzes jedoch – auch das muss so klar gesagt werden – vielfach eher, sagen wir es einmal höflich, nicht wirklich *ganz durchdacht*. „Sine ira et studio" („Ohne Zorn und *[hinterlistige]* Absicht") werde ich in Band 11, ALLERLEI EXOTEN, im Kapitel Blankmodelle wohl noch die eine oder andere sachbezogene Bemerkung zu dem Thema machen müssen …

Eine nach Meinung des Autors einfach perfekte Farblösung für ein Blankholzmodell: die auch original dunklen Teile wie Steven, Barkhölzer und Beplankung oberhalb der Wasserlinie nebst Reling schwarz, der Rest samt Schnitzwerk in Buchsbaum naturfarben. Eleganter geht es wohl wirklich nicht!
(Modell des französischen Linienschiffes 4. Ranges LE CAPRICIEUX von 1695 im Musée de la Marine, Paris)

Durchstoßende Deckbalken und Fender

Von ihnen war in einigen Vorkapiteln bereits historisch und ausführlicher die Rede. Bis Anfang des 15. Jahrhunderts wurden sie mit dem gleichen verdünnten Teer oder meist dem erbärmlich stinkenden, aber billigeren Fischtran, ein-

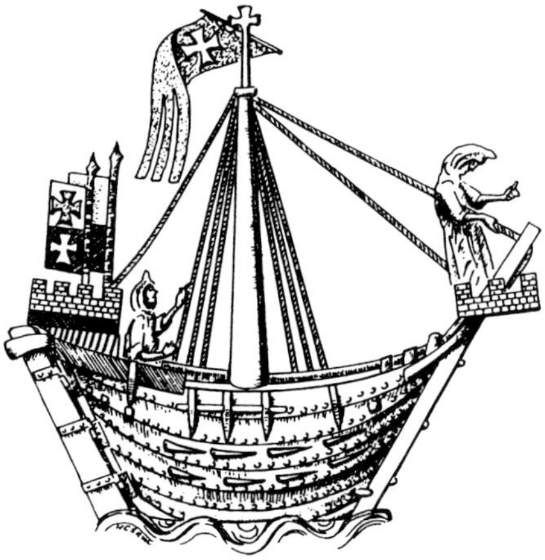

Kogge nach dem Siegel der Stadt Elbing von 1350. Schön zu sehen, oben die Fender, die sich um diese Zeit auch bei Klinkerschiffen durchzusetzen begannen. Unten die durchstoßenden Deckbalken mit den vorgesetzten Keilen (s. auch Kap. Deckbalken). (Zeichnung von Werner Dammann, Hamburg)

gelassen, wie der Rest der Beplankung, unterschieden sich also nicht in der Farbe. Erst im Laufe des 15. Jahrhunderts wurde es üblich solche Teile mit dunklerem Teer zu streichen, was den Schiffen ein gefälligeres Aussehen gab.

Natürliche Bemalung

D. h. das Modell wird farblich so gefasst, wie es auch im Original aussah.

Plankenübergreifende Ornamentik

Zumal im 16. Jahrhundert liebte man es Kriegsschiffe mit bunt gemalten Ornamenten zu schmücken (Abb. s. auch Band 2, Material und Werkzeug, S. 116 und 123).
Derlei auf einen fertig beplankten Rumpf zu pinseln ist nicht nur äußerst mühsam, es wird auch selten wirklich sauber.

Trick Modellbau: Die entsprechenden Plankengänge werden exakt angepasst, aber noch nicht *angeklebt!* Vielmehr verklebt man die Leisten auf der Rückseite

Kogge auf dem dritten Siegel von Stralsund um 1300. So man es sich denn leisten konnte wurden die obersten Plankengänge bereits im Mittelalter farbig gefasst, eine Tradition, die bis zu den Wikingern zurückverfolgt werden kann. Bevorzugte Farben Rot (Bleimennige), Ocker (Naturfarbe) und Weiß (Bleiweiß). (Zeichnung vermutlich von H. Ewe, Stralsund)

Die englische Flachdeck-Galeone T*YGAR* *um 1580 nach Entwürfen von Sir Dr. Matthew Baker. Die Glanzzeit von ornamental gestalteten Schiffsbemalungen war unzweifelhaft das 16. Jahrhundert.*
(Modell von Wolfram zu Mondfeld, Hohenfurch, im Deutschen Technikmuseum, Berlin)

mit TESA-Krepp oder TESA-Film (oder Ähnlichem), die sich später problemlos wieder abziehen lassen.
Nun kann man das entsprechende „Plankenfeld" – das gilt natürlich auch für bemalte Einzelplanken – vor sich auf die Arbeitsfläche legen, wo die Malhand eine optimal sichere Auflage hat. Man kann so die Ornamentik mit Bleistift aufzeichnen und anschließend ausmalen. Zum Abschluss die Farbfelder durch einen Bleistiftstrich gegeneinander abzugrenzen ist zwar nicht in *jedem* Fall „historisch *ganz* korrekt", macht sich aber optisch an einem Modell eindeutig hervorragend!
Zum Schluss sollte man unbedingt das Ganze mit einer schützenden Lackschicht überziehen, damit sich da ja nicht mehr „verschmieren" kann.

Derart aufwändige Bemalungen waren freilich auch im 16. Jahrhundert eindeutig die Ausnahme. Dieses Modell – das zweifellos prächtigste seiner Epoche! – schenkten königstreue Flamen 1597 ihrem Herrscher Felipe II. von Spanien. (Originalmodell im Maritiem Museum „Prins Hendrik“, Rotterdam)

Ist das „Plankenfeld“ gründlich durchgetrocknet, so kann man die Hinterklebung ablösen und die Planken/Leisten, wie beschrieben, auf die Unterbeplankung setzen, wobei es höchst sinnvoll ist, wenn man vorn und hinten bei der Länge ein bisschen „Vorhalt“, d. h. ein wenig mehr Länge, eingerechnet hat, die man ja, wenn zu viel, mühelos abschneiden kann.

Verkleinerte Wirklichkeit oder „Modell“

Das ist wieder einmal eine jener „philosophischen“ Grundentscheidungen bei denen ich mich hüten werde Ihrem ganz persönlichen Geschmack dreinzureden: *Verkleinerte Wirklichkeit* heißt in diesem Fall ein Modell möglichst so darzustellen, wie das Original tatsächlich aussah. Das hat mit modellbauerischer „Schlamperei“ nicht das Mindeste zu tun! Allenfalls damit, dass da original nur zu oft im Original „geschlampt“ wurde.
Ich erinnere mich noch allzu gut an den Streit, den Herr Erwin Scherer, München, ein hervorragender Modellbauer, mit dem Deutschen Museum in München ausfocht: Er baute für das Museum die Bremer-Kogge als Modell nach – und zwar mit dem etwas schiefen Heckkastell wie im Original. Das Museum war entsetzt, weil dies keineswegs „nett“ aussah und man dies dem Publikum so nicht vermitteln könne und verlangte eine entsprechende Korrektur. Ich weiß nicht wie der Streit letztlich ausging, ob rechtwinkliges *Typ*-Modell oder tatsächlich ein wenig schiefe Bremer-Kogge.

Venezianische Galeone der ersten Hälfte des 16. Jahrhunderts. Typisch der stark zurückgebogene Vorsteven (s. auch Kap. Kiel und Steven). Der „Schlingerkiel" ist Unsinn. Für den Geschmack des Autors ist das Modell jedoch eindeutig zu „glatt" – keine Planke, kein Plankenstoß zu erkennen. So sah ein Holzrumpf nun einmal nicht aus …! (Modell im Museo Maritimo, Barcelona)

Perfekt glatte Oberflächen gab es erst im Eisen- und Stahlschiffbau – da allerdings „müssen" sie sein! Modell der Dampfyacht Nerissa von 1885. (Tadelloser Bausatz der Firma Steingraeber, Stadtallendorf)

Modell heißt in diesem Fall ein Modell, bei dem alle eventuellen „Schiefheiten" säuberlich korrigiert und „geglättet" sind.
Beide Varianten haben durchaus ihre Berechtigung! In summa ist es also allein *Ihre* Entscheidung, ob Sie die historische Wahrheit oder einfach eine gefällige Idealversion wollen.

Lack

Dazu wurde in Band 2, MATERIAL UND WERKZEUG, im Kap. Lack und Öl eigentlich alles wissenswerte gesagt.
Im aktuellen Modellbaustadium ist es jedoch fast unvermeidlich, das Holz der Oberbeplankung, zumindest mit einem ersten Lackanstrich, entsprechend zu schützen! Allzumal, wenn weiterhin mit *Wachs*dübeln (s. Folgekapitel) gearbeitet werden soll! Solch ein erster Lackanstrich macht in aller Regel noch keine ernsthaften Probleme, wenn an den Rumpf noch weitere Teile abgeklebt werden müssen.
Bei natürlich bemalten Modellen ist Lack bzw. Firnis etwa Öl unbedingt vorzuziehen!

Öl

Auch dazu finden Sie in Band 2, MATERIAL UND WERKZEUG, im Kap. Lack und Öl die notwendigen Informationen.
Öl kann bei Spant- oder Blankholzmodellen ganz hervorragend aussehen, auch wenn mir bislang niemand den tatsächlichen Vorteil von Öl gegenüber Lack so *richtig* klarmachen konnte.
Dringende Warnung: Auf einem geölten Holz hält *kein* (!) Klebstoff mehr! Also überlegen Sie *gut,* wie es mit dem Bau Ihres Modells weitergehen wird, ehe Sie zum Ölfläschchen greifen!

Hauptsache schön bunt = historisch modellbauerischer Horror pur!
(Zwei Grusel-Modelle der Firma CONSTRUCTO MODELISMO NAVAL, Barcelona)

Nähen, Dübel, Bolzen, Nägel, Nieten

Auch zu diesem Thema wurde in Band 2, MATERIAL UND WERKZEUG, Kap. Materialverbindungen das Allermeiste bereits gesagt.
Hier also nur noch ein paar historische und modellbautechnische Anmerkungen.

Nähen

Das war die älteste Technik im Mittelmeerraum wie in Skandinavien, um sowohl Planken untereinander als auch Planken und Spanten zu verbinden – und keineswegs die schlechteste. Mehr zu diesem Thema in Band 5, BOOTE UND KLEINFAHRZEUGE, und Band 11, ALLERLEI EXOTEN.

Rechts: Eingenähte Planken und Spanten eines ägyptischen Schiffes um 2000 v. Chr. (Zeichnung von Björn Landström, Stockholm)
Unten eingebundene Spanten und Plankennähte frühnordischer Boote (300 v. Chr. – 100 n. Chr.). Diese Technik wurde bis ins 9. Jahrhundert verwendet.

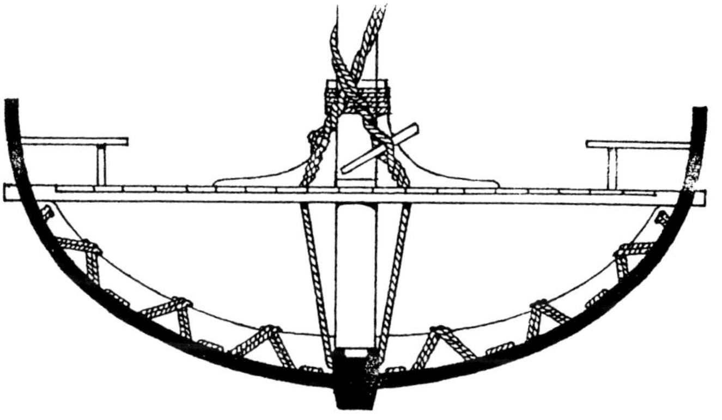

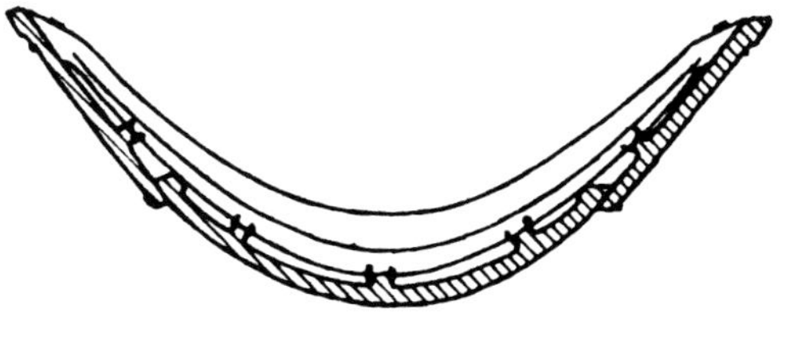

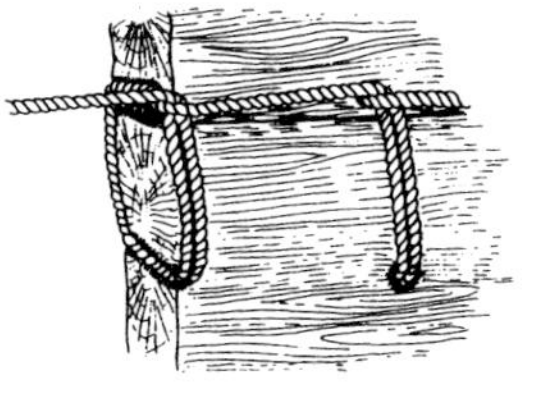

Holz und Eisen

Vor allem im frühen und hohen Mittelalter war Eisen höchst kostspielig. Außerdem war das normalerweise verwendete Schmiedeeisen keineswegs so bruchsicher, wie man das gerne gehabt hätte. Man konnte zwar Stahl herstellen, doch der war so teuer, dass er fast ausschließlich Kriegsgeräten wie Schwertern, Axtblättern und Rüstungen vorbehalten blieb.
Daher wurden in dieser Epoche die Bauteile eines Schiffes fast ausschließlich mit Holzdübeln verbunden und nur an Extremstellen setzte man eiserne, mit Widerhaken versehene schwere Eisennägel (sog. Tackbolzen) ein.
Ein weiterer gravierender Nachteil von eisernen Nägeln und Bolzen war, dass diese in Verbindung mit der Gerbsäure des Holzes (besonders schlimm bei der ansonsten so beliebten Eiche) und dem umgebenden Seewasser extrem schnell

Die WJSSEMARA. Moderner 1:1-Nachbau einer Kogge um 1350 in Wismar. (Foto: dpa)

durchrosteten (Elektrolyse). Man musste die Eisenteile also vor allem im Bereich des Unterwasserschiffs unbedingt mit einer dicken Schmiere aus Teer oder Ähnlichem vor dem aggressiven Seewasser schützen. Das gilt übrigens auch heute noch, wo mancher Schraubenkopf so dick mit schützender Farbe zugeschmiert ist, dass man seine ursprüngliche Form kaum noch ausmachen kann. Was dies für den Modellbauer bedeutet, dazu gleich mehr bei den Kopfgrößen von Nägeln.

Am 03.08.2007 las ich in der AUGSBURGER ALLGEMEINEN (meiner Heimatzeitung), dass sich die WJSSEMARA mit anderen entsprechenden 1:1-Rekonstruktionen mittelalterlicher Schiffe in ihrer Hansestadt Wismar treffen wolle. Die WJSSEMARA ist der Nachbau eines Schiffes aus der Zeit um 1350, dessen Wrack vor 10 Jahren von Fischern entdeckt und das binnen fünf Jahren rekonstruiert und nachgebaut wurde.
Es ist wunderbar, dass es immer noch Menschen gibt, denen die Erkundung unserer Vergangenheit (sogar samt exakten Nachbildungen) im Sinne der „Experimental-Geschichtsforschung" so viel Zeit, Geld und vor allem Idealismus wert ist!

Für den Nachbau der WJSSEMARA verwendete man nach offiziellen Angaben 130 Tonnen Kiefernholz und 30.000 handgeschmiedete Nägel. Ohne an der Kompetenz der Rekonstrukteure irgendwie zweifeln zu wollen, erscheint mir die letztere Zahl für die historische Zeitstellung doch ein wenig zu „modern" gedacht, da heutzutage Eisen und Stahl eben problemlos verfügbar sind. Leider liegen mir weder über den Fund noch über den Nachbau präzise Unterlagen vor. Derlei pflegen (keineswegs nur in Deutschland!) die beteiligten Wissenschaftler vor jedem „Außenstehenden" nämlich sorgsamst zu verheimlichen. Daher kann ich nur vermuten, dass von diesen 30.000 „Nägeln" zumindest ein gutes Drittel wohl nicht aus Eisen-, sondern aus Holzdübeln bestanden haben müsste.

Holzdübel

Prinzipiell wurde Eisen und damit Eisennägel (selbst Stahlbolzen) im Verlauf der nächsten Jahrhunderte zwar immer preisgünstiger. Doch dies war ein langsamer Prozess! Nicht einmal im 18. Jahrhundert traute man Eisennägeln genug, als dass man zwischen den Eisenreihen – sicherheitshalber – auf entsprechende Holzdübel völlig verzichtet hätte.
Die klassische Form um Planken untereinander zu verbinden ist der „Schwalbenschwanz". Verwendet wurde er bereits im frühen Ägypten um 2500 v. Chr., blieb im ganzen Mittelalter bei kraweel gebauten Schiffen durchaus relevant und hielt sich bis ins 18. Jahrhundert bei der Unterwasserschale von Schiffen niederländischer Bauart. Im arabischen und indischen Raum ist er seit dem 2. Jahr-

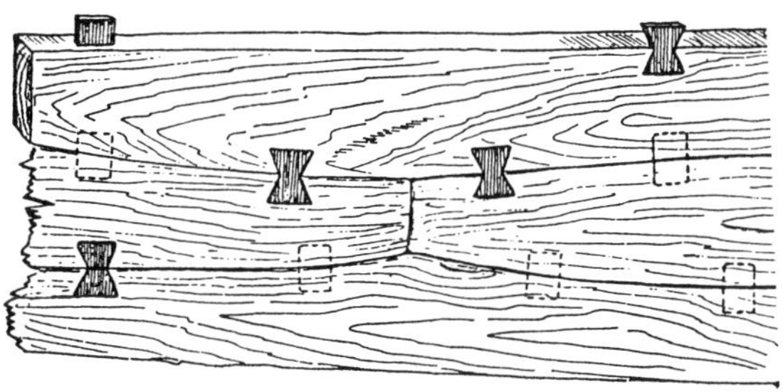

„Schwalbenschwänze" und Holzzapfen (gestrichelt) hielten bereits vor über 4000 Jahren in Ägypten die Planken zusammen. (Zeichnung von Heinz Gronen, Neuß, des DASCHUR-Bootes von Pharao Sen-en-Userhet [Sesostris] III. um 2000 v. Chr.)

„Schwalbenschwänze" wurden regelmäßig auch im arabischen Raum, in Südost- und Ostasien als Plankenverbindungen eingesetzt – und das im Holzschiffbau sogar bis heute. Hier ein Beispiel von dem indischen Stupazaun aus dem 2. Jahrhundert v. Chr. in Bharhut. (Zeichnung von Kirsten Panzer, München)

hundert v. Chr. nachgewiesen und wird noch heute im Holzschiffbau in diesen Regionen eingesetzt.

Für den Modellbauer allenfalls großmaßstäblicher Modelle (1:25-plus) mögen Schwalbenschwänze an „Exoten" relevant sein – selbst in so großen Maßstäben unstreitbar ein grausames Gefiesel.

Holznagel (Dübel) mit Keil aus Eisen oder Holz.

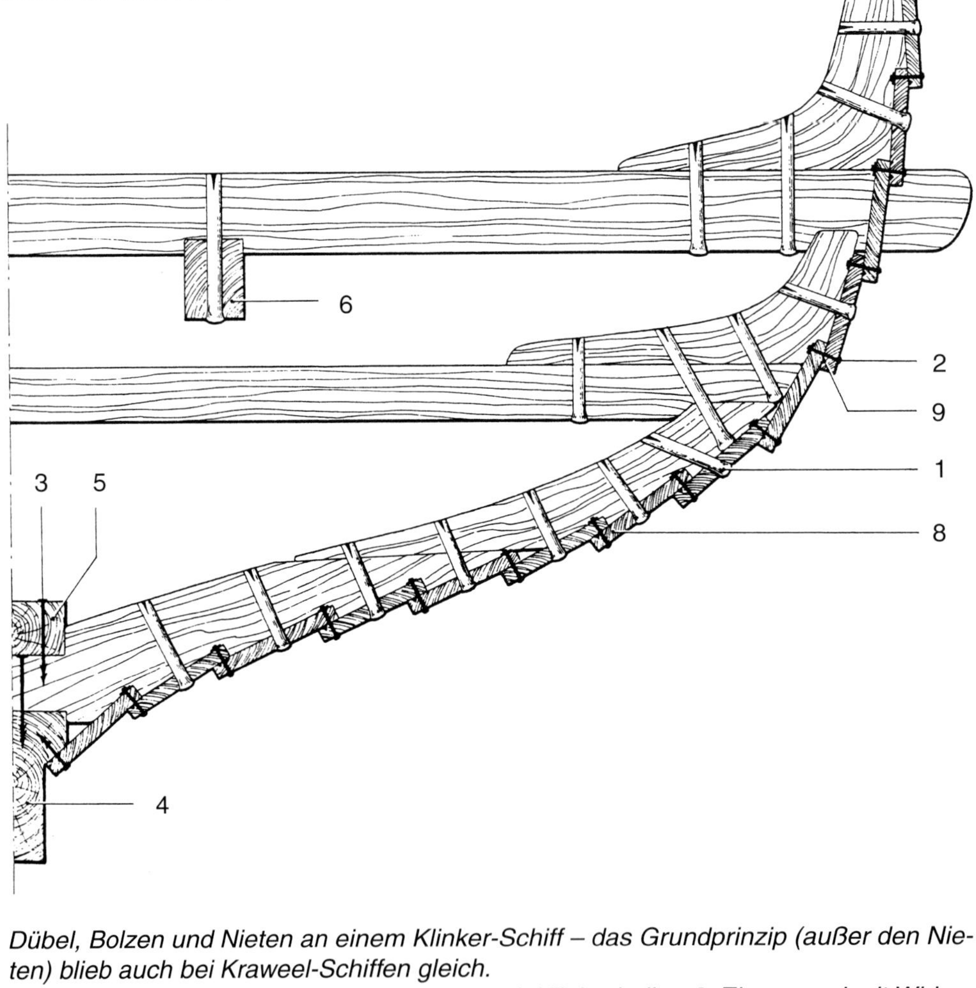

Dübel, Bolzen und Nieten an einem Klinker-Schiff – das Grundprinzip (außer den Nieten) blieb auch bei Kraweel-Schiffen gleich.
1. Holznagel (Dübel) mit Keil, 2. Eisenniete mit Klinkscheibe, 3. Eisennagel mit Widerhaken (Tackbolzen), 4. Kiel, 5. Kielschwein, 6. Längsträger, 7. Handlauf, 8. Plankengang, 9. Kalfatrille.
(Zeichnungen von Werner Zimmermann, Augsburg)

Vorbohren und Einschlagen von Holzdübeln bei den Planken bei einem Großschiff im 17. Jahrhundert von einer Außenstelling her. Wenn der obere Teil der Beplankung angebracht wurde, war das Schiff in aller Regel bereits von Stapel gelaufen und die weiteren Arbeiten wurden von schwimmenden Plattformen oder Stellings her ausgeführt. (Zeichnung von Elisabeth Gaudlitz-Holzschuher, Polling)

Höchst relevant für den Normalmodellbauer sind „gerade“ Dübel, die sich bis ins 18. Jahrhundert allgemein und manchmal im Kleinschiffbau bis heute hielten und halten.
Bis heute sind Holzdübel als glattgeschliffene „Pfropfen“ über der eigentlichen Nagelung/Verschraubung an Decks üblich, um nicht die Zehen von Matrosen und Passagieren mit Nagelköpfen in Gefahr zu bringen.

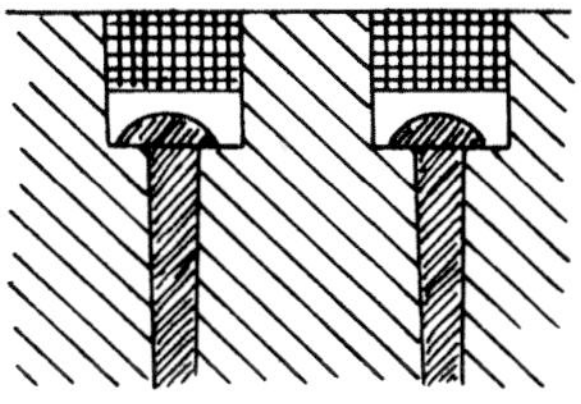

Nagelungen an Deckplanken wurden und werden stets mit einem glattgeschliffenen Holzpfropfen verschlossen, um Fußverletzungen zu vermeiden.

Modelldübel
Wie man Dübel herstellt, wurde schon ausführlich erklärt (s. Band 2, Material und Werkzeug, Kap. Materialverbindungen).
Falls man sich für Wachs-Dübel entscheidet – an einem Modell fast immer die einzig vernünftige Form! –, so ist unbedingt notwenig (ich wiederhole mich), dass die jeweilige Planke vorher mit Lack/Firnis eingelassen wurde, um höchst unerwünschte Verfärbungen des Holzes neben dem „Dübel“ durch das heiße Wachs zu verhindern!

Wie im eben genannten Kapitel schon gesagt, müssen die (Wachs-)Dübel farblich aber auch der Plankung angepasst sein. Im Original unterschieden sich die Holzdübel von der entsprechenden Planke kaum im Material. Dass sie ein wenig dunkler erschienen, kam daher, dass das Hirnholz des Dübels die Farbe des Anstrichs etwas tiefer einsaugte als die Längsfasern der Planke.
Auf farbig (rot, grün, weiß, schwarz etc.) gestrichenen Flächen waren Dübel generell so wenig zu erkennen, dass man sie an einem Modell schlicht vergessen, d. h. weglassen kann. Dies gilt insbesondere für mit Teer oder Bleiweiß dick angestrichene Unterwasserrümpfe (s. Kap. Unterwasser-Anstrich).

Bleiben also nur die Zonen mit „Naturholz". Die Vorgabe hier lautet aber auch: nur etwas dunkler! Tiefbraune Dübel in einer honigfarbenen Buchsbaum- oder gar hellgoldene Dübel in einer dunklen Europäisch-Nussbaum-Beplankung mögen zwar durch den Farbkontrast das Selbstbewusstsein eines „Bastlers" stärken, für einen echten „Modellbauer" ist derlei aber absolut albern. Selbstverständlich ist jeder Modellbauer stolz auf seinen „original" gedübelten Rumpf und möchte, dass selbst ein Laie dies sieht und bewundert! Nur sollte man derlei Eitelkeiten aber in einem vernünftigen, sprich historisch vertretbaren Rahmen halten!

Bolzen und Nägel

Seit dem späten 15. Jahrhundert wurden wichtige Bauteile (etwa die Barkhölzer, Außenplanken aber auch die Scheerstöcke mit Spanten bzw. Decksbalken) mit Hilfe von mehr oder minder starken Bolzen verbunden.
Genagelt wurden nur leichte Planken, etwa die Decksplanken.
Und auch da war es mitunter sinnvoller, zumindest Tackbolzen zu verwenden. Paradebeispiel WASA: Wie sich bei der Bergung des Schiffes herausstellte, hatte sich im untersten Schiffsraum, dem Orlopdeck, Folgendes abgespielt: Durch das Krängen des Schiffes nach Lee (bei einem Segelschiff unvermeidlich) hatte sich der Druck des Ballastes im untersten Schiffsraum (gut 120 Tonnen Feldsteine) ebenfalls nach Lee verlagert (auch dies unvermeidlich, aber durchaus

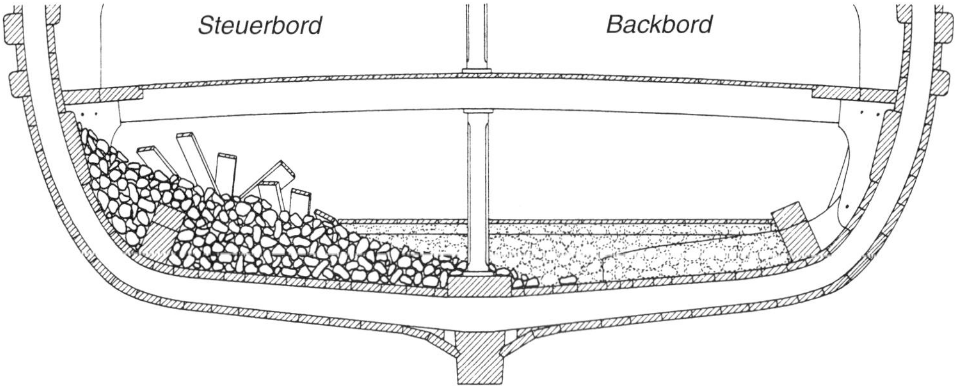

Die Fundsituation am Hauptspant der WASA: Der Feldsteinballast hatte seine schlecht vernagelte Abdeckung aufgesprengt und war nach Backbord „übergegangen" – nach dem Fund höher als dies später bei dem wieder fast auf ebenem Kiel liegenden Wrack hätte passieren können.

eingerechnet). Was dann geschah, führte freilich zur Katastrophe: Die glatten Normalnägel (Spieker), die jene Decksplanken befestigten, welche den Ballast in seinem Raum halten sollten, wurden aus den entsprechenden Decksbalken herausgehebelt, die Planken sprangen auf und der Ballast konnte ungebremst nach Lee „übergehen". Der Gewichtsschwerpunkt des Schiffes lag nun nicht mehr mittig „auf Kiel" (wie er das ja unbedingt tun muss!), sondern nach Lee verschoben. Das aber war eine Schieflage, aus der sich kein Schiff mehr aufrichten kann. Und ein zweiter oder dritter Windstoß reichte dann aus, um den Ballast noch weiter zu verschieben mit dem Resultat, dass die WASA noch auf ihrer Jungfernfahrt im Hafenbecken von Stockholm kenterte und sank.

Der Untergang der WASA wird heute vielfach allen möglichen Umständen und Personen in die Schuhe geschoben, vor allem den niederländischen Baumeistern, aber auch König Gustav Adolf II., der die Pläne „begutachtet und für gut befunden" hatte.

Doch, was verstand ein König – vielleicht von Zar Pjotr (Peter) I. abgesehen, der auf einer niederländischen Werft zumindest die Grundbegriffe des Schiffbaus in einem „Crashkurs" gelernt hatte – seinerzeit eigentlich vom Schiffsbau? Ein absolutistischer König konnte nicht irren, auch wenn er sich irrte! Dieses Prinzip ist übrigens auch bei heutigen, demokratischen Ämtern noch keineswegs ausgestorben ... Historisch wurde letztlich im nachfolgenden, sich über Jahre hinziehenden WASA-Prozess auch niemand verurteilt.

Die Fund-Fakten sprechen aber für sich. Trotzdem hört man es in Schweden höchst ungern, dass da im Fall der WASA Schlamperei oder „Billigprodukte" oder gar schlichte Geldgier im Spiel gewesen sein könnten.

Zar Pjotr I. von Russland war der einzige Souverän Europas, der damals überhaupt etwas von Schiffbau verstand wie dieses von ihm gefertigte Modell belegt. (Originalmodelle im Staatlichen Marinemuseum, St. Peterburg)

Kopfgröße von Nägeln

Natürlich arbeitet ein Modellbauer real nicht etwa mit Bolzen, sondern mit ganz gewöhnlichen Nägeln. Und dabei ist selbstverständlich die Kopfgröße ausschlaggebend, denn die Nagelköpfe sind es ja, die am Modell zu sehen sind. Bevor Nägel (seit dem späten 18. Jahrhundert) mehr oder minder „industriell" hergestellt werden konnten, waren sie „handgeschmiedet", was dem jeweiligen Schmied einen recht breiten Spielraum an Länge und Kopfgröße einräumte.

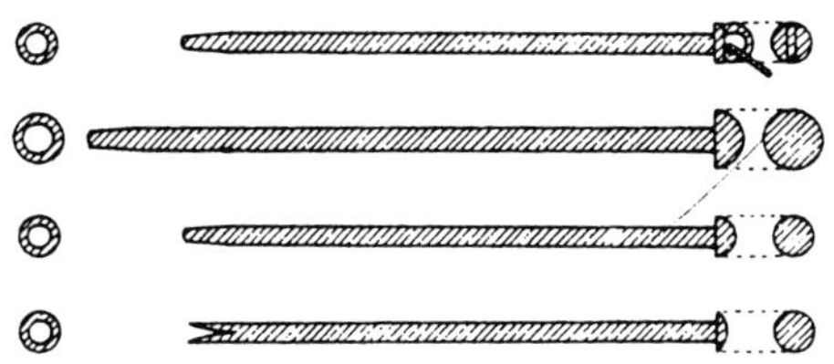

Links: Bolzen mit Klinkscheiben (binnenbords).
Unten: Drei Dübel (links) und verschiedene eiserne Spieker, Krampen und Tackbolzen.

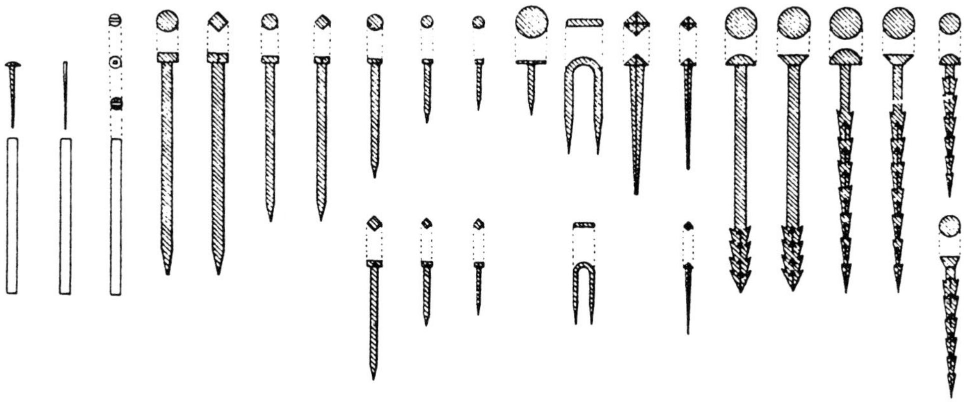

Grundsätzlich mag gesagt werden: Je älter das Schiff, umso derber seine Nägel. Das hatte nichts mit dem Können der Schmiede zu tun, sondern mit dem Sicherheitsbedürfnis der Auftraggeber.

Im 16. und bis in die zweite Hälfte des 17. Jahrhunderts waren die Bolzen, vor allem die der untersten Barkhölzer, ausgesprochen massiv. Da entsprechende präzise Angaben fehlen, kann man von der Faustregel ausgehen, dass dort ein Bolzenkopf einen Durchmesser von ca. 1/5 der Plankenhöhe hatte, doch ist dies wie gesagt nur ein geschätzter Näherungswert! Bei einer Barkholzhöhe von 37,5 cm auf der WASA hätten die Bolzenköpfe also etwa einen Durchmesser von 7,5 cm gehabt (bei einem 1:50-Modell also 1,5 mm) – wuchtig aber glaubhaft. Bei den oberen Barkhölzern nahm der Durchmesser der Bolzenköpfe in etwa in derselben Proportion ab, wie dort die Spanten schlanker wurden.
Bei einigen Schiffen dieser Epoche waren die Bolzenköpfe der unteren Barkhölzer sogar noch erheblich größer, was aber nichts mehr mit Festigkeit, sondern

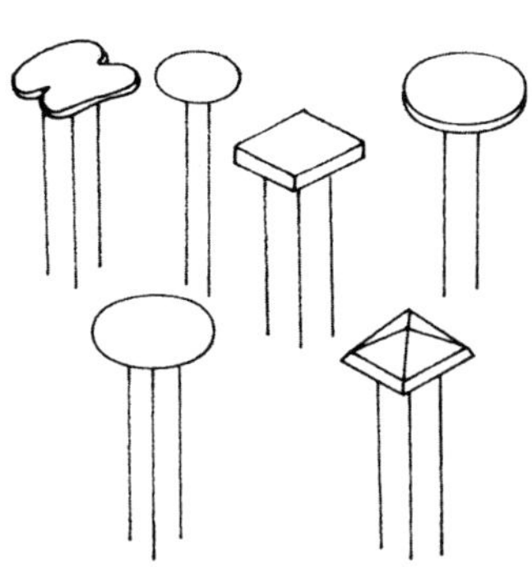

Ein kleines, keineswegs vollständiges Sortiment an Bolzen- bzw. Nagelköpfen wie sie teilweise bis heute verwendet werden.

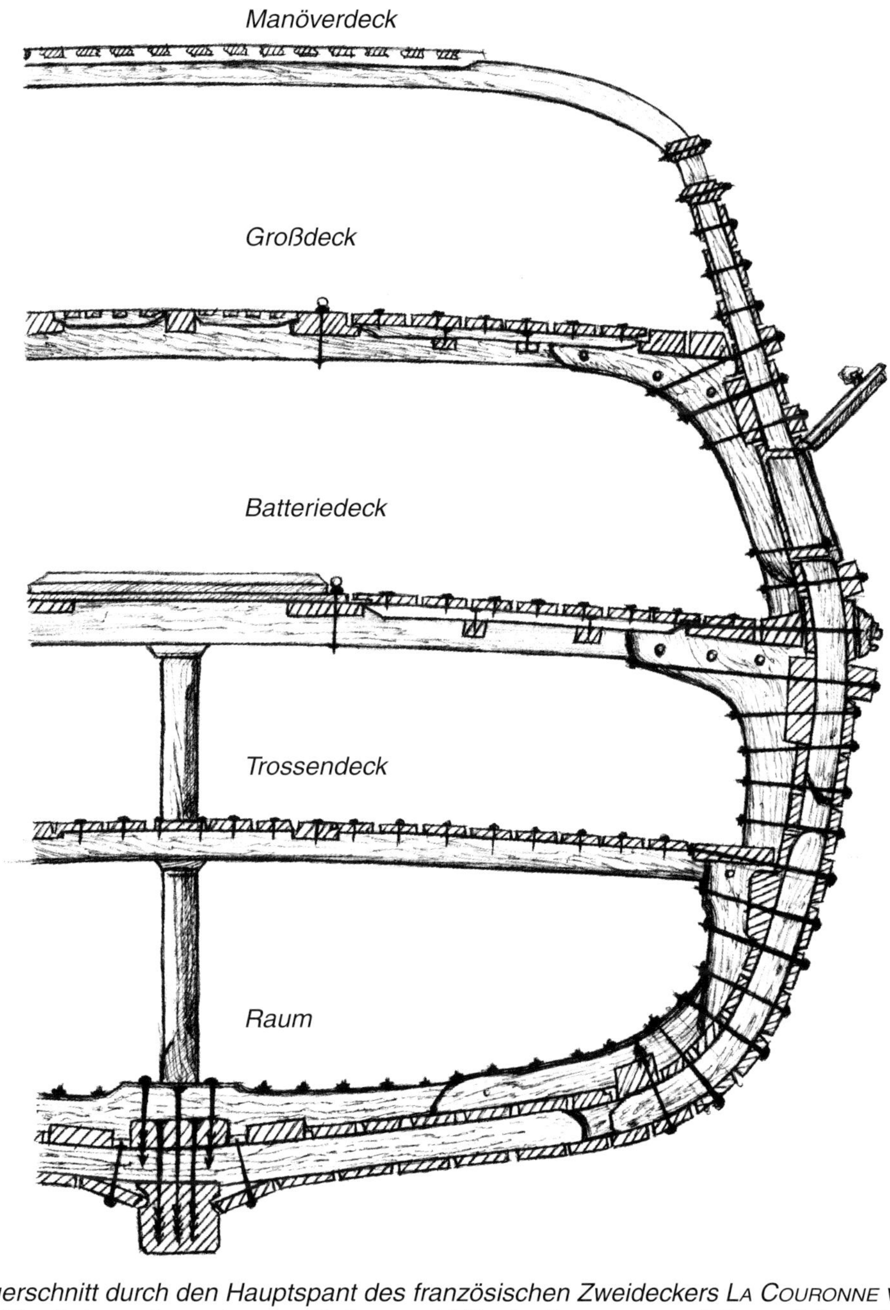

Querschnitt durch den Hauptspant des französischen Zweideckers La Couronne *von 1636 mit den entsprechenden Bolzen und Nägeln. Zusammen mit ihrem Schwesterschiff* Le Royal Saint Louis *(1638) war die* La Couronne *zwar nicht das größte, zweifellos aber das schnellste und kampfstärkste Kriegsschiff ihrer Epoche.*
Das damals beliebte leichte Manöver-Gräting-Deck über dem Großdeck ermöglichte nicht nur eine schnelle Verschiebung von Kämpfern zwischen Back und Kampanje, es schützte auch die Männer auf den Großdeck auch vor abgeschossenen Blöcken und Spieren. (Zeichnung von Elisabeth Gaudlitz-Holzschuher, Polling)

mit einer Art „Ziernagelung“ zu tun hatte, nach dem Motto: „Seht her, was wir uns an teurem Eisen alles leisten können!“

Die Bolzenköpfe der Beplankung zwischen den Barkhölzern waren am Unterwasserschiff etwa ½ bis ⅓ so stark wie die Barkholzbolzen, am Überwasserschiff ⅓ bis ¼. Aber auch das sind wirklich nur Schätzungen, die sich erst für das 18. Jahrhundert nachweisen lassen.
Seit dem späten 17. Jahrhundert wurden die Bolzenköpfe kontinuierlich immer kleiner, denn man verwendete nun zunehmend Stahl statt Schmiedeeisen, das man bei gleicher Haltekraft sehr viel geringer dimensionieren konnte.

Analog entwickelten sich die Holzdübel in ihrer sichtbaren Dimension. Bis Ende des 17. Jahrhunderts entsprach ihr Durchmesser (auch an Barkhölzern) etwa dem Kopfdurchmesser von Plankenbolzen. Danach wurden auch sie entsprechend dünner und verschwanden Mitte des 18. Jahrhunderts (zumindest an Großschiffen) völlig.

Modellnägel

Im Folgenden werde ich oft nur von „Nägeln“ sprechen, auch wenn es sich dabei im Original vielfach um „Bolzen“ handelte. Doch hier geht es ja nun weitgehend „nur“ um die entsprechenden Bolzen-/Nagel-„Köpfe“ am Modell.

Generell

Wählen Sie ihre Nagelkopfgrößen prinzipiell eher – sofern nicht explizit anders in Ihren Unterlagen angegeben – ein bisschen kleiner als größer. Das sieht am Modell nicht nur ganz einfach „eleganter“ aus, sondern entspricht durchaus auch der historischen Realität (Eisen war wie gesagt teuer). Bereiten Sie sich aber auch keine schlaflosen Nächte, wenn etwa ein Nagelkopf dank „historischer Teerschmiere“ um 0,1 mm zu stark geraten scheint.
Wo immer Sie einen Nagel setzen, müssen Sie prinzipiell vorbohren! Das ist zwar ein wenig mühsam, doch so vermeiden Sie, dass der Nagel eine Leiste spaltet! Gerade exquisite Modellbauer, wie beispielsweise mein immer wieder angeführter Freund Werner Zimmermann, haben oftmals eine Tendenz allzu „fein“ zu bauen – und vergessen dabei leicht den historischen Nagelschmied, dem ein Nagelkopf ein bisschen breit geriet, oder den Kalfaterer, der diesen Nagelkopf mit einem vielleicht allzu dicken Klacks Teer zuschmierte, um ihn vor dem aggressiven Salzwasser (s. oben) zu schützen.

Klartext: Dies ist, wie mehrfach schon gesagt, wahrlich kein Freibrief für Schlamperei und „wird schon irgendwie passen“ oder „das sieht ja wohl ohnehin keiner“! Höchste Präzision ist eine der Grundbedingungen des historischen Schiffsmodellbaus – und daran kann nicht gerüttelt werden!
Doch wahrhaft „historisch“ heißt auch, das man nicht jeden „Fehler“, der damals gemacht und problemlos akzeptiert wurde, auch an einem Modell fanatisch mit Lupe oder gar Fadenzähler bewaffnet sofort gnadenlos „bekämpfen“ muss. Schiffsbau war bis ins späte 19. Jahrhundert „Handwerk“ (Modellbau ist es noch immer) und Handwerker waren und sind nun einmal keine Roboter, die einen ewig gleichen Handgriff stur (wenn auch perfekt) ausführen!

Modellnagel-Größen

Wie schon in Band 2, Material und Werkzeug, Kap. Materialverbindungen, gesagt, gibt es Nägel ab 1,2 mm Kopfdurchmesser aufwärts in jedem gut sortierten Baumarkt. Nägelchen bis zu 0,7 mm Kopfdurchmesser herunter kann man eventuell noch in Modellbaugeschäften auftreiben.
Dann aber ist mit „echten“ Nägeln endgültig Schluss. Sollte man noch kleinere Nägel benötigen, gibt es nur noch die Wachs-Methode, d. h. man bohrt mit einem entsprechend feinen Bohrer ein Loch in die „Planke“ und füllt dieses mit heißem Wachs – dafür muss man nun tatsächlich schwarzes Wachs verwenden – oder man malt diese auf, wie in Band 2, S. 108, beschrieben.

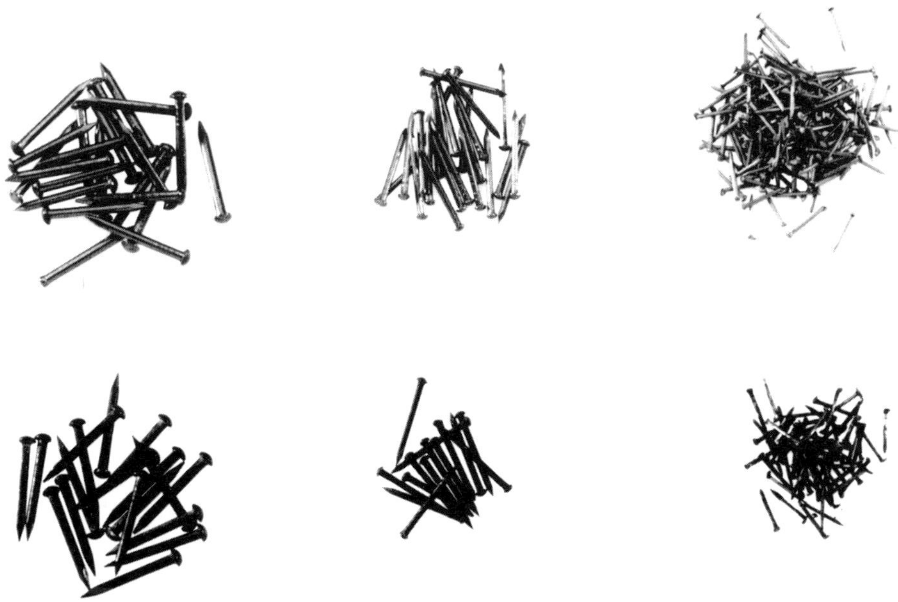

Entsprechend dimensionierte Nagelköpfe – auf diese kommt es letztlich ja nur an – findet man in gut sortierten Modellbaugeschäften (eher teuer), bei größeren Durchmessern auch in Baumärkten (dort erheblich billiger).
Generell: Immer vorbohren (!!!), damit der Nagel nicht die Planke „spaltet“!

Farbe

Wie oben schon gesagt waren Eisenteile an einem Schiff massiv der Korrosion ausgesetzt. Eisenteile wurden aus diesem Grund prinzipiell mit Teer gestrichen, d. h. sie waren schwarz.
Gewiss kann man Nagelkopf für Nagelkopf am Modell mit einem feinen Pinsel und schwarzer Farbe behandeln. Das ist mühsam und stinklangweilig, obwohl höchste Konzentration vonnöten ist. Sehr viel einfacher ist es, die Nägel vorab chemisch (etwa mit Lüstersud) zu schwärzen (s. Band 2, Material und Werkzeug, Kap. Metall färben). Sollte sich beim Einklopfen der Nägel auf dessen Kuppe etwas von der Farbe abgerieben haben, kann man dies immer noch mit Pinsel und einem feinen Tröpfchen Farbe nachkorrigieren.
Bei gestrichenen Unterwasserrümpfen (s. Kap. Unterwasseranstrich) kann man

sich die Mühe entsprechend schwarz gefärbter Bolzen und Nägel selbstverständlich ersparen. Dort müssen sie mitunter zwar durchaus präsent sein, ihre Farbe wird jedoch von der „Schiffssalbe“ unerbittlich überstrichen.
Bei farbig gefassten Bordwandteilen waren die Bolzen-/Nagelköpfe selbstverständlich nahezu immer mit der entsprechenden Farbe überstrichen und allenfalls als kleine Höckerchen erkennbar. Dübel verschwanden ganz einfach unter dem Anstrich.

Nagelschemata

Im originalen Schiffsbau (wie entsprechend am Modell) gab und gibt es das Problem, dass ein Dübel, Nagel oder Bolzen, ein wider den natürlichen Faserverlauf eingebrachter „Fremdkörper“ also, das Holz an Planke und Spant trotz entsprechendem Vorbohren spalten könnte. Im Früh- und teilweise auch im Hochmittelalter setzte man Dübel oder Bolzen mittig von Planke und Spant, was den größten Halt versprach.

Seit dem Hoch- bis Spätmittelalter entwickelte man Nagelschemata, die einerseits die oberen und unteren Plankenkanten fest an die Spanten pressten, andererseits die Hölzer durch entsprechend größere Nagel/Bolzen-Abstände möglichst vor einem Spalten bewahren sollten.
Diese Schemata änderten sich bis heute im Holzschiffbau nicht mehr.

Achtung: Unterwasserschiffe, die in irgendeiner Form „beschlagen“ wurden, dürfen nicht genagelt werden (s. dazu Kap. Rumpfbeschläge)!

Die folgenden Abbildungen gelten nur für die Außenbeplankung. Eisenbolzen schwarz, Dübel weiß.

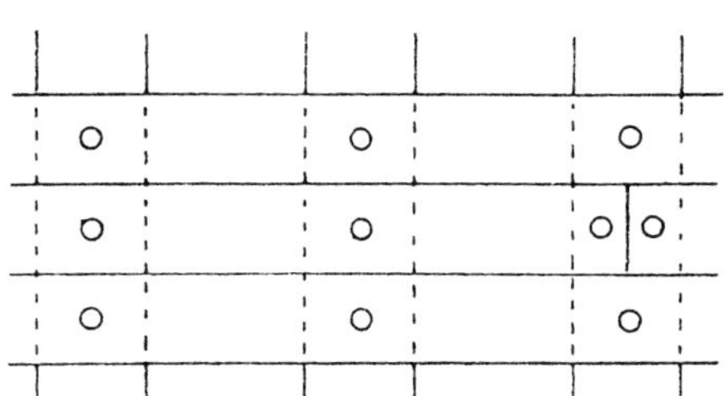

Von der Antike bis ins frühe 14. Jahrhundert wurden die Planken fast ausschließlich mit Holzdübeln befestigt.

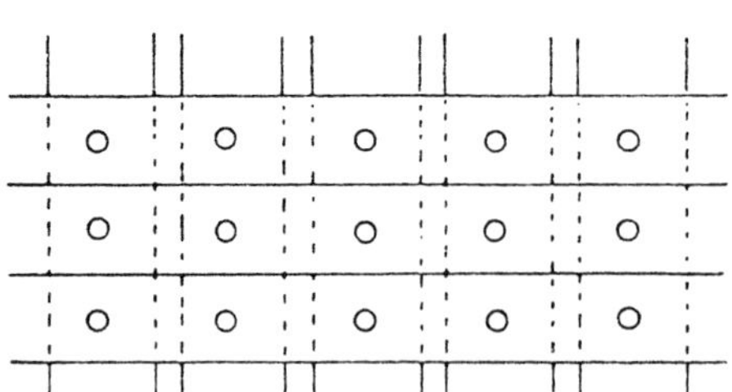

Bis Mitte des 18. Jahrhunderts wurden die obersten Plankengänge und die Aufbauten immer noch gedübelt, um die farbige Gestaltung dort nicht durch Nagelköpfe zu irritieren.

Seit dem frühen 14. Jahrhundert waren die Planken in der Regel mit Eisenbolzen befestigt. Hier ein Schema von etwa 1300 bis 1500.

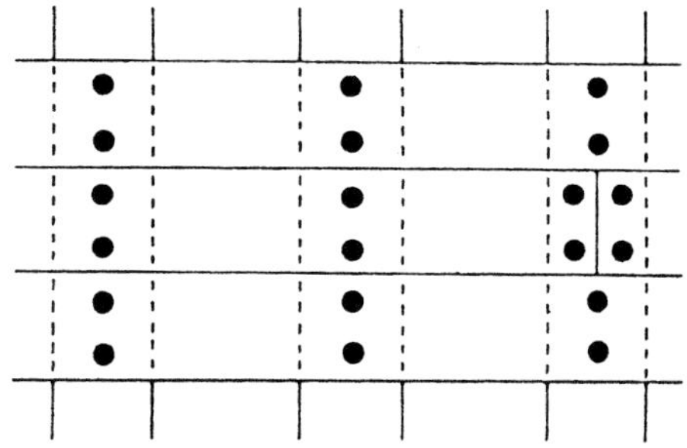

Planken breiter als 27,9 cm.

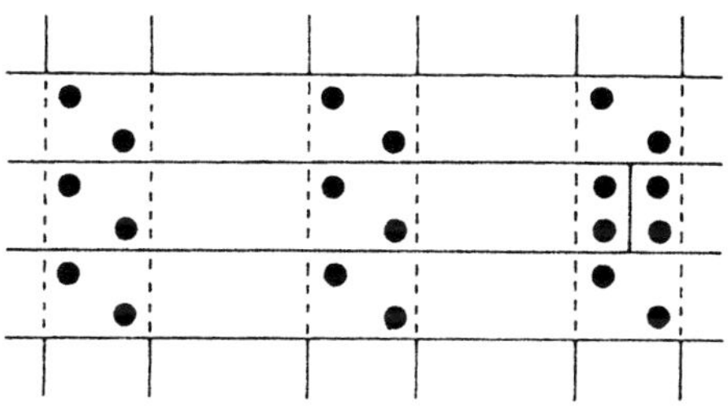

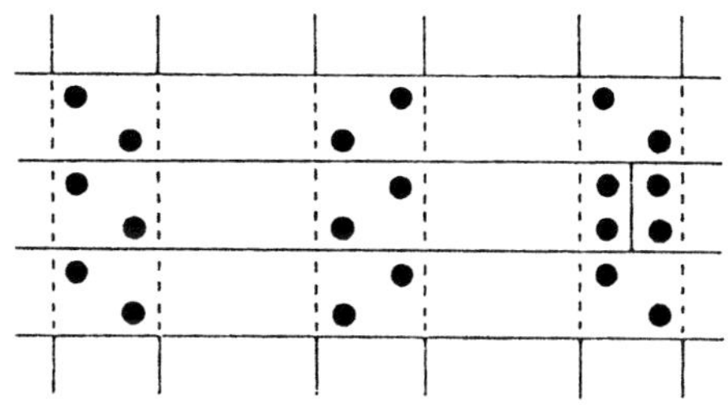

Planken 15,2 bis 27,9 cm.

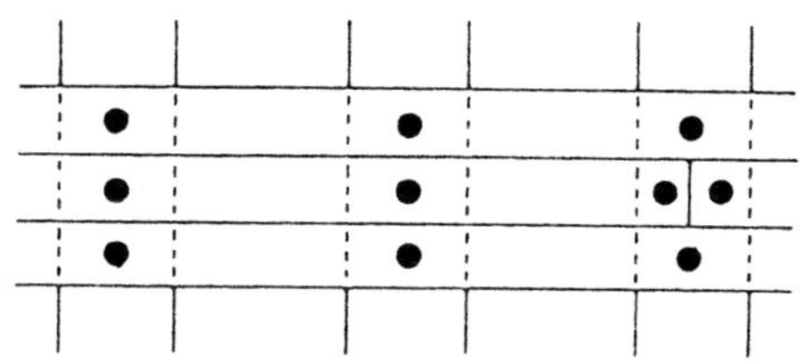

Planken schmäler als 15,2 cm.

Generelles Nagelschema seit dem frühen 16. Jahrhundert.

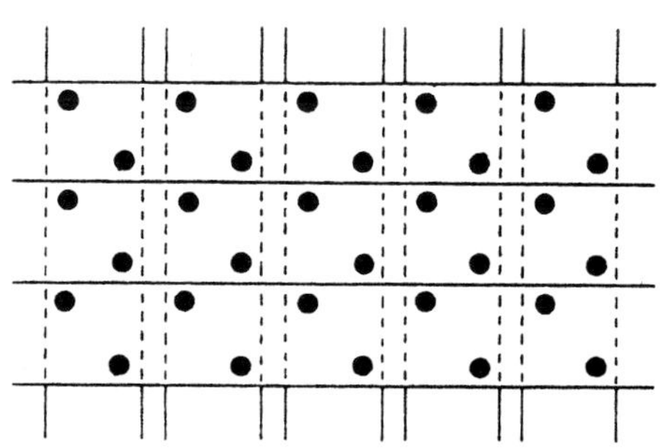

Planken breiter als 27,9 cm.

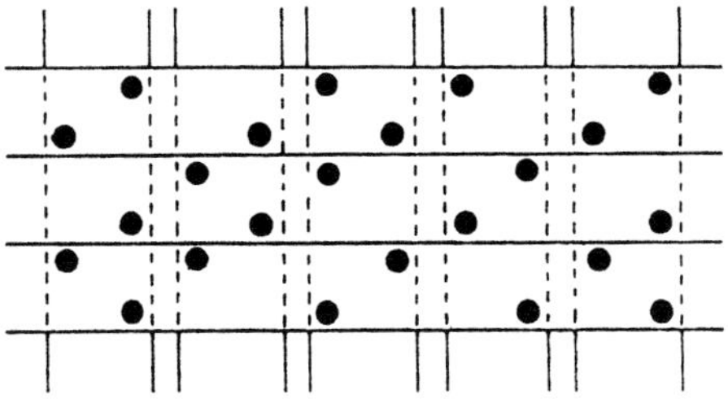

Planken 15,2 bis 27,9 cm.

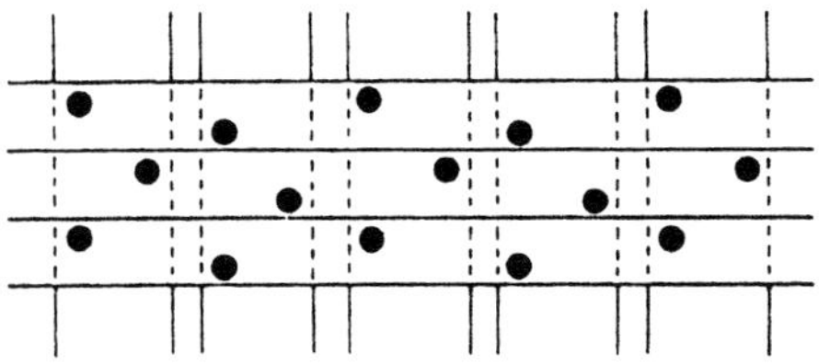

Planken schmäler als 15,2 cm.

„Gemischte" Kombinationen von Bolzen und Dübeln.
Die Methode wurde vom frühen 16. bis in die Mitte des 19. Jahrhunderts bei Holzschiffen verwendet und war die Regel. Von Werft zu Werft konnten die Muster zwar mitunter ein wenig voneinander abweichen, doch da es ohnehin keine „Nagelpläne" gibt, mag der Modellbauer dies getrost vergessen.

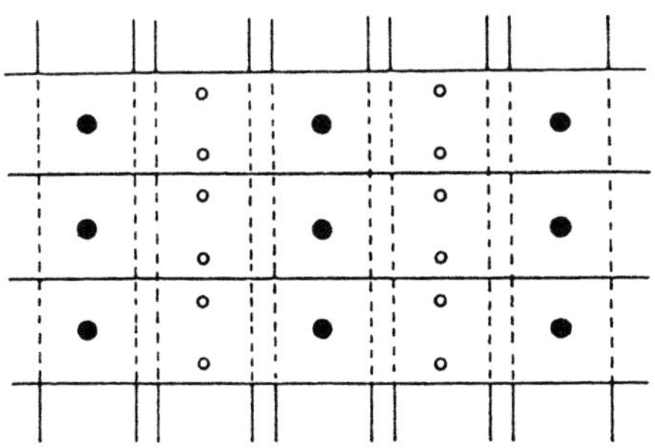

Gemischtes Nagelschema vor allem bei kleineren Schiffen verwendet.

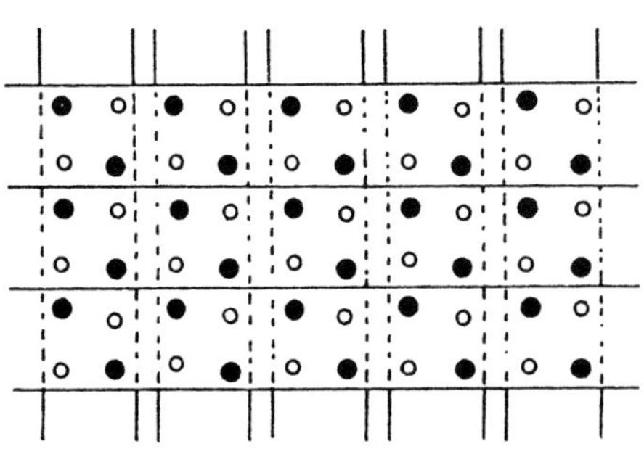

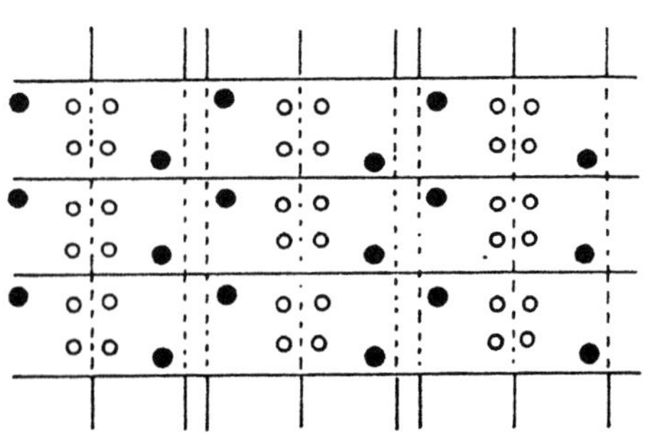

Gemischtes Nagelschema bei großen Schiffen.
Links bei Einzelspanten. Rechts bei Doppelspanten.

Heck eines französischen Linienschiffes 1. Ranges (Dreidecker) im späten 17. Jahrhundert – möglicherweise LE DAUPHIN ROYAL *(100 Geschütze) oder* LE TERRIBLE *(104 Geschütze) oder* LE FOUDROYANC *(102 Geschütze).*
Die Nagelung des Unterspiegels richtete sich selbstverständlich nach den Arcassenbalken, wobei die Gillungsbalken die waagerechte Linie vorgaben.
Die Beplankung der Gillung wurde selten, der Oberspiegel niemals genagelt/angebolzt, sondern gedübelt um die Bemalung nicht zu verunstalten.

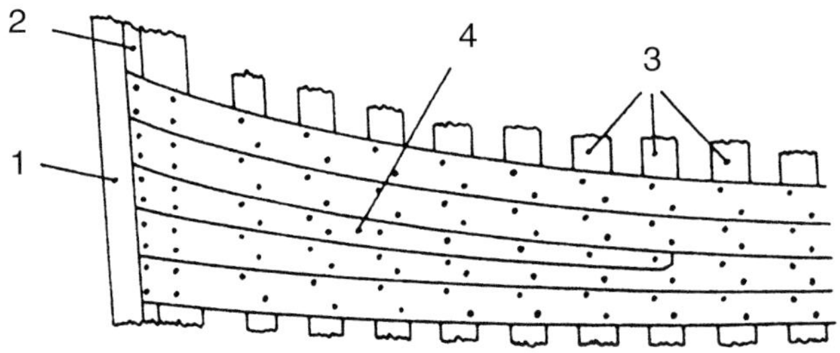

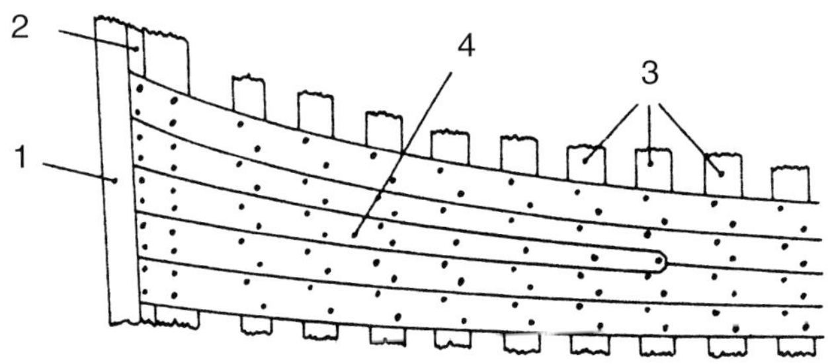

Nagelung von Butten bzw. verlorenen Gängen am Achtersteven (s. auch Kap. Kraweele Beplankung). 1. Achtersteven, 2. Sponung, 3. Spanten, 4. Butt. Analog wurden eingekämmte Gänge im Bugbereich genagelt bzw. gebolzt.

Klink- bzw. Unterlegscheiben

Bolzen wurden nahezu immer mit eisernen Klink- bzw. Unterlegscheiben bestückt, um die Auflagefläche zu vergrößern und so ein Eindrücken des Holzes möglichst zu vermeiden. Ihr Außendurchmesser betrug (von extremen Ausnahmen abgesehen) ¼ bis maximal ⅓ mehr des Bolzenkopfes.

Wie man solche Scheiben für ein Modell am besten herstellt, das wurde in Band 2, MATERIAL UND WERKZEUG, Kapitel Punzen und Kapitel Ätzen bereits beschrieben. Und man muss sie nahezu zwangsläufig vor dem Einbau chemisch schwarz färben – es sei denn, man ist bekennender Masochist.

Kogge auf dem Stadtsiegel von Elbing von 1350. Sehr schön zu erkennen die dekorativen Klinkscheiben in Kreuzform. (Zeichnung von Gerhard Salemke, Gütersloh, und Siegfried Fornaçon, Reinbeck)

Im praktischen Modellbau – von sehr großmaßstäblichen Modellen und besonders großköpfigen Bolzen (etwa an den untersten Barkhölzern im 16. und 17. Jahrhundert) abgesehen – spielen sie allenfalls „philosophisch“ eine Rolle, da sie in der Modellbaurealität einfach nicht wirklich sichtbar sind.
Eine ganz andere Sache sind natürlich die Klinkscheiben in Herz-, Rauten- oder Kreuzform wie sie zwischen etwa 1300 und 1450 durchaus beliebt waren und nicht nur praktischen, sondern auch dekorativen Charakter hatten.

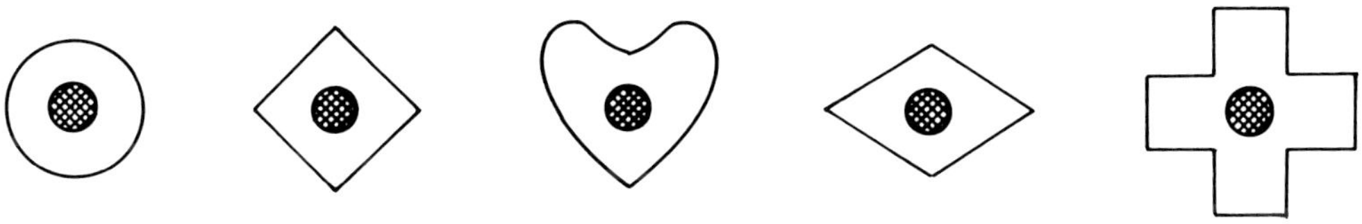

Links zwei Klinkscheiben, wie sie bis heute noch in Gebrauch sind. Rechts drei dekorative Klinkscheiben, wie sie teilweise im Hoch- und Spätmittelalter beliebt waren.

Niete

Bei klinkergebauten Schiffen wurden die Längskanten der Planken, dort wo sie sich überlappten, mit Nieten verbunden, um diese „dicht“ zu bekommen.
Diese Niete hatten einen Kopfdurchmesser von ¼ bis maximal ⅓ des jeweiligen Dübel- bzw. Nagelkopfes, mit dem die Planke am Spant befestigt war. Anders gesagt: Diese Nietköpfe waren ausgesprochen klein.
Wer sie trotzdem an seinem Modell darstellen will – und wie die Museumsmodelle von Werner Zimmermann beweisen, sieht dies natürlich ungemein authentisch aus –, kann sie allerdings wirklich nur mit Pinsel und Farbe nach der in Band 2, Material und Werkzeug, S. 108, von Werner Zimmermann entwickelten Methode auftüpfeln.
Nach dem Hochmittelalter verschwanden derlei Niete und tauchten erst bei Eisenschiffen um die Mitte des 19. Jahrhunderts wieder auf, wo sie sich zum Zusammenhalt der Metallplatten mehr als karnickelartig vermehrten, aber auch entsprechend größer wurden. Bei meinem Modell der Great Britain von 1845,

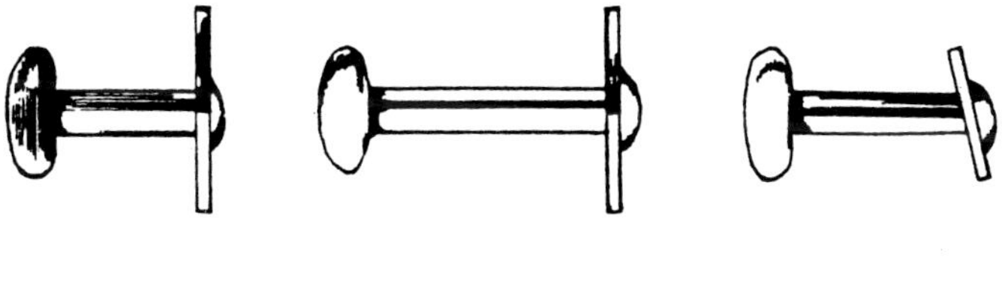

Originale Niete des angelsächsischen Sutton Hoo-Schiffes vom Ende des 6. Jahrhunderts. Die Nietköpfe lagen stets außenbords, die Klinkscheiben binnenbords. Die Niete sind in etwa halber Größe dargestellt. Bei einem 1:50-Modell hieße das, dass die Köpfe 0,04 cm, die Klinkscheiben maximal 0,07 cm Durchmesser hätten = „real“ im Modell nicht nachbaubar.
(Zeichnung von Werner Dammann, Hamburg)

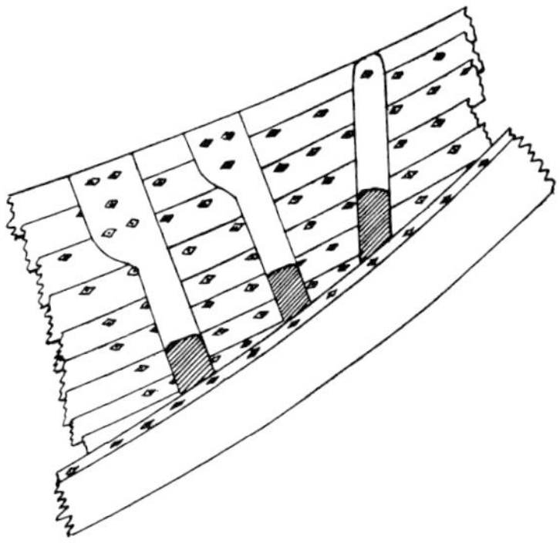

Steuerbord Achterschiff des SUTTON HOO-Schiffes. Die Planken wurden mit Bolzen an den Spanten befestigt, die Plankengänge untereinander vernietet.
(Zeichnung von Werner Dammann, Hamburg)

für das Deutsche Technikmuseum in Berlin, habe ich über 50.000 Niete (= Mininägelchen) „verbaut". Näheres dazu in Band 6, SICHTBARE SCHIFFSMASCHINEN.

Spangen

Es gibt originale Darstellungen, die veranschaulichen, dass im Mittelalter Plankenlaschungen mitunter zusätzlich durch schmale Eisenbänder gesichert wurden. Im Modell kann man diese optimal durch aufgeklebte Streifchen aus dünnem schwarzen Zeichenkarton darstellen.

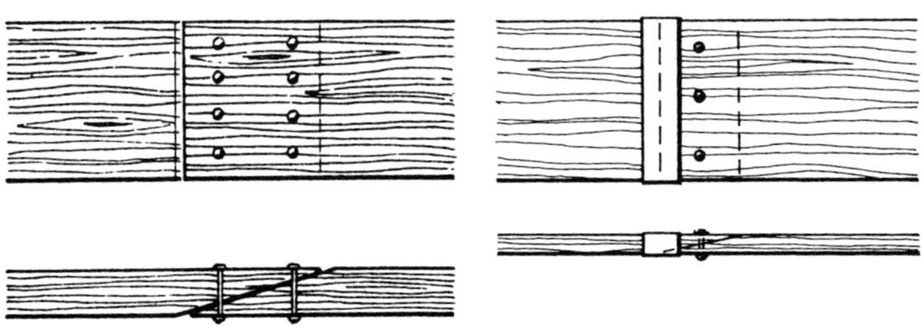

Stoß einer Klinkerplanke: Links normal, rechts mit Spange. (Zeichnung Werner Zimmermann, Augsburg)

Kogge auf dem Stadtsiegel von Elbing von 1242.
Die Plankenstöße geklinkerter Schiffe waren eine echte Problemzone, weshalb man sie vielfach mit eisernen Spangen absicherte. Beispielsweise sehr gut zu erkennen auf diesem, aber auch auf dem S. 272 gezeigten Stadtsiegel von Elbing von 1350.
(Zeichnung von Gerhard Salemke, Gütersloh, und Siegfried Fornaçon, Reinbeck)

Anzeichnen der KWL

Bevor man nun am Rumpf seines Schiffsmodells weiterarbeitet und diesen eventuell sogar auf den endgültigen Modellständer montiert – davon rate ich generell ab und empfehle, ihn zunächst immer noch auf einem robusteren Bauständer zu belassen –, muss überhaupt erst der Unterwasserrumpf fertig gestellt werden. Dazu ist es unumgänglich, zunächst die Konstruktionswasserlinie (KWL oder CWL) zu markieren.
Das Modell wird zunächst auf seiner Arbeitshelling so ausgerichtet, dass die KWL exakt parallel zum Grundbrett liegt – in der Regel also mit dem Heck tiefer und mit den Bug entsprechend höher (s. auch unbedingt Kap. Messpunkte und Maße).
Die entsprechenden Punkte an den Bauspanten sind vermutlich längst durch Unter- und Oberplankung verloren gegangen. An Vor- und Achtersteven müssen diese Anzeichnungen jedoch immer noch vorhanden sein!
Richten Sie also Ihr Modell entsprechend diesen Anzeichnungen aus.
Dann schneiden Sie sich ein Holzklötzchen so zurecht, dass die Spitze eines darauf befestigten Bleistifts genau der erforderlichen Höhe entspricht.
Ein „Höhenanreißer" ist zwar optimal, doch solch ein Gerät ist teuer und, obwohl „Vielbauer", besitzt der Autor noch immer keinen solchen. Von einem Bücherstapel, wie manchmal empfohlen, sei abgeraten, denn der ist zu wackelig und ungenau und lässt sich schlecht um das Modell herumschieben.

Durch vorsichtiges, sorgfältiges Herumführen des Klötzchens mit dem Bleistift – fest auf die Unterlage drücken und etwas schräg zur Fläche ziehen – kann man so auf beiden Rumpfhälften die KWL tadellos anzeichnen.

Ein anschließendes Abkleben mit Tesafilm über der gefundenen Linie kann bei der Weiterarbeit – Unterwasseranstrich – nützlich sein, auch wenn ich persönlich die Farblinie lieber „von Hand" ziehe, da hierbei keine Farbe „unterlaufen" kann.

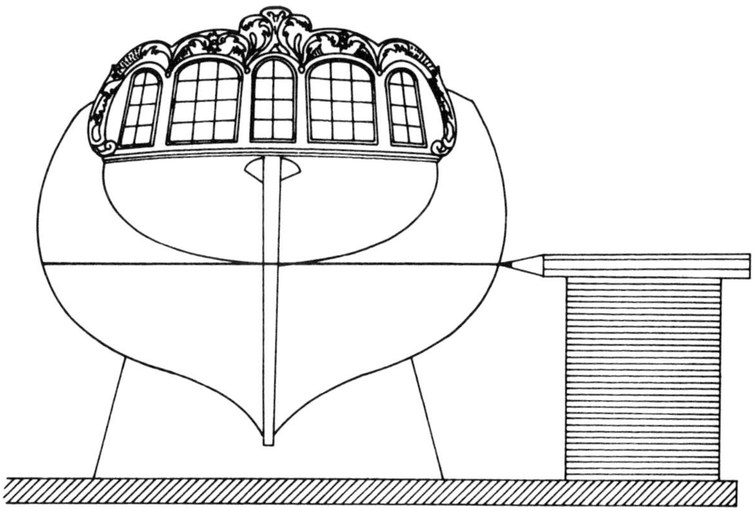

Anzeichnen der KWL.

Unterwasser-Anstrich

Seit es Hochseeschifffahrt gibt, versuchten Schiffsbaumeister, Schiffseigner und Kapitäne den Unterwasserrumpf ganz besonders zu schützen. Zweifellos war es zum einen das aggressive Salzwasser, das dem Holz zu schaffen machte. Zum anderen jedoch war es ganz besonders **er**!

Der Schiffswurm

Er geistert kreuz und quer durch die Schiffsliteratur. Sein wissenschaftlicher Name lautet „Teredo navalis Linnaeus". Dieses ausgewachsen etwa fingerlange, weiße, schleimige Vieh hat definitiv mehr Schiffe versenkt und Männer getötet als alle Seeschlachten und Stürme zusammen! Es gibt ihn auch in nordischen Gewässern, aber besonders in tropischen Meeren gedeiht er besonders fröhlich. Sein Charakteristikum: Er frisst Holz! Er nagt sich durch Schiffsplanken wie durch ein schmackhaftes Stück Käse und hinterlässt dabei letztlich etwas, das völlig zermürbt und durchbohrt noch schwächer ist als eben besagter Käse. Der „Schiffswurm" war daher das ultimative Schreckgespenst aller Seefahrer! Dabei ist, biologisch gesehen, der „Schiffswurm" gar kein „Wurm", sondern eine Bohrmuschel aus der Ordnung Apadedonta, Familie der Adesmacea.
Wilhelm Eigner schreibt in Das große Lexikon der Tiere: „Sehr schädlich für den Menschen ist die Bohrtätigkeit der Adesmacea. Die auseinanderklaffenden und am Vorderende geriffelten Schalen bilden eine Raspel, die der Muschel das Einbohren in Kalkgestein, unterseeisches Torf und untergesunkenes Holz ermöglicht. Aus den Bohrlöchern streckt die Muschel die Siphone an die Oberfläche. Der Schiffsbohrwurm hat seine Schalen weitgehend zurückgebildet. Sie sind zu einem am Vorderende des Tieres liegenden Bohrapparat umgewandelt. Teredo bohrt tiefe Gänge in hölzerne Schiffsrümpfe und vernichtet ebenso Hafen- und Küstenschutzbauten, sofern sie aus Holz sind. Das abgeraspelte Holz wird von der Muschel aufgenommen und verdaut."

Vom „Schiffswurm" gnadenlos zerfressenes und durchlöchertes Holz, das poröser als ein Schweizer-Käse ist. (Foto Wasa Museum – Wasavarvet, Stockholm)

Er war der gnadenloseste Feind aller Holzschiffe!
Teredo navalis Linnaeus, der berüchtigte „Schiffswurm“, der in Wahrheit kein „Wurm“, sondern eine Bohrmuschel ist.
Während ihre Atmungsgeräte, die Siphone, noch aus dem Loch hängen, raspelt sich die Bohrmuschel mit ihren am Kopf zurückgebildeten Schalen durch ihr „Essen“, das Holz.
Die Holzsorte ist dem Teredo egal. Wichtig ist ihm Salzwasser und die nötige Atemluft, weshalb er in Sand oder Schlick begrabene Holzteile meidet. Und wenn das Salzwasser schön salzig und zudem schön warm ist, dann sind das ideale Bedingungen – deshalb ist die kühle und salzarme Ostsee bei ihm eher unbeliebt, während er etwa in der salzigen und warmen Karibik aufs Prächtigste gedeiht.

Da bis ins 19. Jahrhundert Schiffsrümpfe aus Eisen und bald Stahl gebaut wurden (deren „Feind“ ist nun aber der Rost, s. Band 6, SICHTBARE SCHIFFSMASCHINEN, Kap. Unterwasseranstriche), war der Kampf gegen den Teredo ein akutes Dauerproblem, dem man in mannigfaltigster Weise und im wahrsten Sinne des Wortes den Appetit zu verderben versuchte.

Höhe des Unterwasseranstrichs

Wie im Vorkapitel gesagt, ist die Wasserlinie (KWL) eine der wichtigsten im gesamten Schiffs(modell)bau! Was den Unterwasseranstrich anbelangt, so spielte sie in der Antike als Grenzlinie zwischen Unter- und Oberschiff teilweise keine Rolle, die sich dann freilich erst im 16. Jahrhundert wieder durchzusetzen begann. Im gesamten Mittelalter und der frühen Neuzeit verlief diese Linie jedoch entsprechend der Beplankung. Bei klinker gebauten Schiffen verlief diese Linie an der Oberkante jener Planke, durch welche die KWL verlief. Oder anders gesagt: Alles was unterhalb dieser Kante lag – und mochte sie an Bug und Heck noch so hoch aufragen – zählte zum „Unterwasserschiff“ und wurde entsprechend behandelt.
Bei kraweel gebauten Schiffen verlief diese Grenze an der Unterkante des untersten Barkholzes.
Seit dem 14. Jahrhundert begann man zunächst im Mittelmeer, diese Trennlinie wieder entlang der tatsächlichen KWL zu ziehen. Diese setzte sich seit dem 16. Jahrhundert zwar nach und nach allgemein durch, doch auch im 18. Jahrhundert war es noch durchaus üblich, die Planken zwischen KWL/Unterwasser-Anstrich bzw. -Beschlag und Unterkante des ersten Barkholzes sehr dunkel, etwa mit Teer, einzulassen, als Zeichen dafür, dass dieser Bereich eigentlich zum Unterwasserschiff gehörte. Natürlich hatte dies auch einen praktischen Sinn, denn diese Teile waren durch Bugwellen oder durch das tiefere Eintauchen leewärts (s. Kap. Messpunkte und Maße) mehr beansprucht als die sonstige Plankung oberhalb dieser Linie.

Mit 60 Kanonen auf zwei Decks war die ZEELANDIA *von 1662 ein typisches Kriegsschiff der Niederlande jener Zeit. Die wellenförmige Wasserlinie sollte im Zusammenspiel mit den echten Wellen dem Gegner ein schnelleres Vorbeifließen des Wassers und damit eine höhere Geschwindigkeit vorspiegeln. Das Resultat war jedoch so wenig erfolgreich, dass man auch in Holland diese KWL-Gestaltung schnell wieder aufgab. (Modell im Maritiem Museum „Prins Henrdik", Rotterdam)*

Fischtran

Wie schon anderweitig beschrieben, wurden Fischabfälle – Köpfe, Flossen, Gräten und Haut – in Wasser so lange eingekocht, bis eine klebrige Schmiere daraus entstand, die man auf die Schiffsplanken auftrug. Diese Technik war vor allem im Norden verbreitet. Nicht nur die optisch so eleganten Wikingerschiffe, sondern auch die Mehrzahl der Nefs und Koggen müssen deshalb (zumindest bis in die Mitte des 13. Jahrhunderts) gnadenlos „gefischelt", d. h. brutal gestunken haben! Bei kleinen Küstenfahrern und Fischereifahrzeugen war Fischtran teilweise noch im 18. Jahrhundert im Einsatz. Aber als Seefahrer durfte man bis weit ins 19. Jahrhundert ohnehin keine allzu empfindliche Nase haben! Fischtran half zwar eindeutig gegen aggressives Seewasser, aber nicht gegen den Teredo. Dass die Bohrmuschel nicht längst die Schiffsfunde der WASA oder jene von Kalmar oder Skuldelev, Bremen oder Spithead restlos aufgefressen hat, hängt damit zusammen, dass es Teredo Navalis eben gerne salzig und warm hat, aber auch Sauerstoff im Wasser braucht, weshalb er im Sand oder Schlick begrabene Holzteile strikt meidet.

Modellbau: Fischtran veränderte die Farbe des Holzes eigentlich nicht und überzog es lediglich mit einem sehr matten Glanz.
Ein Tuffmatt-Lack direkt auf das blanke Holz aufgetragen ergibt genau den richtigen Farbton.

Pech

Eines der ältesten Mittel, um Schiffsholz, insbesondere das Holz des Unterwasserrumpfs, zu schützen, war Baumharz, das als „Pech“ bezeichnet wurde. Man ritzte hierzu vielfach die Stämme stark harzender Bäume, also insbesondere von Nadelbäumen, an, fing das austretende Harz auf oder kratzte es ab und schmierte es dann auf den Schiffsboden.
Alljährlich zur Weihnachtszeit können wir beim Aufstellen der Christbäume feststellen, welch unangenehmes Material Pech bzw. Harz ist, wie schwer es wieder von den Fingern zu schrubben oder gar aus einem Kleidungsstück zu entfernen ist ... Der Ausdruck „Pech haben“ kommt somit nicht von ungefähr.
In Nordspanien, an der französischen Atlantikküste und an Nord- und Ostsee war bis ins 13. Jahrhundert Pech das häufigste Mittel zum Schutz von Unterwasserrümpfen.

Modellbau: Harz kann einen wunderbaren Goldton haben, so wie Bernstein, der ja versteinertes Harz ist. In aller Regel hatte es jedoch einen Farbton von leicht grauem mehr oder minder hellem Ocker. Als Modellbauer sollte man entsprechende Unterwasserrümpfe also zunächst in solch einem Farbton beizen, ehe man sie mit einer schützenden Tuffmatt-Lackschicht konserviert.

Pech und Schwefel

Auch wenn Pech eine recht gute imprägnierende Wirkung gegen Seewasser hatte, gegen den Teredo half es rein gar nichts. So suchte man nach einer Substanz, die der verhassten Bohrmuschel unangenehm genug war, um sie vom Schiffsholz fernzuhalten. Und diese Substanz war Schwefel (chem. Zeichen: S). Im Mittelmeer hatte man bereits in der Antike entdeckt, dass Schwefel eine erfreulich abschreckende Wirkung auf den Teredo hatte. Schwefel blieb denn auch bis ins frühe 19. Jahrhundert ein Hauptbestandteil vieler Mixturen, mit denen man Unterwasserschiffe behandelte. Der früheste, historisch einwandfrei schriftlich dokumentierte Beleg für die Verwendung von Schwefel in Nordeuropa stammt aus dem Jahr 1066.
Willem le Bâtard (der Bastard – unehelicher Sohn des berühmten Robert des Teufels), Herzog der Normandie, versammelte damals nach Wikingermanier die

besten Raufbolde zwischen Grönland und dem russischen Kiew, dem Nordkap und der Südspitze Siziliens, um in England einzufallen und den Verräter-König Harald Godwinsohn und Graf von Wessex durchaus berechtigt vom Thron zu schubsen. Am 14. Oktober 1066 besiegte er bei Hastings tatsächlich seinen Rivalen, wurde König von England und durfte sich nun den Beinamen „the Conqueror" (der Eroberer) zulegen.
Für die Invasion Englands (übrigens nach Julius Caesar die zweite und endgültig letzte, die je gelang) ließ der Normanne eine Flotte von 500 Kriegs- und 600 Trossschiffen bauen, die seine 2000 Panzerreiter, 2500 Pferde, 6500 Schwerbewaffnete zu Fuß und 1500 Bogenschützen über den Kanal transportierte.
Für uns ist in diesem Zusammenhang interessant, dass die Normannen-Grafen Robert Guiscard (Schlaukopf) und Roger von Sizilien, die sich soeben in Süditalien ihr persönliches Wikingerreich einrichteten, große Mengen an Schwefel in die Normandie schickten, die aus den Gruben von Caltanisetta und Enna stammten. Dieses Material liefern nämlich nur Vulkane (wie übrigens auch das zum Bronzeguss lange Zeit benötigte Arsen, doch davon mehr in Band 4, DIE AUSRÜSTUNG, Kap. Geschütze).
Vermischt mit Pech ergab der Schwefel einen vorzüglichen Unterwasseranstrich, zwar unangenehm aufzutragen, jedoch höchst haltbar – „wie Pech und Schwefel zusammenhalten" ist heute noch sprichwörtlich.

Modellbau: Generell ist hier das Gleiche zu sagen wie eben schon zu Pech. Allerdings darf der Farbton der Beize von leicht grauem mehr oder minder hellem Ocker durchaus einen deutlichen Gelbstich (Schwefel) haben.

Teer

Aus einem bei der Holzverkohlung in Teerschwelereien erzeugten Kreosot wurde durch Destillation Teer gewonnen. Sehr viel angenehmer als Pech zu verarbeiten, verdrängte er dieses in der Regel sehr schnell, sobald er in ausreichenden Mengen zur Verfügung stand.
Die ältesten Hinweise auf die Verwendung von Teer im Schiffbau stammen aus der ILIAS und der ODYSSEE Homers, in denen immer wieder die „schwarzen Schiffe" der Griechen erwähnt werden. Um 800 v. Chr. waren also Teeranstriche in Griechenland offenbar allgemein üblich und sie blieben es im Mittelmeer weitgehend bis ins 16. Jahrhundert hinein. An der Atlantikküste sowie in der Nord- und Ostsee wurden Teeranstriche mit Sicherheit seit dem frühen 14. Jahrhundert verwendet.

Modellbau:
Teeranstriche sind optisch leicht erkennbar, denn sie sind schwarz – genauer gesagt tief dunkelbraun.

Achtung: Wer sein Modell tatsächlich originalgetreu darstellen will, dem helfen Beizen und dergleichen nun nicht mehr weiter.
Optimal für diesen Zweck sind Kasein- und Acrylfarben. Und zwar genau wegen ihrer eher groben Pigmentierung, die dem historischen Spachteln, Schmieren

und Kleistern maßstabsgerecht sehr viel deutlicher entsprechen als dünne Beizen und Aquarell- oder Seidenmalfarben.
Ob Teer, Bodensalbe oder Bleiweiß, diese Mittel kleisterten jedwede Holzstruktur unbarmherzig zu, so dass gerade noch Plankenkanten und Plankenstöße einigermaßen sichtbar blieben. Und so sehr manchem Modellbauer dabei das Herz auch bluten mag, genau das war ja nun einmal ihre historisch/schiffsbautechnische Aufgabe! (Mehr zum Thema s. Band 2, MATERIAL UND WERKZEUG, Kap. Pinsel und Farben).

Teer und Schwefel

Reine Teeranstriche schützten zwar gegen Seewasser optimal, weshalb Eisenteile bis in die Mitte des 19. Jahrhunderts mit Teer zugeschmiert wurden. Allerdings hatte Teer auch zwei bitterböse Nachteile: Zum einen waren Teeranstriche nicht sonderlich haltbar, zum anderen halfen sie gegen den Teredo navalis so wenig wie Pechanstriche.
So griff man auch hier zu entsprechenden Schwefelzusätzen. Der Tyrann Dionysos von Syrakus war um 400 v. Chr. wahrscheinlich der Erste, der den Unterwasseranstrich seiner „schwarzen Schiffe" mit Schwefel aus den benachbarten Gruben am Ätna versetzen ließ. Doch obwohl diese Methode seitdem nicht mehr in Vergessenheit geriet, dauerte es bis ins frühe 14. Jahrhundert, ehe sie sich in großem Stil nicht nur im Mittelmeer, sondern auch in Nordeuropa durchsetzte.

Modellbau: Grundfarbe ist das Schwarzbraun des Teers, dem jedoch ein kräftiger (Mittelmeer) und ein nicht ganz so kräftiger (Nordeuropa) Schuss Gelb des Schwefels beigemischt war. Und wenn das Ganze auch ziemlich „Kacke"-Braun (entschuldigen Sie den Ausdruck!) aussieht, so ist die Farbe genau richtig.

Von einem Floß aus wird der Unterwasserrumpf eines gekielholten – so schräg gelegten Schiffes, dass der Kiel über das Wasser herauskam – von Bewuchs gesäubert, ausgebessert und neu gestrichen.
(Zeichnung von WW Ende 17. Jahrhundert, Stockholm)

Bodensalbe

Im Laufe des 15. Jahrhunderts wurden einige Mixturen auf Teerbasis allgemein üblich und gebräuchlich und sie blieben es mehr oder minder unverändert bis ins 19. Jahrhundert hinein.
Die wichtigste dieser Mixturen wurde aus Teer, Schwefel, gestoßenem Glas und/oder klein geschnittenen Rinderhaaren zusammengemengt. Das Ergebnis war eine ziemlich dicke Schmiere, die „Bodensalbe“, die man auf den Unterwasserrumpf auftrug, aufschmierte und aufspachtelte.
Eine weitere Mixtur, „Ongel“ genannt, setzte sich aus Talg, Ruß, Schwefel und fein zerstoßener Holzkohle zusammen.
Über die Wirksamkeit weiterer Ingredienzen wie Hühner- oder Schweineblut – ganz besonders wirksam sollte das Blut und feinstgeschnittenes (Hack-)Fleisch geköpfter Piraten sein! – zerstoßenem Glas von Kirchenfenstern (seit dem 15. Jahrhundert in England unbedingt von „katholischen“), zermatschten Krötenleibern oder Weihwasser (in Südeuropa nahezu unabdingbar!) nebst heilbringenden Fetzchen von Koranabschriften (arabischer Raum) besteht allerdings noch erheblicher „Diskussionsbedarf“ …

Modellbau: Der Farbton all dieser Mixturen bewegte sich in einem mehr oder minder dunklem Graugelb bzw. Grauocker. Wenn man Blut oder „Piratenhack“ beimengte, konnte es auch ein bisschen ins Rötliche spielen.

Kalk

Jahrhunderte lang wurde auch immer wieder mit Kalkanstrichen experimentiert. Kalk hatte den Vorteil billig zu sein und auch einen gewissen Schutz gegen den Teredo zu bilden. Nachteil war, dass er oft selber das Holz angriff und sogar bei dicken Anstrichen schnell vom Seewasser abgespült wurde. So verzichtete man seit dem 15. Jahrhundert auf Kalkanstriche, die sich ohnehin nie breit durchgesetzt hatten.

Wenn man den Fresken des sog. „Westhauses“ von Akriotiri (Thera), das bei dem verheerenden Vulkanausbruch des Santorin um 1530 v. Chr. verschüttet wurde, glauben darf – und es gibt keinen Grund dies nicht zu tun – dann wurden bereits in der minoisch/kretischen Kultur Unterwasserschiffe oft mit Bleiweiß gestrichen.

Modellbau: Der Farbton ist ein schmutziges Weiß, bei dem der Plankenuntergrund durchaus durchscheinen kann. So man sich denn für einen Kalkanstrich entscheidet, ist ein dünnflüssiges, nicht unbedingt deckendes Weiß etwa von Seidenmalfarbe durchaus empfehlenswert.

Bleiweiß

Seit etwa 2000 v. Chr. schützten die Ägypter und Kreter die Unterwasserrümpfe ihrer Schiffe mit einem Anstrich aus Bleiweiß, wie ägyptische Bootsmodelle und die bekannten Fresken von Akrotiri auf Thera belegen.

Auf der Weltkarte des Türken Piri Re'is von 1513 sind erstmals eindeutig mit Bleiweiß gestrichene Rümpfe historisch nachweisbar. (Zeichnungen nach der Weltkarte des Piri Re'is im Serail-Museum, Istanbul)

Bleiweiß war billig herzustellen (s. auch Band 2, MATERIAL UND WERKZEUG, Kap. Historische Anstriche), haftete gut auf dem Holzuntergrund und war resistent gegen Salzwasser. Da Bleiweiß hochgiftig ist, war es zwar problematisch zu verarbeiten, stellte aber einen gewissen Grad einen Schutz gegen den Teredo dar.

Die erste „moderne“ Darstellung eines entsprechenden Unterwasseranstrichs findet sich auf der Weltkarte des Piri Re'is von 1513. Dass ältere, bildliche Dokumente fehlen besagt allerdings nicht, dass derlei Anstriche nicht bereits weit früher üblich waren. Dom Henrique o Navigador (Prinz Heinrich der Seefahrer) von Portugal orderte bereits Mitte des 15. Jahrhunderts große Mengen an Bleiweiß für seine Entdeckerkaravellen, die in Sagres gebaut wurden. Und wozu hätte man das giftige Zeug sonst verwenden sollen, als zum Unterwasseranstrich von Schiffen? Und daraus lässt sich auch schließen, dass dem Prinzen und seinen Schiffsbaumeistern durchaus bekannt war, dass Bleiweiß auch einen gewissen Schutz gegen den Teredo navalis für Schiffe bot, die in Gewässer ausliefen, in denen sich dieser bekanntermaßen fröhlich tummelte. Und das wiederum lässt eigentlich nur den Schluss zu, dass Bleiweiß als Unterwasseranstrich schon erheblich länger und erfolgreich im Gebrauch war.

Kurz: Zumindest seit dem Beginn des 15. Jahrhunderts – vermutlich sogar noch ein gutes Stück früher (von der Antike einmal abgesehen) – war Bleiweiß der Unterwasseranstrich schlechthin. Und das blieb so bis ins 19. Jahrhundert hinein.

Modellbau: Bleiweiß ist tatsächlich „Weiß“ mit einem leicht grauen oder gelbgrauen Einschlag. Derart gefärbte Unterwasserrümpfe sehen an einem Modell freilich recht unnatürlich aus.

„Kunstmodelle“ wie Spant- oder Blankholz und Admiralty-Models sind davon selbstverständlich ausgenommen, doch die haben ja ohnehin keinen Unterwasseranstrich.

Schmutz und Algen

Kaum war ein Schiff zu Wasser gelassen, da begannen sich Muscheln und Algen – auf längeren Fahrten zog so manches Schiff wahre „Algengärten“ hinter sich her –, aber auch ganz gewöhnlicher Dreck, wie er nun einmal in Häfen herumschwimmt, am Unterwasserrumpf abzusetzen.

Modellbau: Auch wenn man sein Modell ansonsten nicht „altert“ (s. Band 2, MATERIAL UND WERKZEUG, Kap. Modelle altern) sollte man sich überlegen, ob man nach dem Auftragen der Farbe und einer ersten Lackschicht (!) diesen Teil des Rumpfes nicht doch ein wenig originalgetreuer gestaltet.

Praktisch heißt das: Mit einem entsprechend farbgetränkten Schwämmchen oder Tempotaschentuch (Klopapier funktioniert genauso) wird ein wenig helles und dunkleres Grün („Algen“), dunkleres Grau und Ocker bis Dunkelbraun („schlichter Schmutz“) aufgetupft und bewusst fleckig (!) verrieben. Ein „Zuviel“ kann man ja dank der Lackschicht mit Wasser wieder abwischen und dann einen neuen Versuch wagen.

Ältere Rumpfbeschläge

Bodensalbe, Ongel und vor allem das hochgiftige Bleiweiß boten zwar einen gewissen Schutz gegen den berüchtigten Teredo navalis Linnaeus, doch das Vieh war, vor allem in warmen Salzgewässern, zäh und gefräßig.

Christoforo Colombo verlor auf seiner vierten Fahrt (1502–1504) zwei seiner vier Schiffe an den Teredo und strandete mit dem letzten, vom Schiffswurm gnadenlos zerfressenen Fahrzeug in der St. Ann's Bay auf Jamaika. Dass er und seine Mannschaft schließlich gerettet wurden, war eigentlich nur einer „göttlichen Fügung" zu verdanken.
Im Juni 1998 wurde in der Bucht von Bastimentos, nicht weit von Portobelo in Panama, das Bodenstück eines Wracks gefunden – nach allen historisch-wissenschaftlichen Indizien jenes der dort von Colombo vom Teredo zerfressenen und deshalb aufgegebenen Vizcaína!
Klaus Brinkbäumer, Clemens Höges, Marc Brasse und Karl Vandenhole, alle von Spiegel bzw. Spiegel-TV, haben sich mächtig in die Sache hineingekniet, haben

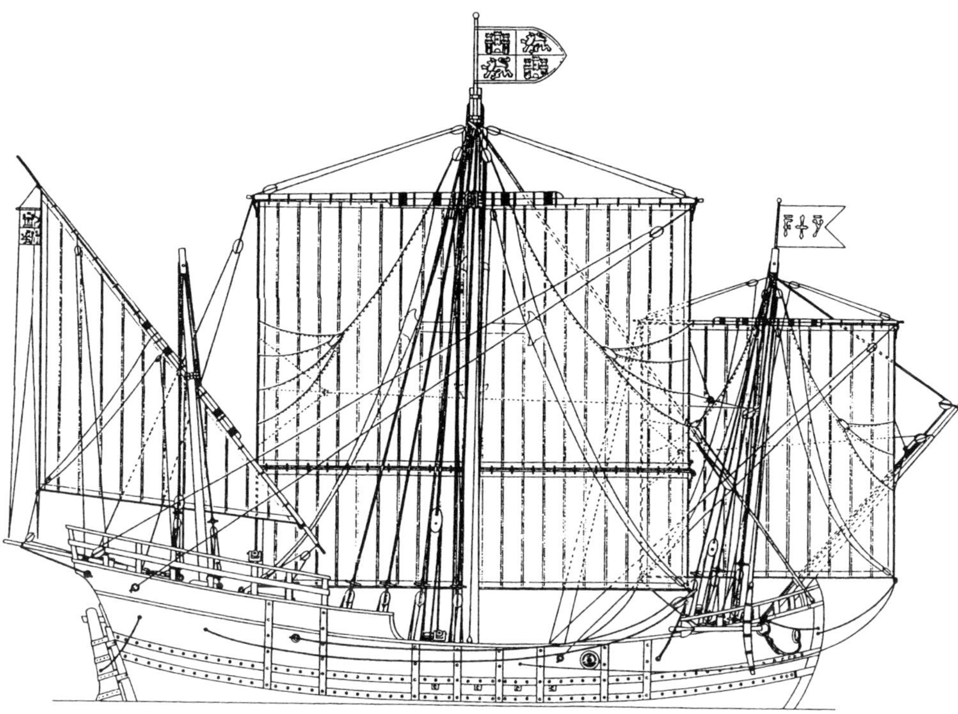

Wie Karavellen im späten 15. und frühen 16. Jahrhundert oberhalb der Wasserlinie aussahen, weiß man recht genau. Die Chance, auch über die Gestaltung des Unterwasserrumpfes und der Binnenkonstruktion anhand des Originalfundes der Vizcaína in der Bucht von Bastimentos/ Panama wissenschaftlich gesicherte Erkenntnisse zu erlangen, haben leider die Amerikaner aus Eitelkeit für alle Zeiten versaut.

vor Ort recherchiert, Historiker, Unterwasserarchäologen, Chemiker und Schiffbauexperten in Panama, Spanien, den USA und Deutschland herangezogen. Der Autor dieser Enzyklopädie, ebenfalls involviert, schrieb 2004: „Dieses Wrack vollständig auszugraben, exakt zu vermessen und zu bergen wäre eine technikgeschichtliche Großtat, vergleichbar mit der Bergung der Wasa, der Mary Rose oder den Schiffen von Oseberg und Gokstad! Hier besteht die einzigartige Gelegenheit einen der wichtigsten Schiffstypen (Karavelle) der gesamten Seefahrtsgeschichte – mit diesem Typ wurden ja nicht nur bedeutende Teile Amerikas entdeckt und erforscht, sondern im 15./16. Jh. auch die Küsten Afrikas und der Seeweg nach Indien! – wissenschaftlich zu untersuchen und anhand dieser Untersuchungen korrekt zu rekonstruieren.“ und „Dieses Wrack nicht weiter gründlichst zu untersuchen wäre eine wissenschaftliche Todsünde!! Nicht zuletzt deshalb, weil sich solch eine Gelegenheit wohl nie mehr ergeben wird!“
Um es kurz zu machen: Der Spiegel hatte ganz einfach nicht die Mittel, um die Bergung allein durchführen zu können. Also kamen die Amerikaner, Federführend die Texas A&M University, ins Spiel. Die hatten das nötige Geld, zunächst freilich nur Interesse daran mit zum Teil hanebüchenen Argumenten die Deutschen aus der Sache hinauszudrängen, um den Ruhm allein zu kassieren. Dann stritten sie sich noch so lange mit der Regierung von Panama um die Rechte an dem Wrack herum, bis dieses ganz einfach verschwunden war – Stück für Stück von Raubgräbern abmontiert und im Internet verscherbelt …!
Wahrlich eine echte Kulturschande made in USA!

Blei (chem. Pb)

Die (Beinahe-)Katastrophe des großen Entdeckers – sie war zwar die „pressewirksamste“, aber keineswegs die Einzige! – ließ die zuständigen spanischen Behörden ernsthaft über den Schutz gegen den „Wurm“ nachdenken. Die Lösung hieß: Blei. Etliche Kapitäne und Reeder hatten mit derartigen Metallbeplattungen schon hervorragende Erfahrungen gemacht, und so gab die Spanische Krone 1508 einen Erlass heraus, dass die Unterwasserrümpfe aller Schiffe, die in jenes Gebiet ausliefen, mit Blei beschlagen sein müssten. Nun gibt es immer Leute, die Gesetze zu umgehen versuchen, vor allem dann, wenn deren

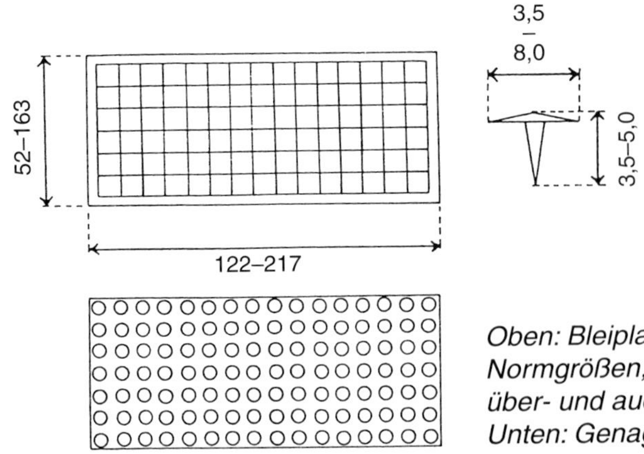

Oben: Bleiplatte mit Nagelschema und Nagel – Normgrößen, die in der Realität jedoch häufig über- und auch unterschritten wurden.
Unten: Genagelte Bleiplatte.

Der Bug der großen spanischen Galeone Santa María del Pilar *von 1535 (Gesamtbild s. Band 8,* Taue, Blöcke und Segel, *S. 105). Unten optimal zu sehen der Bleibeschlag. (Modell von Wolfram zu Mondfeld, Hohenfurch, im Deutschen Technikmuseum, Berlin)*

Einhaltung viel Geld kostet. Der Erlass von 1508 kann aber für sich beanspruchen, das vermutlich einzige Gesetz der abendländischen Geschichte zu sein, das tatsächlich lückenlos befolgt wurde. Zum einen kontrollierten Beamten der staatlichen Casa de Contratación mit Sitz in Cádiz, in deren Hand der Kolonialhandel lag, bis (buchstäblich!) zur Nähnadel herunter alles, was gen Westen fuhr oder von dort kam (natürlich auch, um die entsprechenden Steuern einzutreiben!), mit einer Akribie und Pingeligkeit, gegen die sich heutige Beamte wie menschenliebende Hilfsschüler ausnehmen. Zum anderen war es eines jener Gesetze, die wirklich Sinn machten, und wenn die Reeder ob der Zusatzkosten zwar grummelten und jammerten, ein ganzes Schiff samt Ladung an den Teredo zu verlieren, war noch weit kostspieliger.

So lief spätestens ab 1509 kein spanisches Schiff mehr ohne einen entsprechenden Bleischutz in die „Neue Welt" aus. Auch daheim, sprich im westlichen Mittelmeer und an der Atlantikküste Europas, verbreitete sich dieser Bleischutz, zumindest bei größeren Schiffen, recht schnell.

Die Idee war übrigens gar nicht so neu, denn schon die Römer hatten in der Antike teilweise ihre Schiffe mit Bleiplatten beschlagen.

Blei war relativ billig und es korrodiert nicht im Seewasser. Natürlich ist Blei recht schwer, was aber nicht unbedingt ein Nachteil sein musste, denn das so erzeugte Außengewicht konnte man ja im Rumpfinneren an Ballast einsparen und als Laderaum nutzen. Blei ist ziemlich weich, und so ließen sich die 20 bis 50 mm starken Platten (wegen der Weichheit des Materials mussten sie so stark sein) leicht an den Rumpf anschmiegen, allerdings musste man sie mit dicht gesetzten, entsprechend großköpfigen Nägeln befestigen. Die Bleiplatten wurden stets Stoß an Stoß gesetzt und niemals überlappend, denn dazu waren sie einfach zu dick. Die Plattengrößen waren noch nicht so stark normiert wie etwa die der Kupferplatten späterer Zeiten und schwankten historischen Angaben zufolge zwischen 122 und 217 cm in der Länge und 52 bis 163 cm in der Breite.

Modellbau: Die Farbe von Blei ist auch mit den raffiniertesten Maltricks nicht nachzuahmen. Wer also ein Modell mit „Bleibeschlag" baut, der muss tatsächlich Blei verwenden.
Nun ist es aber heutzutage gar nicht so einfach, dem Modell entsprechend dünne Bleiplatten aufzutreiben. Modellbaufirmen bieten es nicht an, denn die Zahl jener, die Modelle mit Bleibeschlag bauen, erscheint unter kalkulatorischen Überlegungen als zu gering.
Ein Trost: Vor nicht allzu langer Zeit verwendeten Dachdecker zum Abdichten etwa zwischen Kamin und Dach oder bei Dachfenstern noch Blei. Heute arbeiten sie zwar vorwiegend mit Kupfer- oder Kunststoffteilen, aber das alte Wissen ist noch keineswegs verloren! Ich habe seinerzeit, als ich die SANTA MARÍA DEL PILAR für das Deutsche Technikmuseum in Berlin baute, zwar mindestens ein Drittel der einschlägigen Handwerksmeister in Augsburg und Umgebung telefonisch mit meiner Anfrage genervt – aber dann eben doch genau die richtige Firmen-Adresse nebst meiner so dringend benötigten optimalen Platte „Walzblei" bekommen. So nervtötend sich also die Beschaffung der entsprechenden Walzblei-Platten gestalten mag, so simpel ist die Beschaffung der entsprechenden Nägel. Passende Eisennägelchen (niemals Messing!) mit einem Flachkopf um die ± 1,5 mm findet man in jedem Baumarkt.
Und dann heißt es nur noch, die Bleiplatten passend zuzuschneiden – das kann man sogar mit einer ganz normalen Schere tun. Auf der Platte mit Bleistift das entsprechende Nagelmuster aufzeichnen (später lassen sich solche Spuren, sofern man einen weichen Bleistift benutz hat, problemlos abwischen) und mit einer Ahle anstechen, damit die Spitze des Bohrers nicht abrutscht.
Die Platten dann am besten mit Kontaktkleber an die richtige Stelle kleben. Und dann heißt es, unerbittlich Nägelchen für Nägelchen zunächst vorbohren und dann einklopfen … Das ist zwar mühsam und langweilig, als Ergebnis bekommen Sie allerdings einen historisch korrekten Rumpfbeschlag, wie er selbst in den renommiertesten Museen weltweit kaum zu sehen ist!
Eine entsprechende Tuffmatt-Lackschicht schützt das Ganze danach und ist modellbautechnisch, wenn auch nicht streng historisch, sinnvoll und daher angemessen.
Zuletzt noch ein Hinweis zur Sicherheit: Blei ist ein giftiges Schwermetall. Während der Verarbeitung im (gut gelüfteten!) Werkraum sollte also tunlichst nicht geraucht, gegessen oder getrunken werden, nach Möglichkeit ist auch der Hautkontakt zu vermeiden (Einmalhandschuhe tragen!). Wem das nicht behagt, der sollte sich aber nach der Verarbeitung zumindest allergründlichst die Hände säubern, Gleiches gilt natürlich für die benutzten Arbeitsgeräte!

Wurmhaut an der englischen Flachdeckgaleone BULL *von 1780.*
(Modell von Wolfram zu Mondfeld, Hohenfurch, im Wissenschaftlichen Institut für Schifffahrts- und Marinegeschichte (Sammlung Peter Tamm, Hamburg))

Wurmhaut

Ob es ein technischer Fort- oder Rückschritt war, mag jeder für sich selber beurteilen, aber als die Engländer (Hawkins, Drake & Co.) im 16. Jahrhundert in das „spanische" Westindien eindrangen, bekamen auch sie es natürlich massiv mit dem „Schiffswurm" zu tun.
Blei war aber in England erheblich teurer als in Spanien und auch in viel zu geringen Mengen verfügbar, um Schiffsrümpfe damit zu beschlagen.
Einmal mehr war es Sir Dr. Matthew Baker, der sich in der zweiten Hälfte des 16. Jahrhunderts eine entsprechende und zudem relativ billige Schutzmethode einfallen ließ, nämlich die „Wurmhaut".
Genau genommen waren es sogar mehrere „Häute": Zunächst wurde der Unterwasserrumpf mit Bodensalbe, Ongel oder einer der sonstigen Mixturen eingekleistert. Darüber wurde das Tuch verschlissener, ausgeleierter Segel (für diesen Zweck waren sie aber durchaus noch brauchbar) mit Teer oder Pech aufgeklebt. Dies wurde nun mit Bleiweiß gestrichen. Darüber wurde eine weitere Schicht Holz genagelt, wobei die Nagelköpfe (in der Regel zwischen 4 und 8 cm Durchmesser) sehr dicht saßen. Schlussendlich wurde diese zweite Beplankung dann nochmals mit Bleiweiß behandelt. Sir Matthew ließ die Wurmhaut zwar bis zur Unterkante des ersten Barkholzes hochziehen, war aber ein konsequenter Verfechter, den letzten Schutzanstrich nur bis zur KWL zu führen – das sah einfach eleganter aus!
Den Härtetest der Wurmhaut bestand die GOLDEN HIND (Abb. s. Band 2, S. 123) bei der Weltumsegelung von Francis Drake 1577 bis 1580. Gewiss musste ihre Wurmhaut einmal vor der Küste Südamerikas und noch einmal in Südostasien gründlich repariert werden, doch der eigentlichen Beplankung hatte der Teredo navalis absolut nichts anhaben können!

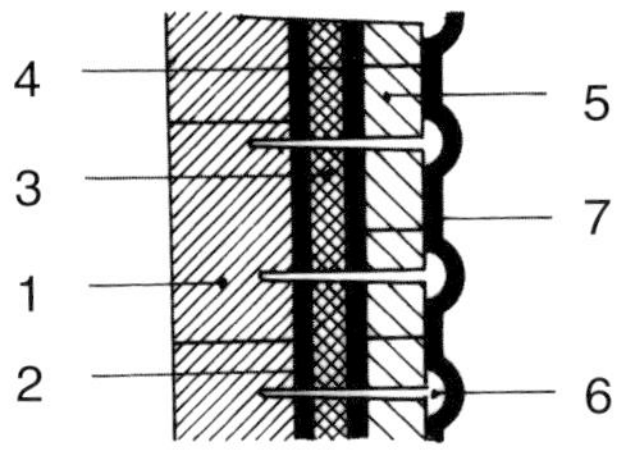

Wurmhaut-Schichtung: 1. Beplankung, 2. erster Schutzanstrich, 3. alte Segelleinwand aufgeklebt, 4. zweiter Schutzanstrich, 5. Wurmhautbretter, 6. dicht gesetzte Nägel, 7. dritter Schutzanstrich. Für den Modellbau sind nur 5., 6. und 7. relevant, wobei 1. die Unterplankung ist. (Zeichnung natürlich ohne jeden Maßstab).

Modellbau: Hatten Sie als wahrlich akkurater Modellbauer schon den ungeheuerlichen inneren Drang, einmal so richtig zu schlampen? Gewiss kennt Ihr Psychiater dagegen langjährige Therapien und im Akutfall irgendwelche bunten Pillen. Ich würde Ihnen empfehlen: Bauen Sie ein Modell mit Wurmhaut! Hier können Sie ihrem Unterbewusstsein hemmungslos freien Lauf lassen. Sie *dürfen* nicht nur schlampen, bis zu einem gewissen Grad *müssen* Sie es sogar (oder ist das schon wieder eine andere Art von „Zwang"?).
Die Königlich Britische Admiralität, die leidenschaftlich alles regelte und mit Vorschriften bedachte, was irgendwie mit Schiffbau zu tun hatte, schrieb im 17. Jahrhundert als Material für eine Wurmhaut Ulmenholz vor. Gehalten hat sich an diese Vorschrift wohl niemand. Wurmhautplanken waren in der Regel etwa 2,5 bis 3,5 cm dick. Ansonsten waren sie schlicht gesagt „Abfallholz", das man dem Teredo zum Fraß anbot und das man problemlos auswechseln konnte, ehe sich der „Schiffswurm" in tiefere Schichten einbohren konnte.
Für den Modellbau bieten sich da Furniere aus Birke, Buche, Linde, Mansonia oder Tanganjika besonders an, da ihre Struktur gefühlsmäßig eher einem „billigen Abfallholz" entspricht.
Zwar wird man als Modellbauer darauf achten, dass die Wurmplanken so einigermaßen mit den Originalplanken parallel laufen, offizielle Plankenlängen nicht allzu krass über- oder unterschritten werden und notwendige Butten nicht allzu roh ausfallen. Doch genau genommen ist dies jedoch nur eine Sache der modellbauerischen Optik. In Wahrheit nagelte man die entsprechenden Bretter und Brettchen so an den Rumpf, wie sie einem gerade in die Hand kamen und hobelte sie allenfalls ein wenig zurecht, so dass sie sich entsprechend anpassten. Wurmplanken waren „Verschleißteile" mit höchst begrenzter Lebensdauer – und genauso sah und behandelte man sie.
Bei Modellbauern ist eine Wurmhaut unbeliebt und man zeigt lieber die glatte Originalbeplankung mit dem feinen Schwung der Planken und den geschickt eingekämmten oder verlorenen Gängen. Das ist absolut legitim!
Doch auch eine Wurmhaut hat durchaus ihren eigenen Reiz. Vor allem, wenn man Wert auf wirklich historische Darstellung legt, dürfte sie nicht fehlen!
Freilich kenne ich persönlich nur drei Modelle mit Wurmhaut. Alle drei stammen von mir: Die Flachdeckgaleone Bull von ca. 1580 im Wissenschaftlichen Institut für Schifffahrts- und Marinegeschichte (Sammlung Peter Tamm), Hamburg (Abb. s. Band 2, Material und Werkzeug, S. 116), die Tygar von 1580 (Abb. in diesem Band Kapitel Farben, Lack und Öl), und die kleine Galeone Golden Hind von 1577 (Abb. in Band 2 auf S.123), beide im Deutschen Technikmuseum, Berlin.

Neuere Rumpfbeschläge

Blei war in seiner Schutzwirkung zwar tadellos, doch kleinere Schiffe hatten an ihm „schwer zu schleppen". Außerdem war es vielerorts (vor allem in Nordeuropa) nicht so einfach in ausreichenden Mengen zu beschaffen.
Auch Wurmhaut war eigentlich tadelfrei, verschliss aber schnell. Und der ständige Umgang mit mehr oder minder giftigen Substanzen wie Bodensalbe oder Bleiweiß war der Gesundheit der Werftarbeiter auch nicht eben zuträglich. Nicht, dass man in jener Zeit darauf sonderlich Rücksicht genommen hätte, doch der massive, krankheitsbedingte Ausfall erstklassiger Arbeiter konnte auch dem rücksichtslosesten Reeder nicht gleichgültig bleiben.
Gemeinsam waren beiden Techniken auch die unvermeidlich vielen, recht großen Nagelköpfe. Zwar waren nicht diese selber das unmittelbare Problem, sehr wohl aber, dass sich an ihnen jede Menge an Algen, Schnecken und Muscheln (auch wenn diese nicht zum eigentlichen Plankenholz vordringen konnten) bequem anzusetzen vermochten. Nach durchaus glaubhaften Aussagen von Chronisten schleppten Schiffe, die z. B. nur ein halbes Jahr in der Karibik unterwegs

Der Bug der französischen Fregatte 1. Ranges La belle Poule von 1834 mit gekupfertem Unterwasserrumpf in neuer Plattensetzung von unten nach oben.
(Modell im Musée de la Marine, Paris)

gewesen waren, oft ganze „Algengärten“ oder „Algenteppiche“ hinter sich her. Was das für die Schnelligkeit und Steuerbarkeit eines Schiffes bedeutet, brauche ich gewiss nicht näher zu erläutern!

Für die folgenden Teilkapitel Kupfer, Bronze, Messing, Munzmetall und Zink siehe auch Band 2, MATERIAL UND WERKZEUG, Kap. Metall.

Kupfer (chem. Cu)
Kupfer oxydiert zwar an seiner Oberfläche sehr schnell, rostet aber nicht durch (wie etwa Eisen). Auch dünnste Platten kann der Teredo nicht durchbeißen. Und da Kupfer relativ weich ist, schmiegt es sich problemlos an einen Schiffsrumpf an. Obwohl Kupfer reichlich teuer war, wurde es für über hundert Jahre zu dem Material schlechthin, mit dem man einen Unterwasserrumpf optimal schützten konnte. „Kupfern“ wurde so sehr zum Begriff, dass man ihn sogar dann verwendete, wenn man in Wirklichkeit andere Materialien wie Messing oder Zink einsetzte.
Von einigen eher halbherzigen früheren Versuchen abgesehen, wurde 1758 das erste englische Schiff experimentell mit Kupfer beschlagen. Es war die 32-Kanonen-Fregatte ALARM und der Erfolg überzeugte! Wenig später wurde ein gekupfertes Modell des 74-Kanonen-Schiffes HMS BELLONA angefertigt, um König George III. diese technologisch bedeutsame Erfindung plastisch zu demonstrieren. Als man wenig später herausfand, dass man nur mit Kupfernägeln der Elektrolyse, die Eisen zerstörte, wirksam begegnen konnte, war der schnelle Siegeszug der Kupferbeplattung in ganz Europa und Nordamerika nicht mehr aufzuhalten. Obwohl man seit dem frühen 19. Jahrhundert längst mit anderen Materialien experimentierte, wurden noch in den 60er-Jahren des 19. Jahrhunderts die berühmten Teeklipper, wie beispielsweise CUTTY SARK, THERMOPYLAE oder ARIEL, traditionell mit Kupfer beschlagen.

Bronze (chem. Legierung aus Kupfer (Cu) und Zinn (Sn))
Das relativ weiche Kupfer war freilich auch empfindlich – man rechnete mit einer Lebensdauer von fünf Jahren für eine Beplattung –, somit sehr teuer. So suchte man nach haltbareren und/oder günstigeren Materialien.
An erster Stelle stand da selbstverständlich Bronze, deren hervorragende Eigenschaften man schon seit dem 16. Jahrhundert vom Geschützguss her kannte. Allerdings waren diese Platten sehr starr und schlecht zu verarbeiten.

Messing (chem. Legierung aus Kupfer (Cu) und Zink (Zn))
Ebenso hart aber nicht ganz so starr wie Bronze und vor allem etwas billiger. Zwischen etwa 1840 und 1880 erfreute sich Messing bei den großen amerikanischen Schiffsbaumeistern Donald McKay und William Webb großer Beliebtheit, die damit ihre Super-Klipper CHALLENGE, SOVEREIGN OF THE SEAS oder YOUNG AMERICA (Abb. s. Band 8, Kap. Segel, S. 56) beschlagen ließen.

Munzmetall (chem. Legierung aus Kupfer (Cu) und Eisen (Fe))
In den Eigenschaften hervorragend, doch in der Herstellung erheblich zu teuer. Es mag ein paar Schiffe gegeben haben, die so beschlagen waren. Namentlich wüsste ich freilich nur von einem einzigen Schiff: Das ursprünglich in Frankreich

für die amerikanischen Südstaaten gebaute, dann aber 1865 an Preußen verkaufte und dort auf den Namen Prinz Adalbert getaufte Panzerschiff (Abb. s. Band 6, Sichtbare Schiffsmaschinen).

Zink (chem. Zn)
Auf der Suche nach billigeren Beschlagmaterialien griff man seit dem frühen 19. Jahrhundert gerne auf Zink zurück. Es war billig, verrottete aber auch relativ schnell. Die Lebensdauer einer Beplattung lag bei etwa zwei Jahren. Im Gegensatz dazu hielt Kupfer etwa fünf Jahre, Messing 8 bis 10 und Blei nahezu „ewig". Das in dünnen Schichten ständig abblätternde Zink hatte freilich den Vorzug, dass auch der organische Bewuchs des Unterwasserschiffs wie Algen, Schnecken oder etwa Entenmuscheln (Lepas antifera Linnaeus und Lepas dascisularis Ellis u. Solander) gleich mit „abblätterten".
Dieser Bewuchs war bei allen historischen Schiffen ein gravierendes Problem. Wohlgemerkt, ich spreche hier nicht vom Teredo, sondern vom ganz normalen „Bewuchs". Nehmen wir beispielsweise ein Schiff, das bei einigermaßen günstigem Wind ein „Etmal", also eine gesegelte Tagesstrecke (mehr dazu im Band 4, Die Ausrüstung) von 240 nautischen Meilen (444,5 km) erreichte. Mit einem nachgeschleppten „Algengarten" (ich erwähnte ihn bereits) konnte sich das Tempo freilich sehr bald auf 72 Meilen (133 km) und weniger reduzieren!
Bei Blei, Wurmhaut, Kupfer und Messing blieb deshalb keine andere Wahl, als das Schiff regelmäßig „kielzuholen", d. h. total auf die Seite zu legen, bis der Kiel aus dem Wasser kam, um den Bewuchs abzukratzen oder auch gezielt mit Feuer abzuflammen.

Eisen (chem. Fe)
Seit der Mitte des 19. Jahrhunderts wurden auch Segelschiffe mehr und mehr aus Eisen gebaut. Natürlich ist „Eisen" oder gar „Stahl" kein Material, das für einen Modellbauer geeignet wäre. Trotzdem kann man es fast problemlos imitieren. Näheres dazu in Band 6, Sichtbare Schiffsmaschinen, Kap. Beplattung und Kap. Nieten.

Plattengrößen

Metallplatten für Rumpfbeschläge wurden industriell gefertigt und waren samt den entsprechenden Nagellöchern genormt. Nur Sonderzuschnitte mussten noch auf der Werft vorgenommen werden.

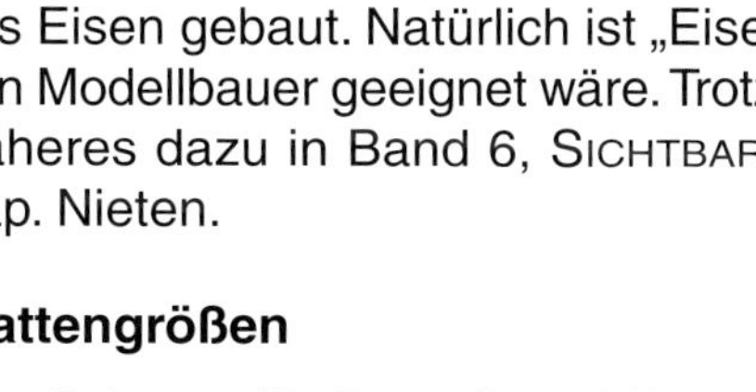

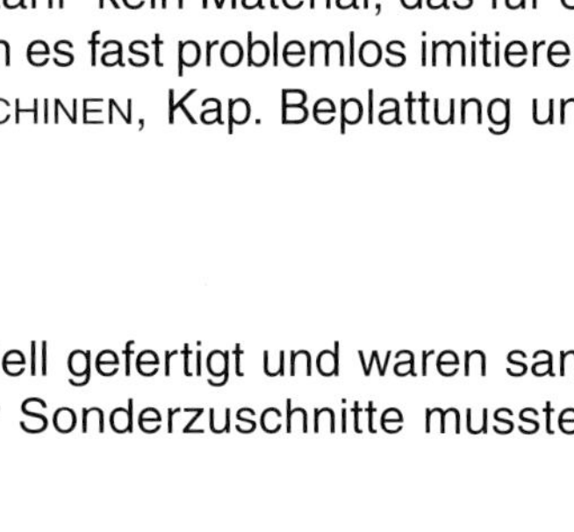

Beschlagplatte mit Nagelschema und Nagel.
Größe Großbritannien seit 1758.

Diese jeweiligen Normgrößen galten für Platten aus allen in Frage kommenden Materialien.
Anbei eine Aufstellung der üblichen Plattengrößen (in Klammern und kursiv die Größen der oberen Randplatten):

Deutschland: 18. Jahrhundert niederländisches, 19. Jahrhundert englisches Maß.
Frankreich bis 1820: 162,5 × 48,8 cm *(162,5 × 27,1 cm)*
Frankreich nach 1820: 108,3 × 32,5 cm *(108,3 × 18,1 cm)*
Großbritannien: 121,7 × 38,1 cm *(121,7 × 24,8 cm)*
Italien: altes französisches Maß auch nach 1820.
Niederlande: 128,0 × 52,0 cm *(128,0 × 27,1 cm)*
Russland: vor 1820 meist niederländisches, dann meist englisches Maß.
Skandinavien: vor 1800 meist niederländisches, dann meist englisches Maß.
Spanien: altes französisches Maß auch nach 1820.
USA: bis 1820 französisches, danach englisches Maß.

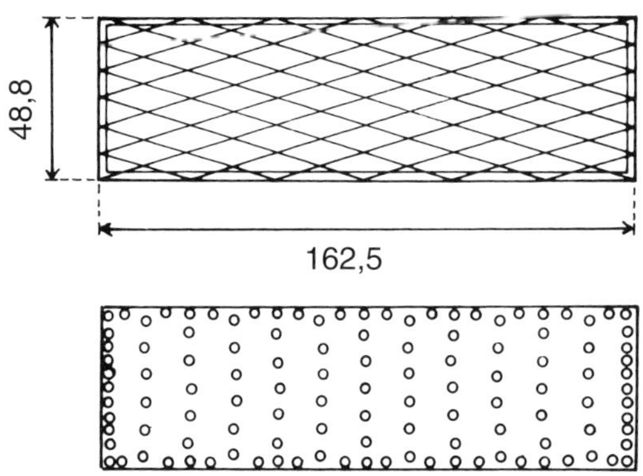

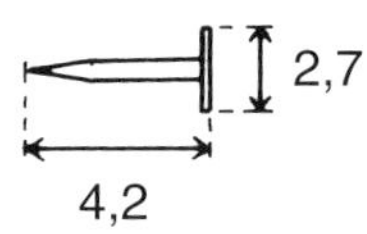

Beschlagplatte mit Nagelschema und Nagel.
Größe Frankreich bis etwa 1820.

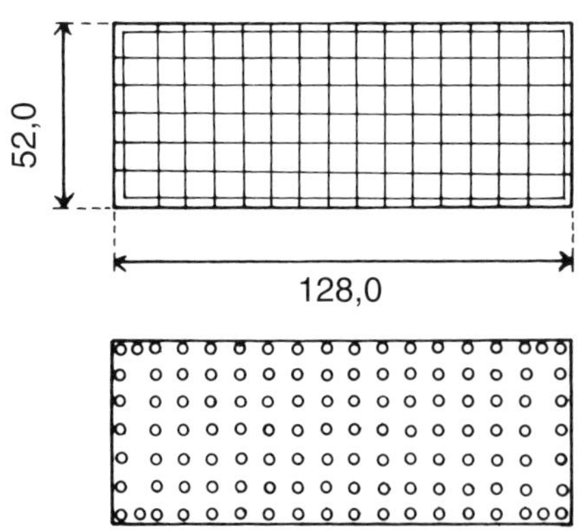

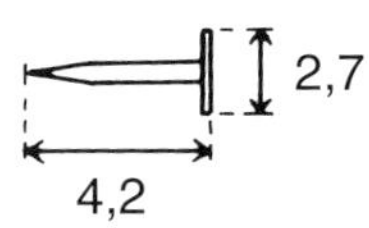

Beschlagplatte mit Nagelschema und Nagel.
Größe Niederlande ab 1780.

Die angegebenen Kopfdurchmesser und Längen der Nägel sind lediglich durchschnittliche Richtwerte. Die tatsächlichen Längen schwankten zwischen 3,5 bis 5,0 cm, englische Kopfdurchmesser von 0,8 bis 1,4 cm, kontinentale Kopfdurchmesser von 1,8 bis 3,5 cm.

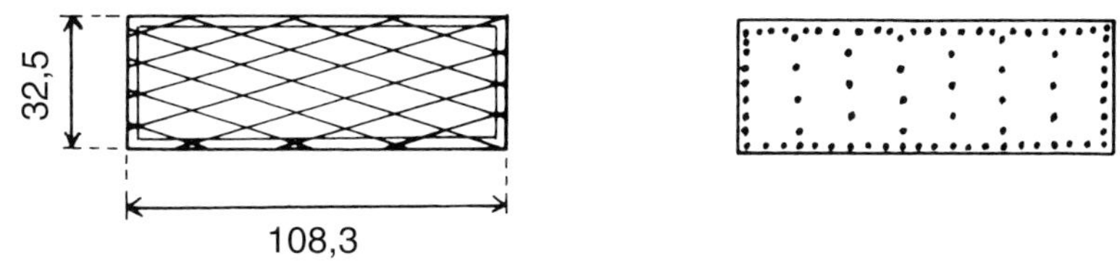

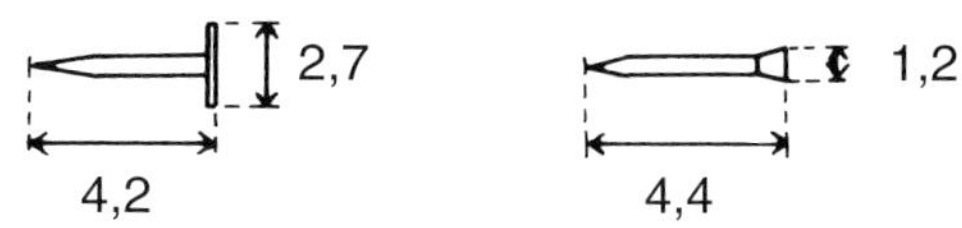

Beschlagplatte mit Nagelschema und Nagel (sowohl kontinentale wie englische Form im Gebrauch). Größe Frankreich nach 1820.

Plattensetzung ältere Form

Das oben bereits erwähnte Modell des 74-Kanonen-Schiffes HMS Bellona für König George III. zeigt genau den Verlauf der Plattengänge:
Sie wurden von hinten nach vorne und von oben nach unten überlappend angeordnet.
Die Stöße der Plattengänge waren längs im Mittschiffsbereich jeweils mittig versetzt – durch die ja stets gleichen Plattengrößen ergaben sie sich nach Bug und Heck entsprechend von selber.
Diese Form der Beplattung wurde schnell auch in Frankreich und dann im übrigen Europa übernommen. In der bekanntermaßen höchst konservativen britischen Kriegsmarine war sie noch Mitte des 19. Jahrhunderts üblich.
Weshalb man eben diese Form der Plattensetzung wählte, ist für mich freilich logisch nicht ganz nachvollziehbar. Aber das Reizvolle an wahrhafter Wissen-

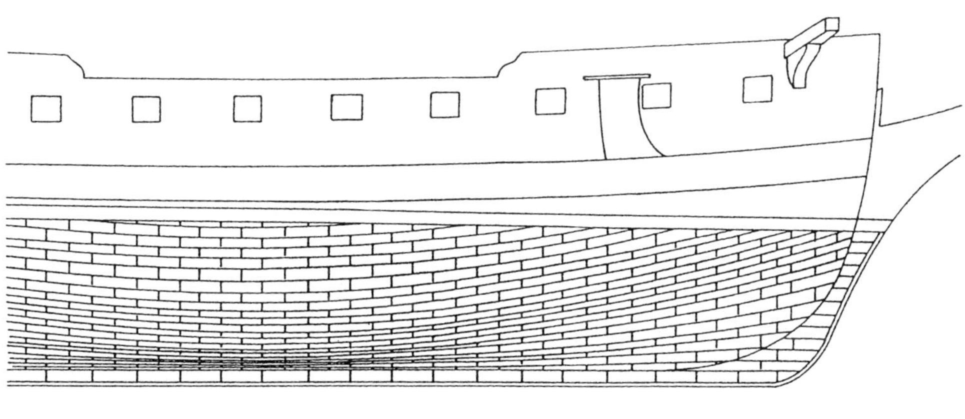

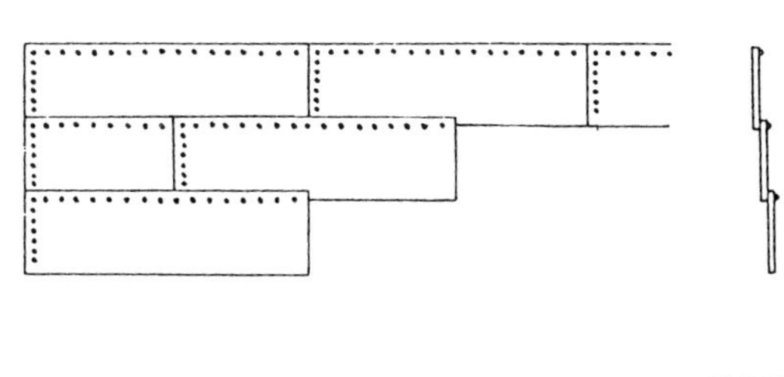

Die ältere Form der Plattensetzung von oben nach unten in einer Art „negativer Klinkerung“. (Zeichnung nach dem Entwurf für die Fregatte Alarm von 1758)

schaft und Technik ist, dass sie eben auch nicht immer ausschließlich fundamental-strenggläubig „logisch“ war und dies auch nicht sein kann! Wäre das so, woher sollten dann Neuerungen und gar Erfindungen kommen?
Unbedingt einsichtig ist, dass man die überlappenden Stoßkanten nach achtern richtete, also technisch stets von hinten das Platten begann, denn nur so war sichergestellt, dass sich das Wasser nicht an den Kanten staute, sondern ungehindert weiterfließen konnte.
Dass die Plattung unten auf „ebenem Kiel“ ankommen musste, war eine schlichte Notwendigkeit. Dass man die Plattengänge irgendwie dem Sprung der Plankengänge ähnlich zu machen versuchte – obwohl das durch die standardisierten Plattengrößen natürlich niemals gelingen konnte – ist zumindest ästhetisch erklärbar (auch wenn man diese Linien real, wenn das Schiff im Wasser schwamm, ohnehin nicht sehen konnte). Weswegen man dann aber nicht sofort vom Kiel aus vernünftigerweise „von unten nach oben“ plattete, sondern stattdessen von „oben nach unten“ – sozusagen in einer Art „negativer“ Klinkerung (s. auch Kap. Geklinkerte Beplankung) – bleibt ein ungelöstes Rätsel.

Mitunter war es bei der Form der Beplattung, von oben nach unten – der älteren – unvermeidlich an Bug und Heck dreieckige, Buttenähnliche, „verlorene“ Plattengänge einzuschieben.
Bei der Beplattungsform von unten nach oben – der jüngeren – war dies zwar immer noch notwendig, jedoch technisch sehr viel leichter herzustellen.
(Modell von Robert Volk, Augsburg)

Plattenabschluss

Diese Form der Beplattung hatte vor allem einen massiven Fehler:
Bei den Normplatten gab es keine Verschmälerungen/Verbreiterungen oder gar Butten – allenfalls dass an Heck oder Bug einmal eine dreieckig geschnittene Platte eingeschoben werden musste.
Dies hatte zur Folge, dass die Plattengänge an ihrem oberen Ende in mehr oder minder scharfe Spitzen ausliefen, die schlecht zu befestigen waren. An dieser Problemstelle musste also dringend etwas getan werden. Dafür gab es zwei Methoden:

Englische Bauweise: Hier wurde die oberste Plattenlinie mit einer Holzplanke gesichert, die etwa hälftig über die Platten reichte und fest mit dem Rumpf vernagelt wurde. In Großbritannien und teilweise jenen europäischen Ländern, die nach englischem Muster platteten, war diese Planke etwa 60 % so breit wie die Plattenbreite und ½ bis ⅓ so dick wie die zugehörige Rumpfplanke. In den USA maß diese Planke bei gleicher Dicke etwa 40 %. Diese Holzplanken waren in aller Regel genauso dunkel geteert wie die Barkhölzer.

Die Spitzen der Platten mussten oben befestigt werden.
Oben: mit einer breiten Leiste wie in Großbritannien.
Darunter: mit einer schmalen Leiste wie in den USA.

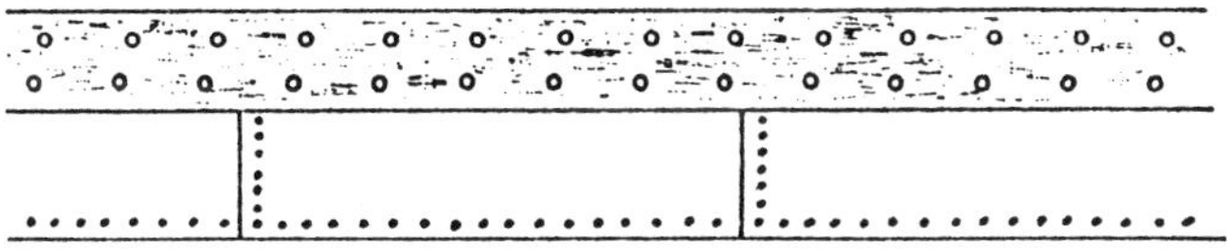

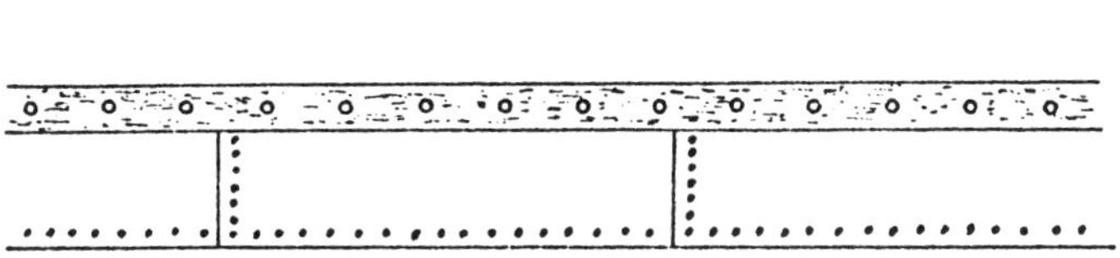

Kontinentale Bauweise: Hier wurde die obere Plattenkante mit einer Reihe von schmäleren Randplatten gesichert (Maße s. oben). Diese Methode wurde nahezu generell bei Platten nach französischem und niederländischem Maß verwendet, meist aber auch dann, wenn die Platten englisches Maß hatten.
Allerdings muss man – hier wie dort – deutlich sagen, dass „Ausnahmen die Regel bestätigen".
Anders gesagt: Randplatten gab es vereinzelt durchaus auch in Großbritannien und Randplanken auch auf dem Kontinent. So nicht explizit anders ausgewiesen, ist der Modellbauer freilich gut beraten, wenn er sich an die „Regel" hält.

Oder: mit Abschlussplatten wie in Kontinental-Europa meist üblich.

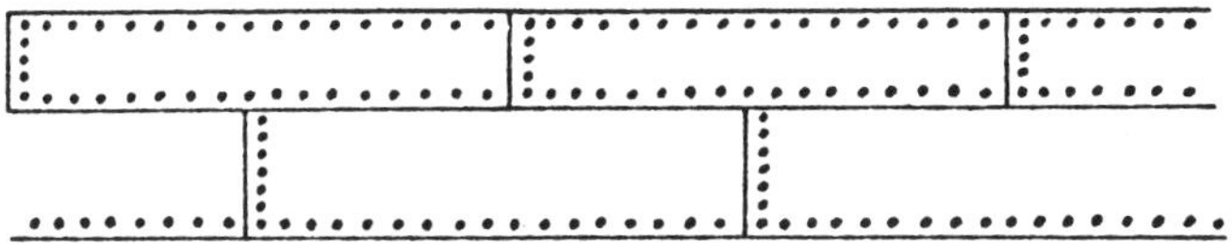

Plattensetzung neuere Form

Etwa ab 1820 änderte sich die Plattensetzung grundlegend (außer bei der erzkonservativen Royal Navy).
Dass man die Platten, wie schon gesagt, von hinten nach vorn setzte – also von vorn nach hinten überlappend – war so logisch-vernünftig, dass man daran selbstverständlich nichts änderte. Weshalb man sie jedoch lange Zeit nicht gleich von unten nach oben – die Kiellinie war ja ohnehin das absolute Richtmaß! – setzte, ist, zumindest dem Autor, wie schon gesagt ein ungelöstes Rätsel.

Man hatte mit dieser Plattungsform bereits kontinental im späten 18. Jahrhundert experimentiert. Nach etwa 1820 setzte sie sich endgültig durch.

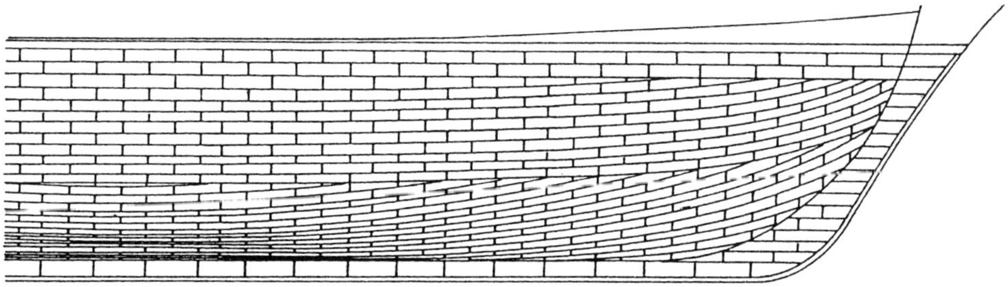

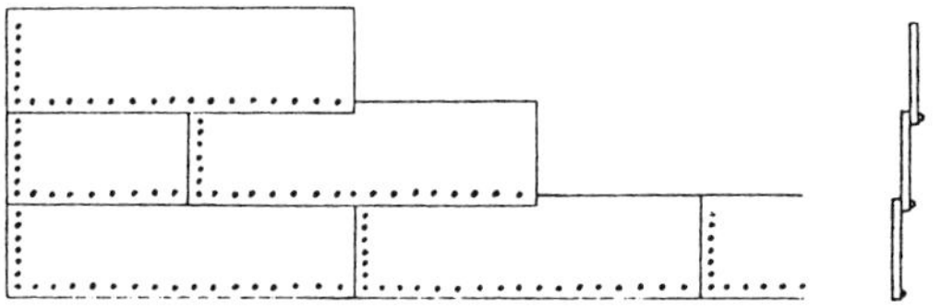

Die neuere Form der Plattensetzung von unten nach oben in einer Art „positiver Klinkerung".

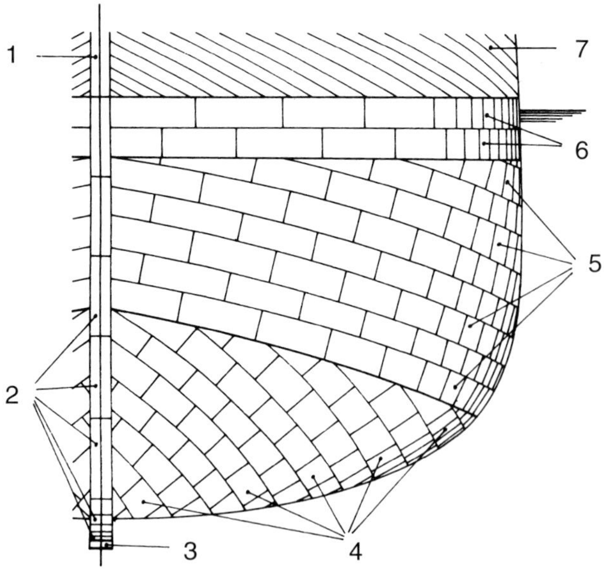

Die neuere Art der Plattensetzung in breiten Streifen: 1. Kiel bzw. Steven, 2. Kielplatten, 3. falscher Kiel (oft ungekupfert), 4.–6. Kupfergänge, 7. Planken.

Vom Kiel ausgehend plattete man nun „aufwärts“ in einer Art „positiver“ Klinkerung (s. auch Kap. Geklinkerte Beplankung), bei der jede höhere Plattenreihe über die jeweils untere griff.
Das wirklich neue und handwerklich sehr viel leichter Praktikablere war, dass man die Platten nun in mehr oder minder breiten „Bändern“ anordnete – Kielband, Mittelband und dem eher schmalen KWL-Band (die vielsprachigen Spezialbezeichnungen erlaube ich mir wegzulassen, da das Prinzip hoffentlich klar ist).

Natürlich gab es auch bei dieser Form bei jedem „Band“ zwangsläufig jede Menge an spitz einlaufenden Plattengängen, doch diese wurden vom nächst höheren Band problemlos überdeckt und tadellos befestigt.
Die zwei (in seltenen Fällen auch drei) normalmaßigen KWL-Platten-Reihen machten auch spezielle Plattenabschlüsse an der Oberkante der Plattung überflüssig.

An den Längsstößen der Plattengänge änderte sich, wie eben schon beschrieben, aber nichts.

Steven- und Kielplattung

Selbstverständlich wurden auch die Steven, der Kiel und das entsprechende Unterteil des Ruders beplattet, indem man die jeweiligen Plattengänge nach vorne, hinten oder unten weiterführte, im Fall des Ruders optisch anpasste. Die Breite dieser Teile wurde mit entsprechend U-förmig geschnittenen Platten beschlagen.
Ausnahme 1: Das Ruder bleibeschlagener Schiffe wurde grundsätzlich nicht geplattet. Das Ruder wäre dadurch allzu schwer geworden.
Ausnahme 2: Der „falsche“ oder „Los-Kiel“ (s. Kap. Kiel und Steven) wurde im 18. Jahrhundert meist ebenfalls nicht geplattet, sondern als entsprechende Holzplanke aufgesetzt, um die Beplattung zu schützen. In der Praxis half dies bei einem Auf-Grund-Laufen freilich so gut wie nichts, d. h. die Kielplatten wurden in diesem Fall ohnehin mehr oder minder schwer beschädigt. So wurde es spätestens ab etwa 1800 allgemein üblich, die Kielplattung auch über den Los-Kiel zu legen.

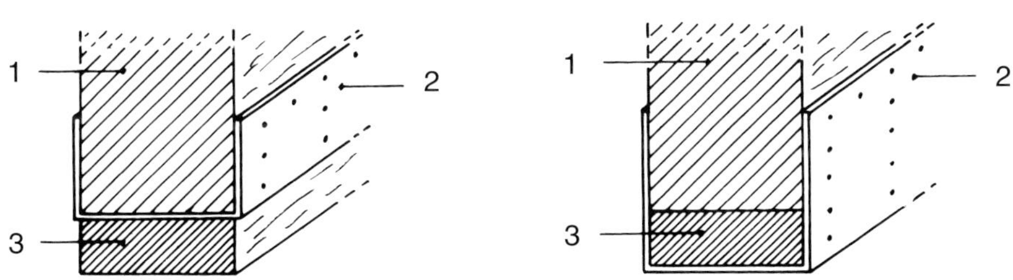

U-förmige Kiel- und Stevenplatten waren eine übliche, sogar industriell genormte Sonderform. Rechts: U-Platte mit extern aufgesetztem „falschem“ Kiel, wie bis etwa 1800 vielfach verwendet. Links: U-Platte mit eingebundenem „falschem“ Kiel, wie nach 1800 weitgehend eingesetzt.
1. Kiel, 2. Kielplatte, 3. „falscher“ Kiel.

Plattennagelung

Zwischen 1758 und 1765 wurden die Platten zunächst mit Eisennägeln befestigt. Dies führte freilich zu einer heftigen Elektrolyse, der man nur mit Kupfernägeln beikommen konnte, sodass man nun ausschließlich Kupfernägel verwendete.
An den Nagel- und Kopfgrößen änderte sich, solange Schiffe beplattet wurden, so gut wie nichts, allenfalls, dass sie auf älteren Schiffen eher ein wenig größer, auf neueren Schiffen ein wenig kleiner ausfielen.

Kontinental wurden Flachkopfnägel verwendet – in der Regel auch dann, wenn die Platten nach englischem Maß geschnitten waren (z. B. Deutschland, Russland und Skandinavien s. oben). Die Kopfgröße betrug zwischen 1,8 bis maximal 3,5 cm.
In England (wo man stets gerne ein bisschen Sonderwege ging) und in den USA hatten die entsprechenden Nägel einen konisch geformten Kopf, der sich bündig in die Platte einschlagen ließ. Der obere Kopfdurchmesser lag durchschnittlich bei 0,8 bis maximal 1,4 cm.

Beide Methoden hatten ihre Vor- und Nachteile:
Bei kontinentalen Flachkopfnägeln konnten sich immer noch Algen und allerlei sonstiges, wenn auch nicht gefährliches, so doch sehr störendes Meeresgetier ansetzen. Bei der „glatten" Oberfläche der englischen Methode war dies ganz eindeutig sehr viel weniger der Fall. Andererseits ließen sich bei Reparaturarbeiten Flachkopfnägel ziemlich leicht herausziehen, ohne die Platte selber zu beschädigen. Beim englischen System war dies nahezu unmöglich und die Platte musste komplett abgerissen werden.
Und damit wäre wieder einmal der Lehrsatz bestätigt, dass man für jeden Vorteil eben auch mit irgendeinem Nachteil „bezahlen" muss.

Wie schon gesagt, waren all diese Platten industriell vorgefertigt und genormt. Auch die Nagellöcher waren bereits exakt vorgestanzt. An den Rändern saßen diese Löcher ziemlich eng, damit sich die Platten optimal anlegten. Die Binnennagelung war etwas lockerer und in der Regel nach einem Rautenmuster angeordnet, lediglich die Niederländer bevorzugten ein quadratisches Muster.

Modell-Beplattung

Dies war nun schon wieder eine ganze Menge geschichtlicher Theorie, doch ohne diese geht es im historischen Modellbau nun einmal nicht.
Jetzt zum praktischen Modellbau:

Kupferanstrich

Die bequemste und billigste Art eine Kupferung darzustellen ist zweifellos den Unterwasserrumpf kupferfarben anzustreichen (HUMBROL liefert da eine recht ordentliche Farbe). Allerdings sieht ein derart angeschmiertes Modell eben auch hoffnungslos „billig“ aus!
Wer die Mühe des originalen Kupfers scheut – und das ist zweifellos eine Menge Arbeit! –, der sollte lieber ein Modell wählen, das historisch keine solche hatte. Alternativ kann man den Unterwasserrumpf in Blankholz stehen lassen. Das entspricht zwar nicht dem historischen Original, sieht aber auf jeden Fall erheblich besser aus als solch ein Anstrich!

Die englische Handelsbrigg MARIE SOPHIE von 1860. Solch ein kupferfarbener Anstrich statt Kupferplatten verdirbt optisch auch das ansonsten beste Modell! (Ansonsten durchaus akzeptables Modell der Firma STEINGRAEBER)

Beplankung unter den Beschlagplatten

Wie schon erwähnt kann die Beplankung unter den Beschlagplatten nicht aus Edelholz bestehen und ebenso „schlampig“ sein wie die Unterplankung, man sieht sie später ja nicht mehr. Wichtig ist nur, dass sie die entsprechende Dicke der Oberplankung hat und sauber glatt ist.

Plattenmaterial

Manche der Originalmaterialien stehen dem Modellbauer – auch in entsprechend maßstabsgerechter Stärke – durchaus zur Verfügung, so z. B. Blei, Kupfer und Messing. Bronze und Munzmetall sind Messing farblich so ähnlich, dass es sich durch diese ersetzen ließe. Auch für ein „weißes“ Metall wie Zink kann man zumindest einen adäquaten Ersatz finden.
Das Grundproblem, das man sehr genau überdenken sollte, ist also nicht, ob man mit diesen Materialien arbeiten *kann*, sondern ob man es vernünftigerweise tatsächlich will!

Industrielle Platten

Selbstverständlich bieten einige Modellbaufirmen solche Beschlagplatten an. Doch so viel Mühe und so viele Stunden ein Modellbauer sich mit diesen gegeben haben mag, das Ergebnis ist einfach grauenvoll!
Dass es derlei Platten nur in Kupfer gibt, wäre ja noch hinnehmbar. Auch wenn Modellbauer, die Messing- oder gar Zinkplatten benötigen würden, „im Regen stehen gelassen werden“, ist dies akzeptabel, da Unterwasserbeschläge in der Tat ja meist aus Kupfer waren.
Weit gravierender ist, dass diese Platten nur die Löcher für eine (grobe!) Randnagelung aufweisen. Gut, die historisch zusätzlich benötigten Löcher und jene für die Binnennagelung könnte man ja noch nachbohren.
Die allerkleinsten Kupfernägelchen, die für entsprechende Platten angeboten werden, haben einen Kopfdurchmesser von ca. 0,7 mm. Bei einem „kontinental“ beplatteten 1:50er-Modell läge dies zwar an der absoluten Obergrenze, wäre aber noch akzeptabel.

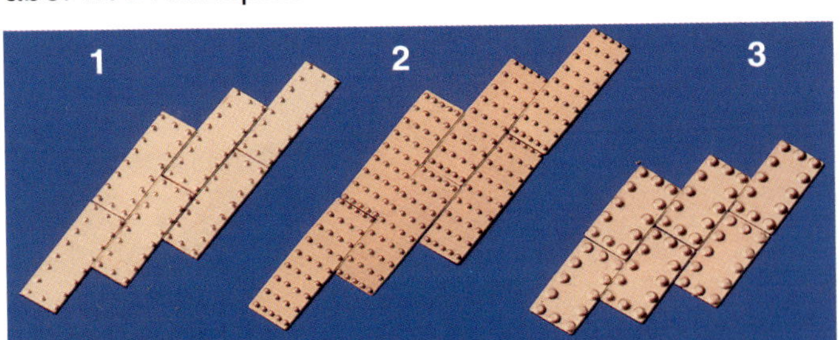

Vor solchen Industrieprodukten sollte sich ein echter Modellbauer hüten! Kritik im Einzelnen: 1. Nur Rand- und keine Binnennagelung. 2. Die akzeptabelsten Platten dank Binnennagelung, ein historisches Überlappen der Platten ist zumindest schwierig. 3. Viel zu grobe und nur Randnagelung, ein Überlappen der Platten ist unmöglich. Alle drei: Es gibt sie weder in den maßstäblich benötigten Größen noch in den entsprechenden historischen Proportionen!

Absolut und völlig inakzeptabel ist es aber, dass es die entsprechenden Platten weder in den benötigten Größen noch in den erforderlichen Maßproportionen gibt! Vergessen Sie daher die industriellen Angebote an Beschlagplatten ganz schnell und ganz gründlich! Zumindest derzeit! Dieser Band erschien im Jahr 2009. Der Autor darf berechtigt stolz darauf sein, dass sich seit seinem 1977 erstmals erschienenen Buch HISTORISCHE SCHIFFSMODELLE – DAS HANDBUCH FÜR MODELLBAUER, das sich über 30 Jahre auf dem Markt hält und auch international so etwas wie die „Bibel des Schiffsmodellbaus" wurde, auch bei Modellbaufirmen, was historische Genauigkeit anbelangt, ungeheuer viel zum Positiven bewegt hat! Wer weiß also, ob ich nicht im 12. und letzten Band dieser ENZYKLOPÄDIE DES HISTORISCHEN SCHIFFSMODELLBAUS im Kapitel Nachträge vermelden könnte, dass es nun tatsächlich entsprechende Rumpfplatten gäbe. Zumindest momentan ist der Modellbauer aber noch darauf angewiesen, seine Beschlagplatten selber herzustellen. Dafür gibt es generell zwei Methoden:

Echtmetall

Gehen wir nochmals unter modellbauerischen Gesichtspunkten die verschiedenen Metalle durch.

Grundsätzliches

Metallflächen jeder Art müssen unbedingt mit Lack überzogen und gegen Umwelteinflüsse geschützt werden!
Zaponlack, der speziell für Metall entwickelt wurde, ist optimal (bekommt man in jedem gut sortierten Baugeschäft), hat aber den Nachteil, „hochglänzend" zu sein. Persönlich würde ich also jenen Tuffmatt-Lack empfehlen, mit dem auch der Rest des Modells behandelt wird, da er die identischen technischen Dienste tut, jedoch nicht glänzt wie eine „Speckschwarte".

Blei

Wie schon beschrieben ist seine Farbe unnachahmlich. Wer den Unterwasserrumpf eines im Original mit Blei beschlagenen Schiffes entsprechend darstellen will, der wird um Blei nicht herumkommen (s. auch Kap. Ältere Rumpfbeschläge).

Kupfer

Auch seine Farbe ist unnachahmlich. „Echte" Kupferplatten haben allerdings ein paar Haken, die man als Modellbauer berücksichtigen muss. Zum einen sind sie ein bisschen starr. Oder, anders gesagt, muss man sie mit den Fingern zunächst ein wenig vorformen, ehe man sie entsprechend ankleben kann. Generell ist das relativ einfach, das Problem liegt hier freilich beim Stichwort „Finger". Kupfer reagiert sofort mit anderen chemischen Substanzen, und eben auch mit den feuchten Salzen des unvermeidlichen Fingerschweißes. D. h. jeder Fingerabdruck wird (oft binnen Stunden) sichtbar.
Vorbeugen kann man dem realistisch nicht, „nachbeugen" aber durchaus, indem man den fertig gekupferten Rumpf mit einem Glasfaserradierer (bekommt man in Zeichenbedarfsgeschäften) gründlichst reinigt ehe man ihn mit Lack gegen weitere Außeneinflüsse schützt und versiegelt.

Messing
Ist noch etwas starrer als Kupfer, aber damit wird ein Modellbauer fertig. Messing ist eindeutig weniger anfällig gegen „Fingerabdrücke“, trotzdem ist nach dem Beschlagen eine gründliche Reinigung mit einem Glasfaserradierer dringend anzuraten, ehe man es lackiert.

Bronze und Munzmetall
Sie ähneln im Farbton Messing so sehr, dass man da im Modellbau durchaus Messing verwenden kann.

Zink
So dünnes Zinkblech ist mitunter schwierig zu beschaffen. Ein Modellbauerkollege hat es deshalb mit entsprechend dünnem Weißblech versucht – mit durchaus akzeptablem Ergebnis.

Prägefolie
Aber weshalb sich das Leben schwerer machen als unbedingt erforderlich? Blei ist, wie eben gesagt, unnachahmlich. Für alle anderen Metalle gibt es die Prägefolien von EFCO, die man in jedem gut sortierten Zeichenbedarfs- oder Bastelgeschäft bekommen kann. Diese Metallfolien, die es in den verschiedensten Farbtönen (Kupfer, Messing, Zink-Silbrig) gibt, haben die richtige Dicke, sind relativ weich, lassen sich optimal anschmiegen und verkleben und sind im Preis durchaus human. Ein Abreiben mit einem Glasradierer ist hier nicht nur überflüssig, sondern beschädigt die Platten sogar!

Kleben
Die Platten werden am besten mit Kontaktkleber („Pattex“ von HENKEL) oder auch Kraftkleber (UHU Alleskleber Kraft) aufgeklebt.
Der von mir sonst so geliebte Weißleim eignet sich hier kaum, Sekundenkleber sind bei den entsprechenden Flächen einfach zu teuer.

Nageln
Dies ist eine fast „Unendliche Geschichte“ in den Diskussionen gerade von Spitzenmodellbauern: Werner Zimmermann erklärt kategorisch, dass man im maßstäblichen Sichtabstand solch kleine Nagelköpfe, selbst wenn sie nicht ohnehin unter der Wasserlinie lägen, eigentlich nicht erkennen könne – und hat damit zweifellos Recht. Andererseits wäre ein Rumpf wie jener meiner GREAT BRITAIN, englisches Dampf-Segel-Passagierschiff von 1845 im Deutschen Technikmuseum, Berlin, ohne Nagelung einfach „tot“. (Näheres dazu in Band 6 SICHTBARE SCHIFFSMASCHINEN, Kap. Rumpfbeplattung.)
Daher ein paar grundsätzliche Überlegungen:

Englische Nagelung
Die Nagelköpfe waren so klein und zudem plan mit den Platten verschliffen, dass man sie in der Tat schon im Original aus ganz wenigen Metern Entfernung kaum noch erkennen konnte. Für den Modellbau heißt dies ganz klar und unmissverständlich: Weglassen!

Kontinentale Nagelung
Diese Nägel waren in der Tat real sichtbar.
Mit Kopfgrößen von im Original 1,8 bis 3,5 cm wären dies einerseits bei Modellen im Maßstab 1:37,5 oder gar 1:25 zwischen 0,5 und 0,9 oder 0,7 und 1,4 mm. Diese Nägel kann und muss man zeigen, so nervig das Vorbohren (unbedingt!)

Das Prägen von Nagel- und Nietenköpfen ist ein mühsames Geschäft mit nicht immer sicherem Ausgang. Ätzen ist perfekt aber teuer.

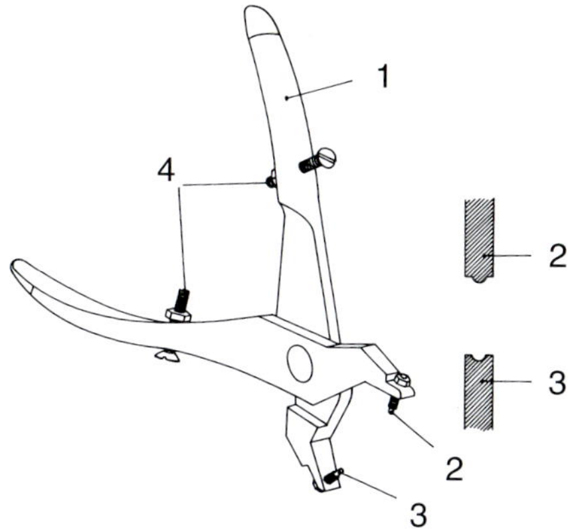

Prägezange: 1. Zange, 2. Prägestift, 3. Gegenlager, 4. Abstandhalter. Geeignet für Kupfer- und Messingbleche bis 0,4 mm. Die Nietenköpfe werden freilich oft ein wenig grob, sodass man mit kleinsten Echtnägelchen meist besser bedient ist.

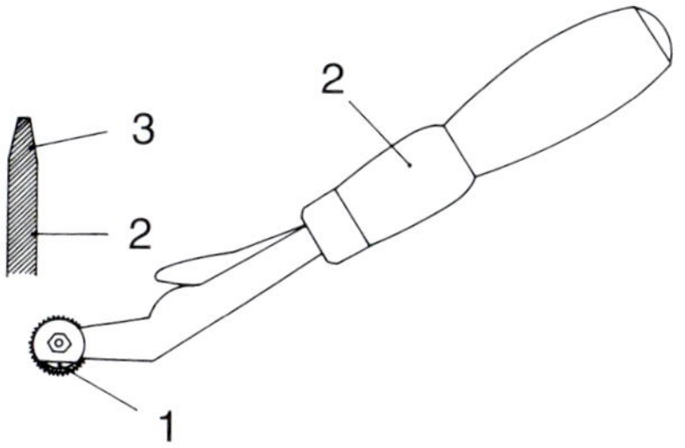

Radler: 1. Schnittradler, 2. Zahnrad, 3. Zahnrad konisch zugeschliffen. Geeignet für Bleche bis 0,1 mm und Prägefolie. Schwierig ist ein Rad mit dem benötigten Abstand der Zähnchen zu finden.

Präge-Stift: Ein vorne abgerundetes Messingnägelchen in einem Holzgriff. Geeignet für Bleche bis 0,1 mm und Prägefolie. Billig und leicht herzustellen. Vorsicht beim Prägen, um nicht die Platte durchzustechen!

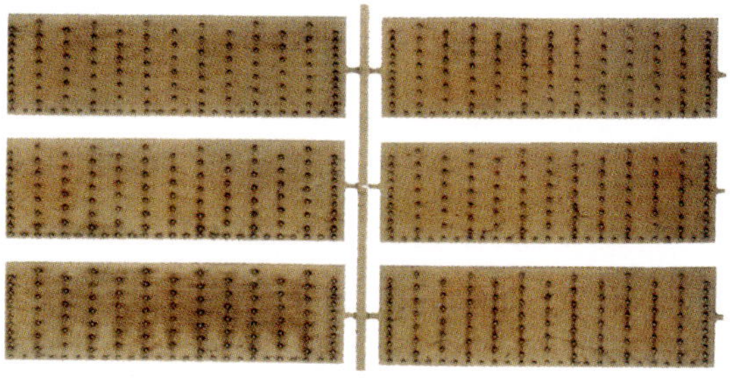

Geätzte Platten: Perfekt, aber eben nicht billig. Trotzdem würde ich bei kontinentalen Platten, bei denen die Nagelung gezeigt werden soll, unbedingt zu dieser Methode raten.

Der Bug des russischen 74-Kanonen-Linienschiffs ALEKSANDR NEVSKIJ *von 1780. Durch das „Verschmuddeln" der Beplattung wirkt diese nicht nur original, die Einzelplatten kommen optimal heraus, ohne deshalb den Gesamteindruck des Modells zu stören. (Modell von Wolfram zu Mondfeld, Hohenfurch, im Deutschen Technikmuseum, Berlin)*

und Einklopfen Abertausender von Nägelchen auch sein mag. Andererseits läge bei einem Maßstab von 1:75 – von noch kleineren Maßstäben ganz zu schweigen – der Kopfdurchmesser zwischen 0,25 und maximal 0,45 mm. Derlei Größen sind selbst für den fanatischsten Fundamentalisten nicht mehr sinnvoll darstellbar.

Der Problembereich liegt bei den sonst so idealen 1:50-Modellen. Wie eben schon gesagt sind auch die kleinsten Kupfernägelchen beinahe schon zu groß, sprich die Nagelung erscheint doch etwas grob.
Eine Alternative wäre es, die Platten entsprechend ätzen zu lassen. Die Nagelköpfe sollten dabei 0,4 bis 0,5 mm stark sein und hätten den Vorzug, wie im Original flach und nicht rund wie bei Nägelchen zu sein. Optisch ist diese Methode hervorragend, allerdings geht sie böse ins Geld (s. auch Band 2, MATERIAL UND WERKZEUG, Kap. Ätzen).
Und sonst? Mein persönlicher Rat (dem nicht nur Werner Zimmermann und die Mehrzahl anderer Spitzenmodellbauer rückhaltlos zustimmen): Lieber keine Nä-

gel als zu grobe. In diesem Sinne habe ich dann auch die Unterwasserrümpfe des russischen 74-Kanonen-Linienschiffs Aleksandr Nevskij von 1780 und des amerikanischen Extremklippers Young America von 1853 mit Prägefolie und ohne Nägel beplattet. Beide Modelle stehen heute in der Schifffahrtsabteilung im Deutschen Technikmuseum in Berlin, immerhin eines der modernsten und anspruchsvollsten Museen der Welt! So falsch kann diese Vorgehensweise also nicht gewesen sein!

Beplattung altern

Blei oxidierte nicht und behielt seine typische Farbe. Im krassen Gegensatz dazu oxidierte Kupfer dafür umso schneller und nahm in Verbindung mit Seewasser blitzschnell eine grün-schwärzliche Farbe an. Messing, Bronze und Munzmetall waren weniger empfindlich gegen entsprechende Metallverfärbungen und das ständig abblätternde Zink behielt weitgehend sogar seine Ursprungsfarbe.
Wenn Metallbeplattungen auch die Rumpfbeplankung optimal gegen den Teredo navalis schützten, gegen Algen, harmlose Weichtiere und vor allem schlichten Schmutz, wie er etwa in jedem Hafenbecken herumschwappt, waren sie natürlich machtlos. Daher sahen auch solche Metallbeplattungen eben genauso „dreckig" aus wie die Unterwasserrümpfe aller anderen Schiffe.

Metallplatten „natur"

Echte Metallbeschläge eines Modellrumpfes „altern" nur sehr langsam.
Ehe unter dem unbedingt notwendigen (!) schützenden Lack, etwa Kupfer, die entsprechende Patina bekommt, können viele Jahre vergehen und bei Messing dauert das im Zweifelsfall noch erheblich länger. Lediglich Blei wird recht schnell wie gewünscht „stumpf".
Von einer chemischen „Gewalt-Patinierung", wie etwa mit Salmiak bei noch nicht lackiertem Kupfer, kann ich nur dringend abraten! Das Ergebnis ist in aller Regel so abscheulich, dass Sie wohl viele Tage damit zubringen werden, den Unterwasserrumpf ihres Modells mit Hilfe eines Glasradierers wieder sauber zu bekommen. Messing, Zink oder auch Weißblech sind gegen solch eine Behandlung ohnehin weitgehend resistent.
Angenehm stumpf und mit einer gewissen Patina versehen sind geätzte Platten durch die chemische Behandlung, die sie durchlaufen haben. Also im Zweifelsfall nicht säubern, sondern so verwenden, wie sie sind.

Prägefolie

Sie ist wie sie ist. Alter hinterlässt keine sichtbaren Spuren und irgendwelche chemischen Methoden (etwa Salmiak) sind allenfalls dazu geeignet, sie ernsthaft zu beschädigen.

Lack

Hier beginnen sich die modellbauerischen Geister deutlich zu scheiden.
Mancher Modellbauer ist so stolz auf seine gelungene Rumpfbeplattung, dass sie ihm gar nicht genug glänzen und funkeln kann. Hochglanzlack ist da das

Mindeste! Vor einiger Zeit sah ich in einem Museum sogar ein Modell, dessen Ständerplatte mit einem Spiegel ausgerüstet war, um die Beplattung noch strahlender herauszubringen. Das hat jener Modellbauer auch zweifelsfrei geschafft. Freilich wurde der Blick des Betrachters wirklich nur noch auf den Unterwasserrumpf gelenkt und man registrierte kaum noch etwas von dem auch ansonsten tadellos gebauten Modell! Und weil das ja eigentlich nicht ganz der Sinn der Sache ist, ist die überwiegende Mehrzahl der Spitzenmodellbauer der Überzeugung, man solle unbedingt einen tuffmatten Lack verwenden, diesen eventuell sogar mehrfach auftragen, um den unnatürlichen Glanz abzumildern.

Farbe

Manchen Modellbauern, darunter dem Autor, reicht freilich auch das nicht, um dem beplatteten Unterwasserrumpf ein „natürlicheres" Aussehen zu geben. Und da hilft dann nur Farbe.

Achtung: Nur Farben verwenden, die auch nach dem Trocknen wieder mit Wasser gelöst werden können! (Siehe dazu auch Band 2, MATERIAL UND WERKZEUG, Kap. Pinsel und Farben.)

Zunächst muss der Unterwasserrumpf unbedingt mit Lack gestrichen werden, um eine Beschädigung der Platten zu verhindern!

Danach wird mit einem breiten Pinsel oder einem Schwämmchen dunkleres Grün und dunkleres Braun großflächig aufgetragen. Nach dem Trocknen wird mit einem weichen, feuchten Tuch, Schwämmchen oder Küchenkrepp und Papiertaschentüchern die überschüssige Farbe wieder abgewischt.

Achtung: Stets in Plattenrichtung arbeiten!

Während auf diese Weise die Plattenflächen wieder weitgehend sauber werden, bleibt die Farbe in den Kanten der Plattenüberlappungen stehen – also genau wie der „Dreck" im Original. Wo einem die Farbe noch zu schwach erscheint, kann man ja problemlos nochmals nachfärben. Am besten arbeitet man ohnehin besser mit zwei oder drei dünneren Farbschichten als mit einer dicken, die sich nicht mehr so leicht abputzen lässt. Wie weit man dieses Spiel treibt, ist natürlich dem Geschmack des einzelnen Modellbauers überlassen. Zum Schluss wird das Ganze nochmals tuffmatt lackiert.

Tipp: Probieren Sie die Methode zunächst an einem Probestück aus, bis Sie die Technik perfekt beherrschen!

Der Vorteil dieser Alterung ist einmal, dass sie sehr viel natürlicher aussieht als blankes Metall, zum anderen tritt der Unterwasserrumpf optisch etwas mehr zurück und stört nicht den Gesamteindruck des Modells. Und schließlich kommen die einzelnen Platten durch ihre „Schmutzkanten" noch besser zu Geltung als bei einer blanken Plattung.

Bei Blei würde ich von solch einer Alterung absehen. Ideal ist sie bei Kupfer und Messing. Behutsam sollte man bei Zink vorgehen, da sich durch das ständige Abblättern des Originalmaterials nur relativ wenig Schmutz halten konnte – im Zweifelsfall ein etwas helleres Graugrün und helleres Braun verwenden.

Lademarken oder Ahmings

Die Ahmings, an denen man die Eintauchtiefe des Rumpfes ablesen kann, wurden wohl im späten 16. oder frühen 17. Jahrhundert erfunden. Erstmals nachweisbar sind sie an der WASA.
Wie konsequent sie im 17. Jahrhundert angebracht wurden, ist eine offene Frage, denn die zeitgenössischen Modelle zeigen sie fast nie.
Oft wurden sie nur am Vorder- oder Achtersteven angebracht und der Lademeister peilte dann eben an der Wasserlinie entlang.
Im 18. Jahrhundert wurden sie zweifellos häufig auf beiden Steven gesetzt, obwohl auch hier exakte Quellen und Vorschriften vielfach fehlen. Dies mag vielleicht auch daran liegen, dass Ahmings bzw. Lademarken zunächst vor allem von Handelsschiffen verwendet wurden, um dem Kapitän anzuzeigen, was man

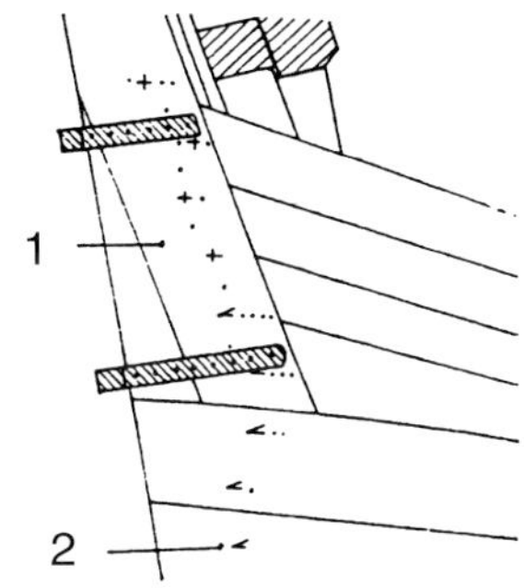

Die Ahmings an den Steven der WASA sind die ersten konkreten Belege für derartige Lademarken. Auch wenn es sie bereits früher gegeben haben mag, sind sie auch ein Jahrhundert später noch immer nur recht dürftig dokumentiert.
1. Achtersteven; 2. seitliche Beplankung im Heckbereich.

Ahmings am Vorsteven eines englischen Zollkutters um 1780. Weitere Bilder des Modells s. Band 8, TAUE, BLÖCKE UND SEGEL, S. 57. (Modell von Wolfram zu Mondfeld, Hohenfurch im Deutschen Technikmuseum, Berlin)

gegebenenfalls noch gefahrlos „reinpacken“ konnte, während bei Kriegsschiffen die optimale/maximale Ladekapazität ohnehin amtlich vorgegeben war.
In der ersten Hälfte des 19. Jahrhunderts waren solche Markierungen dann weitgehend üblich und in der zweiten Hälfte des 19. Jahrhunderts wurden sie Pflicht. Bis Mitte des 19. Jahrhunderts gab es die verschiedensten Varianten der Markierungen, ohne dass für den Autor dabei ein irgendwie geartetes nationales System erkennbar wäre. Gemeinsam war ihnen, dass sie in das Holz von Vor- und Achtersteven eingeritzt und in der Regel mit Bleiweiß ausgemalt wurden. Für den Modellbauer genügt es, die Ahmings mit einem feinen Pinsel aufzumalen. Allerdings sollte er dafür einen entsprechenden, sehr exakten Plan haben! Ansonsten lieber weglassen. Grundsätzlich wurden die Ahmings historisch nur auf die Holzteile gesetzt, nicht jedoch auf eventuelle Metallbeplattungen (s. dazu auch den Bug der Aleksandr Nevskij im Vorkapitel).
Mit dem Siegeszug der Eisen- bzw. Stahlrümpfe in der zweiten Hälfte des 19. Jahrhunderts wurden entsprechende Lademarken obligatorisch und international vereinheitlicht – wie oft bereits im 18. Jahrhundert – arabische Zahlen am Heck und römische Zahlen am Bug, die nun, je nach Untergrund, mit weißer oder schwarzer Farbe aufgemalt wurden/werden.
Gegen Ende des 19. Jahrhunderts begann sich auch die beidseitig mittschiffs angebrachte Freibord- bzw. Plimsoll-Marke durchzusetzen, die heute noch in Gebrauch ist. Abgesehen für die Erbauer von Windjammern und modernen Schulschiffen ist solch eine Markierung jedoch irrelevant.

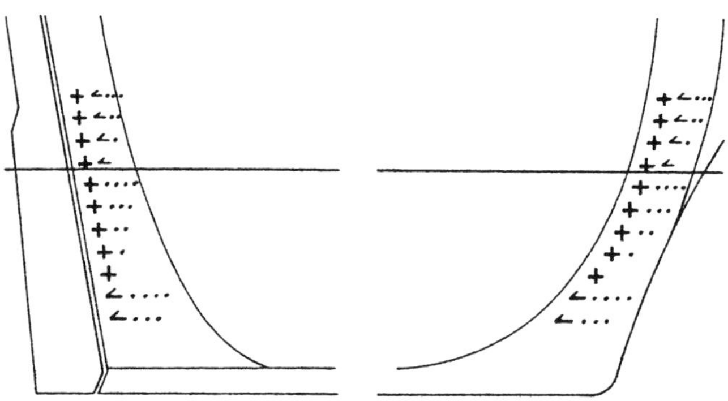

Ahmings an Bug und Heck spätes 16. bis erste Hälfte 19. Jahrhundert, wobei es durchaus zahlreiche nationale und individuelle Varianten gab.

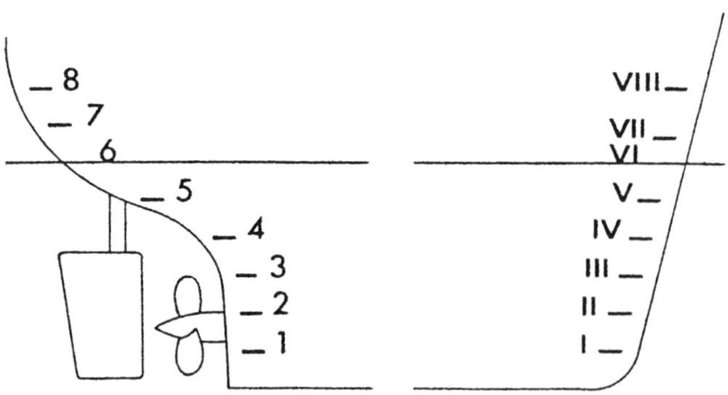

Ahmings an Bug und Heck wie sie, ebenfalls mit Varianten, seit der zweiten Hälfte des 18. Jahrhundert üblich wurden. Seit Mitte des 19. Jahrhundert war diese Form dann allgemein verpflichtend.

Ankerklüsen

Als im Hochmittelalter das Vorschiff mehr und mehr mit festen Vorkastellen (s. Kap. Kastelle und Aufbauten) überbaut wurde, konnte man die Ankertaue nicht mehr einfach über die Reling binnenbords führen. Man schuf daher für sie eigene „Löcher“, die Ankerklüsen.

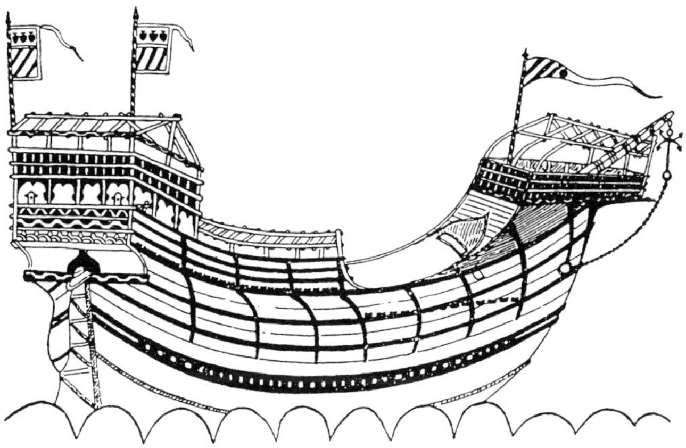

Im 15. Jahrhundert wurden nicht nur die Ankertaue, sondern etwa auch die Kette für den großen Enterdraggen am Bugspriet durch die Ankerklüsen geführt. (Zeichnung von Timbotta da Modena, Venedig 1444)

Der Untergang der kaiserlichen Flotte vor Livorno 1496 aus dem WEISSKUNIG, der Lebensbeschreibung Kaiser Maximilians I. Im 15. Jahrhundert waren die Ankerklüsen auffallend groß. Gut zu sehen auch die damals übliche Sichelbeplattung zwischen Rumpf und Vorkastell. (Zeitgenössischer Stich von Hans Burgkmair, Wien – Innsbruck)

Manche Schiffhistoriker heben die Darstellungen des Meisters WA von Schiffen der zweiten Hälfte des 15. Jahrhunderts in den Himmel. Andere erklären Meister WA habe nie real ein Schiff gesehen und ausschließlich Votivmodelle in Kirchen als Quelle benutzt. Die Wahrheit liegt – wie so oft – wohl in der Mitte: Die Proportionen der Schiffe sind mitunter geradezu grotesk verzerrt, aber da sind eben auch so viele stimmige Details, die man eigentlich nur aus eigener Anschauung kennen kann!

Eine zumindest eher seltene Anordnung der Ankerklüsen halbmondförmig unmittelbar neben dem Vorsteven. (Stich von Meister WA um 1475)

Holzklüsen

Zunächst im Durchmesser nur etwas größer als das entsprechende Ankertau, wurden in der zweiten Hälfte des 15. Jahrhunderts die Klüsen auffallend groß, da man nun auch andere Taue durch sie binnenbords führte.

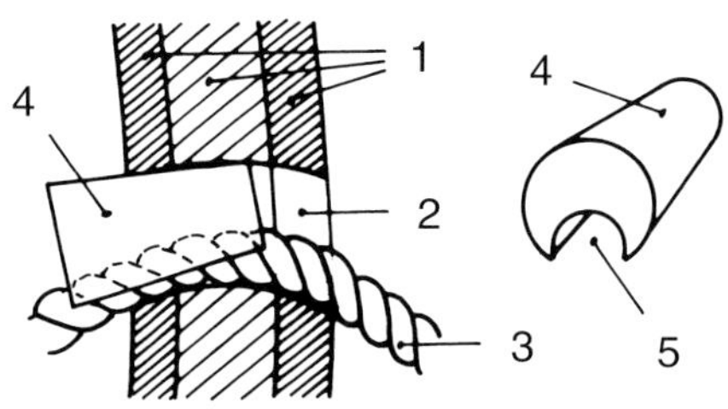

Holzpfropfen für Ankerklüsen, wie sie bis ins 19. Jahrhundert hinein verwendet wurden. 1. Bordwand, 2. Ankerklüse, 3. Ankertau, 4. Pfropfen, 5. Aussparung für Ankertau im Pfropfen.

Diese Ankerklüsen hatten freilich einen entscheidenden Nachteil: Da bei rauer See Wasser durch dieses Loch eindringen konnte, musste man es während der Fahrt mit einem entsprechenden Holzpfropfen verstopfen. Und je größer dieser war, umso leichter konnte er von einer heftigen Welle herausgeschlagen werden. Und weil nicht einmal diese Stopfen vom 16. bis ins frühe 19. Jahrhundert wirklich dicht waren, trennte man den vordersten Teil des Decks etwa 1 bis 2 m hinter den Ankerklüsen mit einer ca. 60 cm hohen Bretterwand ab, den „Bullenstall", um das Wasser dort aufzufangen, ehe es das restliche Deck überschwemmen konnte. Das war natürlich auch sinnvoll, wenn das tropfnasse Ankerkabel beim Ankerlichten „hereinkam".

Seit Beginn des 16. Jahrhunderts baute man die Ankerklüsen wieder erheblich kleiner. Als man im frühen 17. Jahrhundert jedoch begann, ein Schiff nicht nur mit zwei, sondern mit regulär bis zu fünf Ankern auszurüsten (s. Band 4, DIE AUSRÜSTUNG, Kap. Anker), gab es ein neues Problem. Auch wenn nicht all diese Anker ständig angeschlagen waren, konnte man die zugehörigen Taue nicht durch eine einzige Klüse führen, ohne diese wieder beträchtlich zu vergrößern. So wurde, jeweils beidseitig, ein Klüsen-Paar zum Standard. Die jeweils hinteren Klüsen dienten für die ständig angeschlagenen Taue des Pflichtankers steuerbords und des Bugankers backbords, die jeweils vorderen Klüsen für die im Bedarfsfall angeschlagenen Taue für den Vertäuanker steuerbords bzw. die Strom- oder Warpanker backbords.

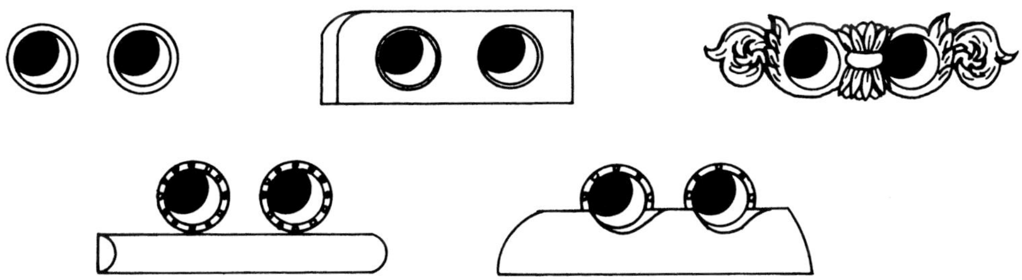

Oben: Doppelte Ankerklüsen 16. bis Mitte 19. Jahrhundert.
Unten: Doppelte Ankerklüsen mit Klüsenhölzern.

Klüsenfutter und Klüsenholz

In jedem Hafen aus- und einlaufende Taue ruinierten selbst die stabilste Beplankung und natürlich auch die Taue, wenn sie um scharfe Kanten gebogen wurden. So bemühte man sich sehr schnell, den Einlaufwinkel des Taus ebenso zu vermindern wie die Reibungsfläche am Schiffsholz.
Maßnahme 1: Die Kanten der Klüsen wurden nach unten deutlich abgerundet.
Maßnahme 2: Die Klüsen wurden mit Blei ausgefüttert. Das war weich und schützte das Holz vor dem Eindringen von Wasser.
Maßnahme 3: Die Klüsenhölzer. Seit dem 17. Jahrhundert vielfach, seit dem 18. Jahrhundert fast grundsätzlich setzte man unmittelbar unter die Klüsen halbrunde Hölzer, um den Einlaufwinkel des Taus weiter zu verbessern.

Durchgang der Ankerklüsen durch die Beplankung.
Links falsch mit scharfen Kanten.
Rechts richtig mit abgerundeten Kanten.
Binnenbords mag sich ein Modellbauer die Abrundung ruhig ersparen, da man sie später ohnehin nicht erkennen kann.

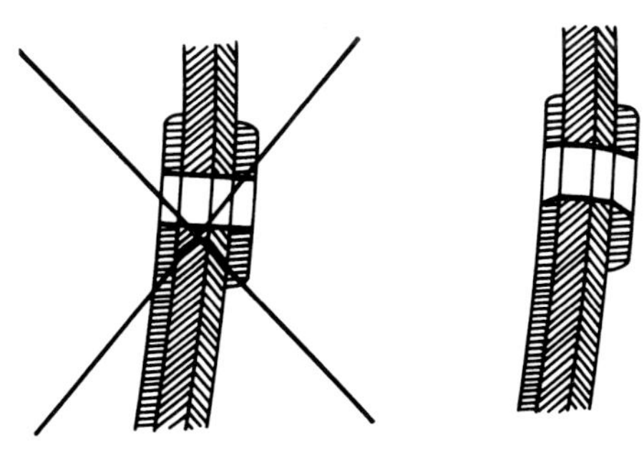

Eisenklüsen

Bereits im späten 18. Jahrhundert hatte man vereinzelt schon mit Vollmetall-Klüsen experimentiert, ohne nachhaltige Ergebnisse. Das änderte sich schlagartig, als man im 19. Jahrhundert zunehmend die Ankertrossen durch Ketten ersetzte. Jetzt mussten auch die Klüsen aus Eisen sein, um Beschädigungen der Bordwand zu vermeiden. Die Idealform war schnell gefunden und diese ist so optimal, dass sich bis heute daran kaum noch etwas verändert hat.

Modellbau

Die Klüsenlöcher sind schnell gebohrt und entsprechend zurechtgefeilt. Ein Innenfutter aus Blei macht, außer allenfalls auf sehr großmaßstäblichen Modellen, wenig Sinn, ein bleigrauer Anstrich genügt da durchaus. Allerdings sollten die Außenringe sehr wohl sichtbar sein, wobei entsprechend bemalter Zeichenkarton oft besser aussieht als „echtes“ Blei. Bei Schiffen etwa des 16. Jahrhunderts ist ein entsprechend aufgenagelter „Bleiring“ sogar fast unumgänglich (s. Bug der SANTA MARÍA DEL PILAR im Kapitel Ältere Rumpfbeschläge).
Ganz erheblich problematischer sind Eisenklüsen herzustellen. Die Firma AERONAUT MODELLBAU hat solche Ankerklüsen im Angebot, freilich nur in drei Größen, die jedoch mit etwas „gutem Willen“ in der Mehrzahl der Fälle verwendbar sind. Ansonsten bleibt einem wirklich nur, die Klüsen selber aus Zinn oder Kunststoff zu gießen (s. dazu Band 2, MATERIAL UND WERKZEUG, einschlägige Kapitel).
Achtung, wichtig!
Die Ankerklüsen führten fast immer in ein unteres Deck, wo zumeist auch Ankerbetings, Ankerspille etc. standen. Selbst auf Schiffen, auf denen diese Einrichtungen auf dem gut einsehbaren Oberdeck standen, verliefen Taue bzw. Ketten zumindest teilweise unter einem Deck. Ganz praktisch bedeutet dies für den Modellbauer: Ankertaue und Ankerketten müssen im Modell „eingebaut“, binnenbords befestigt und durch die Klüsen außenbords geführt werden, bevor man den entsprechenden Raum mit einem höheren Deck verschließt! Ein nachträgliches „Reinfieseln“ wäre extrem schwierig bis fast unmöglich, da Sie in diesen Binnenraum unter dem darüber liegenden Deck auch mit der längsten Pinzette kaum mehr hineinkommen, um das Tau oder die Kette binnenbords zu ziehen!
Tipp: Lassen Sie außenbords zunächst ruhig ein längeres Stück Ankertrosse oder Ankerkette hängen! Wenn man diese später mit dem entsprechenden Anker verbindet (s. Band 4, DIE AUSRÜSTUNG, Kap. Anker und Kap. Ankerlager) ist überschüssiges Material schnell abgeschnitten, ein „Anstückeln“ ist jedoch fast unmöglich.

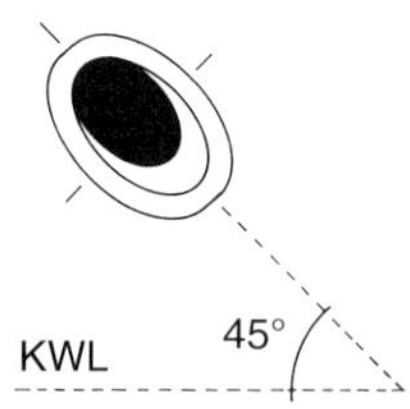

Eiserne Ankerklüse ab Mitte des 19. Jahrhundert – seit Einführung von Ankerketten ganz einfach notwendig. Zwar änderte sich national die Form ein wenig, das Grundaussehen ist bis heute identisch.

Scheibgatten

Eigentlich sollte man Scheibgatten (auch *Scheibgats* genannt) vor allem in Band 8, Blöcke, Taue und Segel, in Band 9, Stehendes Gut, und in Band 10, Laufendes Gut, erwarten – und dort werden sie auch noch eine angemessene Rolle spielen.
Etliche Taue des laufenden Guts, beispielsweise die Schoten des Großsegels, wurden jedoch durch die Bordwand binnenbords geführt. Diese bereits zum jetzigen Zeitpunkt anzubringen ist daher nicht nur sinnvoll, sondern mitunter absolut notwendig.
Im Mittelalter und bis ins 16. Jahrhundert waren die Scheibgatten eine Öffnung in der Bordwand mit einer Seilrolle. Ab dem 17. Jahrhundert ging man dazu über, Scheibgatten mit einem eigenen Gehäuse aus Hartholz zu versehen, das die Seilrolle und deren Achsen aufnahm, und dies als Ganzes in die Bordwand einzubauen. Die Öffnung der Scheibgatten sägte man in das Holz ein, wobei zu beachten war, dass die Kanten oder die Öffnung nach jener Seite, aus der das Tau kam, etwas abgeschliffen und gerundet wurden, damit das Tau nicht schamfilte.
Achtung: Diese Gehäuse wurden in den meisten Fällen nicht überplankt, d. h. ihre Umrisse waren deutlich in der Beplankung zu erkennen!

Die Scheiben bestanden im Mittelalter aus Hartholz. Seit spätestens dem 16. Jahrhundert wurden sie aus Bronze, Messing oder Eisen gefertigt.
Die Achse der Scheiben stand nie senkrecht zur Wasserlinie, sondern war stets in Richtung des einlaufenden Taus geneigt, in der Regel 6 bis 10° nach achtern. Es wurden auch nie mehr als drei Rollen auf einer Achse gefahren, Scheibgatvierlinge wurden als zwei Zwillinge hintereinander gesetzt.

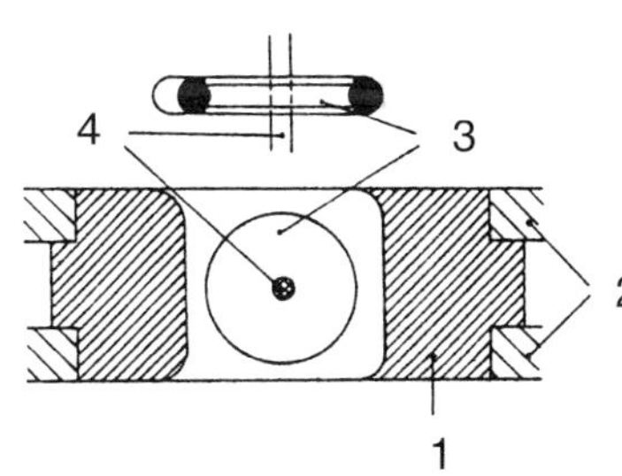

Scheibgatt: 1. Gehäuse, 2. Beplankung, 3. Seilrolle, 4. Achse.

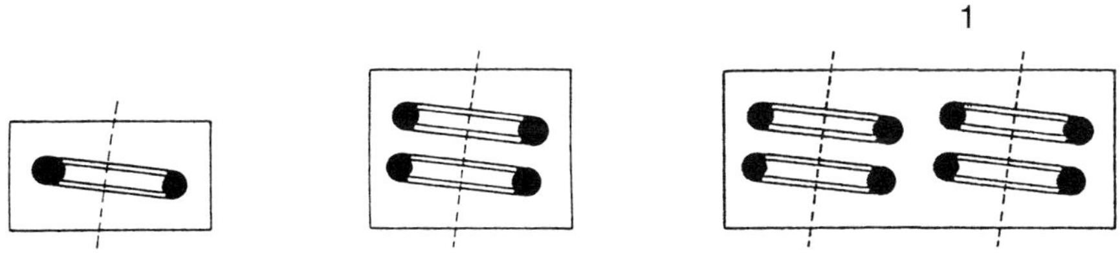

Scheibgatten. Von links: Scheibgatt mit einer Scheibe; Scheibgatt mit zwei Scheiben; vierfaches Scheibgatt aus zwei doppelten Scheibgatts zusammengesetzt. Scheibgats mit drei Scheiben kamen zwar vor, waren aber eher selten.
Die Zugrichtung des Taus wäre in den Zeichnungen jeweils nach links gerichtet.

Modellbau

Natürlich kann man sich die Scheiben selber drechseln oder drehen, sofern man eine entsprechende Maschine dazu hat. Sehr viel schonender für Zeit und Nerven ist es, die Scheiben zu kaufen. AERO-NAUT MODELLBAU führt da ein wahrlich hervorragendes Sortiment an Holz- (3 bis 8 mm) und Messingscheiben (3 bis 14 mm in bis zu 11 Größenabstufungen).

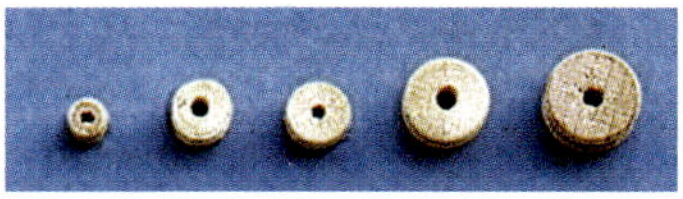

Optimale Seilrollen von AERO-NAUT MODELLBAU: links aus Holz, unten aus Messing.

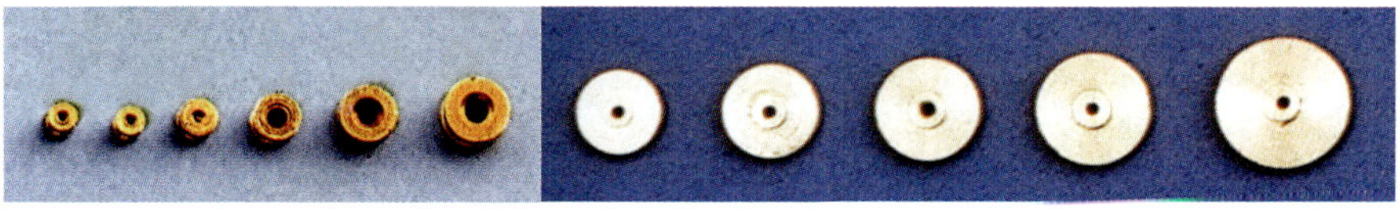

Doch sehr pragmatisch gefragt: Ist solch eine Scheibe an einem Modell tatsächlich überhaupt zu sehen? Diese Frage wird im Laufe der ENZYKLOPÄDIE noch mehrfach gestellt werden müssen. Und die ehrliche Antwort ist in fast allen Fällen: Nein!
Von ungetakelten Modellen einmal generell abgesehen, werden die Scheiben weitgehend von den ein- und auslaufenden Tauen verdeckt. Anders gesagt könnte man allenfalls bei großmaßstäblichen Modellen hier und dort ein winziges Stückchen der Scheibe überhaupt wahrnehmen.
Bei Modellen im Maßstab 1:50 (und selbstverständlich kleiner) geht man am Sinnvollsten so vor: Man bohrt die entsprechenden Öffnungen an beiden Enden der Scheibe durch die Bordwand und färbt sie entsprechend dunkel. Mit einem Skalpell und eventuell einer feinen Feile wird die „Scheibe" an ihren Außenkanten ein wenig abgerundet. Dann malt man sie naturfarben (Holz), bronzefarben (Bronze oder Messing) oder schwarz (Eisen) an. Allenfalls ein mit einer „Superlupe" bewaffneter Ultrafundamentalist wird je herausbekommen, wie das Wunder gemacht wurde!

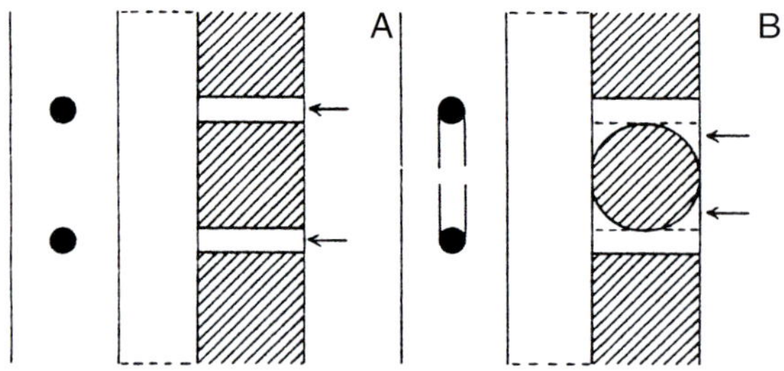

Modellbau kleinerer Scheibgatts: A. Löcher durchbohren, B. die Rundung der Scheibe etwas ausschnitzen bzw. ausfeilen.

Bullaugen

Diese runden Fensterluken sind heutzutage ein fast unumgängliches, romantisch-legendäres Zubehör jeden Schiffes. Der Blick durch solch ein rundes Fensterchen hinaus auf „die wogende See“ fasziniert auch den Autor stets!
In Wirklichkeit kamen Bulllaugen aber überhaupt erst Mitte des 19. Jahrhunderts mit dem Eisen-/Stahlschiffbau auf. Im ganzen 19. Jahrhundert waren die Bullaugen aus blankem Messing gefertigt (das sind sie mitunter heute noch). Bullaugendeckel gab es noch nicht.

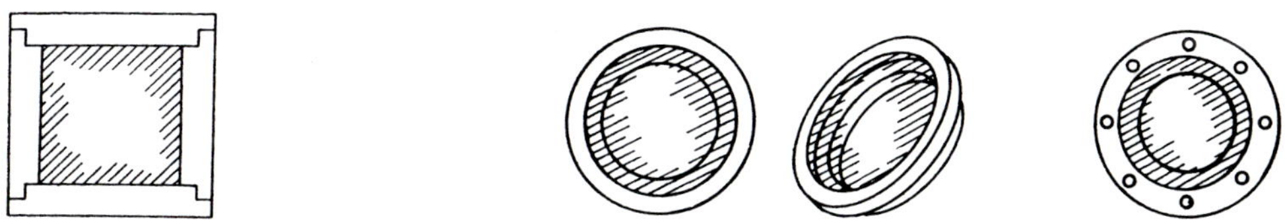

Links eckiges Fensterchen mit Holzrahmen bis 1. Hälfte 19. Jahrhundert.
Rechts rundes Bullauge mit Metallrahmen, wie es etwa ab 1830 in Gebrauch kam.

Modellbau

Natürlich kann man, sofern man über eine entsprechende Drehbank verfügt, die Bullaugenrahmen selber drehen und die Gläser aus durchsichtigen PVC-Platten einsetzen.
Die Betonung liegt hier jedoch eindeutig auf dem Wort „kann“. Zum einen ist die Herstellung mühsam und die Stückzahl der Bullaugen überschreitet bereits auf einem Passagierschiff um 1850 schnell die Grenze von 100 Stück. Zum anderen bietet vor allem AERO-NAUT MODELLBAU drei hervorragende Varianten von Bullaugen an. Lieferbar sind diese in Durchmessern mit max. 2 mm Abstufung von innen von 3 bis 15 mm, außen von 5 bis 20 mm. Ich spreche wahrlich nicht leichtfertig Kaufempfehlungen für industriell hergestellte Modellbauprodukte aus, in diesem Fall ist dies aber unbedingt berechtigt!
Praktisch bedeutet dies: Ein entsprechend großes Loch in die Bordwand bohren, das Bullauge einsetzen und fertig.

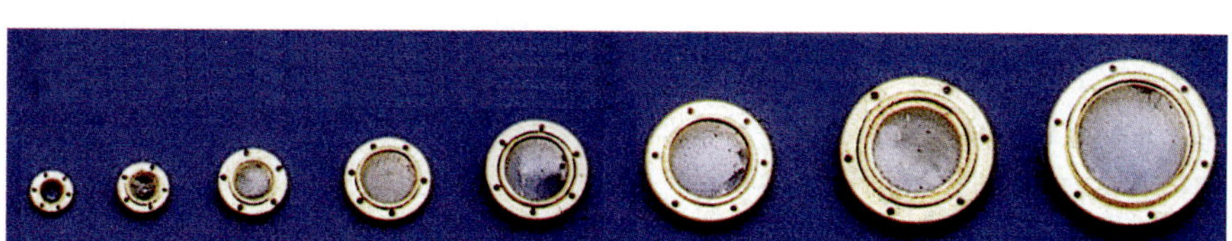

Bullaugen von AERO-NAUT MODELLBAU von 4 bis 20 mm Durchmesser in 10 Abstufungen – besser kann es selbst ein „Fundi“ nicht selber machen!

Wappen und Namensbretter

Schiffe wurden niemals als Sachen, sondern stets als Personen gesehen. Jedes Schiff hat seinen eigenen, unverwechselbaren Charakter. Selbst bei modernen, „nietenidentischen" Schwesterschiffen ist das so – fragen Sie da durchaus einmal einen Kapitän oder Matrosen. Es gibt nun einmal ebenso die „glückhaften" Schiffe wie die permanenten Pechvögel. Aberglauben oder nicht (und

Heckspiegel des dänischen Dreideckers Sophia Amalia *von 1649. Zwei „wilde Männer" halten das gekrönte Reichswappen, umgeben von den Provinzwappen, an dem das Kleinod des Elefantenordens (des höchsten dänischen Ordens) hängt. Den Namen des Schiffes anzugeben war damals eigentlich noch unüblich und ihm Konkretfall nur dem Rang der königlichen Namensgeberin geschuldet.*
(Modell im Orlogsmuseet, Kopenhagen)

Im 15. und 16. Jahrhundert beherrschten Staats- und Herrscherwappen die künstlerische Ausgestaltung eines Schiffs, wie auf diesem Modell eines schwedischen Zweideckers aus dem späten 17. Jahrhundert.
Anmerkung: Das Blau – in Wirklichkeit Grün – dieses Modells ist zweifellos Wunschdenken bzw. Prestigemalerei, denn, wie mehrfach schon bemerkt, war Blau als Anstrichfarbe für Schiffe zu dieser Zeit noch nicht verfügbar.
(Zeitgenössisches Modell im Sjöhistoriska Museet, Stockholm)

unbestritten sind Seeleute extrem abergläubisch), aber so ist es offenkundig nun einmal, und das wurde sogar hundertfach in Dokumenten so bezeugt! Aus diesem Grund wurde und wird ein Schiff grundsätzlich mit „sie“ oder „er“, niemals jedoch mit „es“ angesprochen. Es hat einen persönlichen Namen, und selbst wenn es heute nur noch offiziell eine nüchterne Nummer trägt, weiß die Mannschaft um den Namen oder Spitznamen! Daher werden Schiffe auch heute noch auf einen persönlichen Namen „getauft“. Ob früher mit Weihwasser oder heute mit Sekt ist dabei nicht so wichtig. Und dass Schiffe willkürliche Umbe-

nennungen oft ausgesprochen übel nehmen, auch das ist hundertfach in der Seefahrtsgeschichte belegt.
Achtung Modellbauer: Eine Flasche Sekt am Bug Ihres Modells zerknallen zu lassen ist zumeist eher „kontraproduktiv" – stoßen Sie damit besser auf ein bislang hervorragendes Gelingen Ihres Modells an!

Schiffsnamen

Schon aus sehr früher Zeit sind die Namen berühmter Schiffe überliefert: STERN VON ÄGYPTEN hieß das Staatsschiff des Pharao Tut-anch-Amûn. Die griechische ARGO wurde so legendär wie ihr Kapitän Jason. Die um das Jahr 1000 n. Chr. für den Norwegerkönig Olav Trygvasson vom Schiffsbaumeister Thorberg „Glatthauer" erbaute GROSSE SCHLANGE wurde ebenso berühmt wie die SCHWARZE SCHLANGE des Saga-Helden Varggrim „Silberhand" oder die MORA, mit der 1066 Herzog Wilhelm von der Normandie ausfuhr, um England zu erobern.
Seit dem späten 15. Jahrhundert kennt man die Namen fast aller einigermaßen bedeutenden Schiffe, etwa SANTA MARÍA, NIÑA und PINTA, jener drei, mit denen Christoforo Colombo 1492 die „Neue Welt" entdeckte.

Wappen

Bis ins frühe 20. Jahrhundert gab es adelige Nachnamen genau genommen überhaupt nicht! Und Staats-, allzu mal auch alle Kriegsschiffe, sind generell „adelig"! Auch Wolfram Herr zu Mondfeld*.
Zur persönlichen Identifikation diente früher ein Vornamen, nicht selten ein Spitznamen wie schon zur Zeit der Römer etwa Brutus (Dummkopf) oder Crassus (Fettwanst). Die Wikinger entwickelten diese Tradition fast zur Perfektion: Tord Pferdekopf, Gunlaug Schlangenzunge, Harald Blauzahn, Erik der Rote und Harald der Schwarze (nach ihrer Haarfarbe benannt), Erik Blutaxt, Varggrim Silberhand und Ingvar der Knochenlose. Und oftmals war da auch ein guter Schuss Ironie im Spiel, wie etwa bei meinem Großonkel Erich „dem Gütigen", der in Wirklichkeit ein gnadenlos raffgieriges Ekel war!
Der Autor stammt selber aus solch einer über 1000 Jahre alten Familie und sollte es daher wahrlich genau wissen: Der Begriff „Wittelsbacher" etwa ist für Historiker ein brauchbarer „Konstruktname", den die Familie jedoch real lediglich nur kurz in ihrer Frühzeit geführt hat. Anstelle eines Nachnamens verfügte man über ein (im Zweifelsfall durchaus wechselbares) Land mit entsprechendem Titel. Im

---

** Das wird gewohnheitsmäßig nahezu immer falsch geschrieben: Herr Wolfram zu Mondfeld. Korrekt müsste es heißen: Wolfram Herr zu Mondfeld, da das „Herr" keine Anrede, sondern ein uralter Adelstitel ist.*
NB: Auch „Bâtard" (Bastard) war zumindest im französischen Sprachraum keineswegs ein Schimpfwort sonder oft ein hoher Adelstitel, der lediglich besagte, dass man eben nicht in einem ehelichen Bett gezeugt war. Ein roter, manchmal auch blauer Schrägrechtsbalken über dem Wappen von „Papa" war das einzige Zeichen solchen „Makels". Die zweifellos berühmtesten „Bastarde" sind Herzog Willem von der Normandie ehe er durch die Eroberung von England 1066 zum „Eroberer" wurde und Dunois d'Orléans, der getreue Feldherr von Jeanne d'Arc.

Den republikanisch gesonnenen Niederländern war das Provinz- oder Stadtwappen oft erheblich wichtiger als das offizielle Staatswappen.
Hier das Heck des 60-Kanonen Zweideckers ZEELANDIA mit dem Wappen von Zeeland (Abb. des ganzen Schiffes s. S. 276).
(Originalmodell im Maritiem Museum „Prins Hendrik", Rotterdam)

Alternativ wurde der Heckspiegel immer öfter auch mit Allegorien oder Symbolen geschmückt, die sich direkt auf den Namen des Schiffes bezogen.
Derlei hatte im Mittelmeer, zumal auf Galeeren schon lange Tradition.
Hier das Heck des 58-Kanonen Zweideckers HALVE MAAN (Halbmond) von 1656.
Die Grundidee wurde von anderen Nationen, die nach holländischer Bauart bauten wie Kurbrandenburg, schnell aufgegriffen und umgesetzt, allzumal wenn derlei dem Ruhm des Herrschers diente, wie etwa bei der FRIEDRICH WILHELM ZU PFERDE, wo der kurfürstliche Namensgeber „zu Pferde" über den Heckspiegel reitet (Abb. s. S.237).

Fall der „Wittelsbacher“ etwa Kurfürst von der Pfalz, Herzog in Bayern, König von Schweden (1654–1720), Graf und Fürst zu Löwenstein-Wertheim, oder auch im Untertitel (den ich seit bald 40 Jahren als „Berufsnamen“ benutze) Herr zu Mondfeld. Jene damals gerade aktuellen Titel wurden erst nach der Revolution 1918 zu „Namen“ – denn irgendwie brauchen ja solche Leute nun auch so etwas wie einen amtlich registrierbaren Nachnamen.

Doch zurück zum eigentlichen Thema: Wie immer man heißen mochte, etwas stand und steht unerschütterlich fest: das Wappen! Ob als König, Kurfürst, Prinz, Graf oder tiefstaplerischer Herr zu … werden mich die weiß-blauen Rauten stets als Mitglied der „Wittelsbacher“ ausweisen.

Und genau so dachte man auch im Schiffbau mindestens ein Jahrtausend lang. Ein persönlicher Name war fraglos angemessen. Kinder einfach durchzunum-

Heck des englischen Linienschiffes 1. Ranges (Dreidecker) Royal George von 1756. Zumal von Frankreich ausgehend setzte es sich im Lauf des 18. Jahrhunderts allgemein durch, den Schiffnamen in gut lesbaren Lettern anzugeben.

In der ersten Hälfte des 19. Jahrhunderts wurde es üblich den Schiffsnamen nicht nur am Heck, nebst Heimathafen, sondern beidseitig auch am Bug anzubringen. (Der originale Klipper CUTTY SARK von 1869 in London-Greenwich)

merieren – sprich Primus, Quintus, Octavius, Decimus – war nach meinem Wissen bislang nur den ebenso tüchtigen wie vielfach fantasielosen Römern vorbehalten. Weit wichtiger erschien den Menschen früherer Zeiten der Abstammungsnachweis mit Hilfe eines Wappens. So finden sich, von den Flaggen abgesehen (s. Band 12, FLAGGEN, LEXIKON UND NACHTRÄGE, Kap. Nationalflaggen) spätestens seit dem 14. Jahrhundert zunächst auf Schilden an der Reling, dann auf jeden Fall, mehr oder minder groß, am Heck die heimatlichen Wappen jedes „anständigen" Schiffes. Es waren dies Staats- oder Herrscherwappen oder etwa bei den republikanisch gesinnten Niederländern Stadtwappen, die bezeugten, wer dieses Schiff war und wohin es gehörte.

Auf die Idee, die individuellen Namen auch am Schiff selber anzubringen, kam man freilich erst im späten 17. Jahrhundert. Zunächst eher bescheiden in die Ornamentik (s. auch Buchumschlag) eingefügt, verselbstständigen sie sich im Laufe des 18. Jahrhunderts und prangten nun auch durchaus selbstbewusst am Heck (s. auch Band 2, MATERIAL UND WERKZEUG, S. 32).
Im 19. Jahrhundert wurde es üblich, an Bug und Heck den Namen des Schiffes anzugeben, in der zweiten Jahrhunderthälfte am Heck auch den Namen des Heimathafens.

Die Schriftzüge wurden dabei nur am Heck senkrecht geführt. Die Schrift war seitlich am Achterschiff meist leicht heckwärts, am Bug sogar oft sehr deutlich bugwärts ausgerichtet, damit das Ganze auch wirklich „elegant" aussah.
Bis Mitte des 20. Jahrhunderts trugen Kriegsschiffe mitunter auch gern das Wappen der Stadt oder der Person, nach der sie benannt waren, am Bug.

Im 19. Jahrhundert verwendete man, vor allem auf Handelsschiffen, hierzu mehr oder minder kunstvoll verzierte „Namensbretter", auf denen auf gewöhnlich dunklem Untergrund der Schiffsname in Weiß oder gar Gold zu lesen war.
Nach dem Ersten Weltkrieg verlor sich diese Tradition wieder und die Namen an Bug und Heck wurden bzw. werden mit schwarzer oder weißer Farbe (je nach Untergrund) in Versalien (Großbuchstaben) in DIN-Norm aufgepinselt.

Selbstbewusst führte die 24-Kanonen-Fregatte PANDORA von 1779 ihren Namen am Heck. Sie wurde 1790 ausgeschickt um die BOUNTY-Meuterer dingfest zu machen. (Zeichnung von John McKay & Ron Coleman, London)

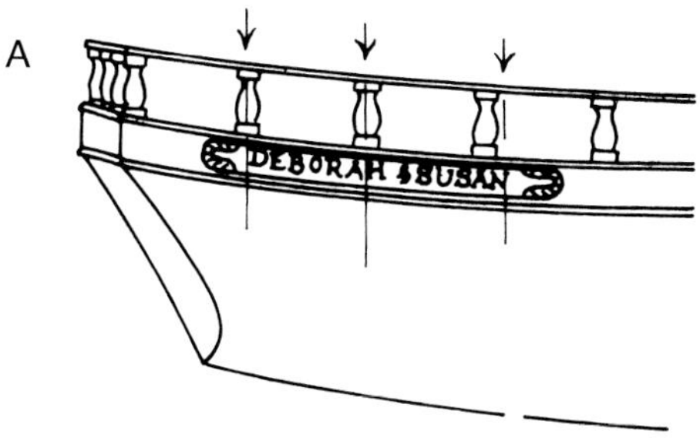

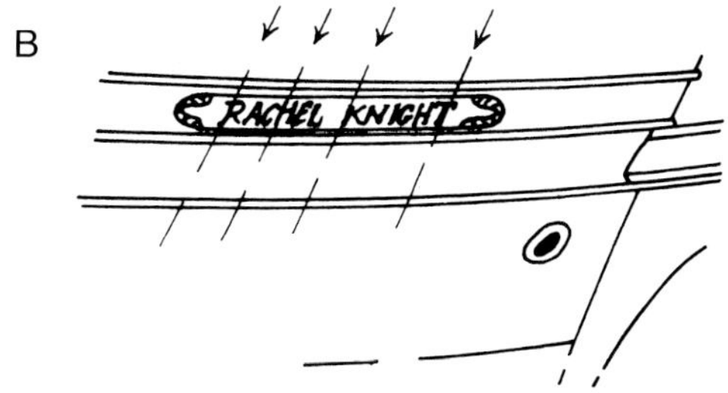

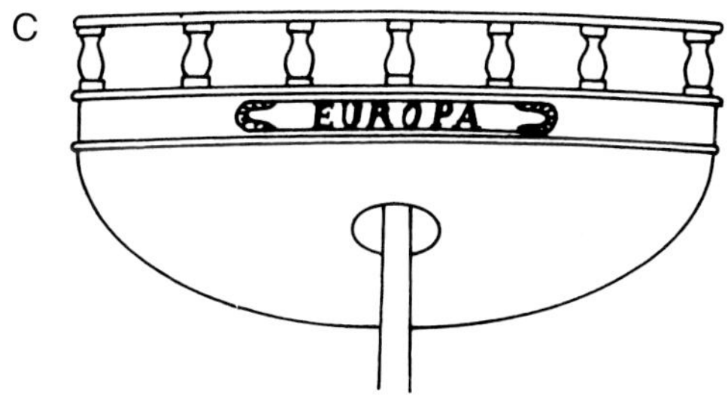

Namensbretter im 19. Jahrhundert: A. Achterschiff beidseitig, B. Bug beidseitig, C. Heck. Die Schriftrichtung – senkrecht am Heck, leicht achterlich geneigt am Achterschiff, oft stark bugwärts geneigt am Bug – zeigen die Pfeile.

Modellbau

Namensbretter kann man aus feinmaserigem Furnierholz oder dickerem Zeichenkarton fertigen. Die meist sehr flachen Schnitzereien kann man dann ebenfalls aus diesen Materialien aufkleben und entsprechend bemalen.
Wer es sich nicht zutraut, die Schriftzüge „von Hand" sofort korrekt aufbringen zu können, dem sei die Methode Abziehbilder (s. Band 2, MATERIAL UND WERKZEUG, Kap. Abziehbilder) empfohlen: Hiermit kann man beliebig viele Versuche machen, ehe man das Optimalergebnis wirklich auf das Namensbrett aufbringt.
Vorsicht! „Gold" tendiert im Zusammenhang mit Lack zum „Ausbluten", d. h. zum Verschmieren! Den Lack also eher auftupfen als aufstreichen!

Namensbretter verschiedener Handelsschiffe des 19. Jahrhunderts.

Das Deck

Die Beplankung eines Decks war relativ problemlos. Dabei wurden entsprechende Planken über die Deckbalken gelegt und befestigt. Die Form des Decks wurde durch den „Sprung" von Bug über Kuhl bis Heck bestimmt, seine Außenneigung durch die Balkenbucht (s. auch Kap. Deckbalken).

Entschuldigen Sie, wenn sich in diesem Kapitel Original- und Modellbaupraxis regelmäßig eng vermischen, doch so sind die entsprechenden Notwendigkeiten am besten zu erklären.

Dass dieses Kapitel erst so spät in diesem Buch erscheint, mag manchen Modellbauer überraschen.
Doch glauben Sie jemandem, der seit über 40 Jahren durchaus auch professionell Modelle baut: Die Außenhaut eines Modells muss mit sehr vielen Details perfekt fertig sein, ehe man das erste Deck einzieht!
Wenn Sie weiterlesen werden Sie auch ganz schnell begreifen weshalb:

Wichtig im Modellbau!

Ehe Sie einen Teil des Rumpfes mit einem Deck verschließen, müssen Sie absolut genau überprüfen, an welche Teile sie nach dem Einbau des Decks später nicht mehr herankommen können. Diese Bereiche müssen sie unbedingt bereits jetzt einbauen, auch wenn diese dazu im Bauablauf „vorgezogen" werden müssen!

Das sind vor allem die Geschützlafetten im Batterie- und eventuell Mitteldeck von Mehrdeckern (dazu mehr in Band 4, Die Ausrüstung, Kap. Bewaffnung, Geschütze, Lafetten, Pfortendeckel). Die Rohre kann man später relativ problemlos noch durch die Stückpforten von außen einsetzen, auch wenn das gewisse Schwierigkeiten mit den Schildzapfengurten bedeutet. Selbstverständlich kann man die Geschütze auch jetzt sofort komplett mit Rohr einbauen, allerdings ist die Gefahr, diese beim Weiterbau des Modells zu beschädigen bzw. loszureißen, keineswegs zu unterschätzen!

Unbedingt müssen bereits jetzt die Pfortenleinen angebracht werden (s. Band 4, Die Ausrüstung, Kap. Stückpfortendeckel)! Die Deckel selber jetzt bereits zu setzen ist modellbauerischer Schwachsinn, da sie im weiteren Verlauf des Baus garantiert beschädigt oder abgerissen werden! Stückpfortendeckel gehören vernünftigerweise zu den letzten Details, die man an einem Modell montieren sollte!
Zu diesen Teilen, die vor dem Verschließen des Decks eingebaut werden müssen, gehören auch die Ankerkabel/Ankerketten, aber ebenso Taue, die durch Scheibgatten so binnenbords fuhren, dass man sie auch mit der längsten Pinzette später nicht mehr erwischen kann. Vor allem die Großschoten zählen zu diesen Tauen, aber gewöhnlich auch die „Sorgleinen" für das Ruder.
Lassen Sie die Tauenden ruhig ein sehr gutes Stück länger heraushängen als eigentlich benötigt. Wenn sie nach dem entsprechenden „Setzen" noch zu lang sind, dann ist Abschneiden später ja kein Problem, ein entsprechendes „Anstückeln" jedoch sehr wohl!

Wichtig: Seien Sie hier bei der Überprüfung der zu erledigenden Arbeiten wirklich gründlich, wenn Sie später übelste Überraschungen vermeiden wollen!

Deckunterlage

Im echten Schiffsbau gab es diese natürlich nicht, umso notwendiger ist sie aber im Schiffsmodellbau! Sie ersetzt das dichte Gitter aus Deckbalken, Scheerstöcken und Rippen, die im Original die Unterlage für die Deckplanken bildeten (s. Kap. Deckbalken). Man fertigt diese Unterlage aus 1 mm starkem Sperrholz. Fertigen Sie zunächst eine Schablone aus dünnem Karton und passen Sie diese genau ein. Theoretisch genügt eine Halbschablone von der Mittellinie bis zur Außenkante des Decks, denn Schiffe waren ja bekanntlich symmetrisch gebaut. Realistisch sollten Sie freilich zwei solche Halbschablonen anfertigen, denn welches Schiff oder Schiffsmodell ist schon wirklich zu 100 % symmetrisch?
Zeichnen Sie die Öffnungen für die Masten und offene Sülls ein (s. unten). Die Aussparungen für die Bauspanten und den Steven ergeben sich von selber.
Diese Schablone wird auf das Sperrholz übertragen und ausgesägt. Mittellinie und originale Abstände der Deckbalken aufzeichnen! In der Praxis hat es sich herausgestellt, dass es durchaus Sinn macht, auch diese Unterlagen – zumindest bei größeren Decks – in zwei Hälften zu fertigen, denn so tun Sie sich beim Einbau entschieden leichter.
Nach einem letzten „Kontrollgang“ durch das nun zu verschließende Deck können Sie die Platte(n) am besten mit Weißleim (Ponal) aufkleben und andübeln. Da das Deck ja von vorn nach achtern einen „Sprung“ hat und zudem nach den Seiten zu gebogen ist, ist dübeln (die Dübel müssen ja nicht schön, sondern nur modellbauzweckmäßig sein) dringend zu empfehlen – keinesfalls „nageln“!

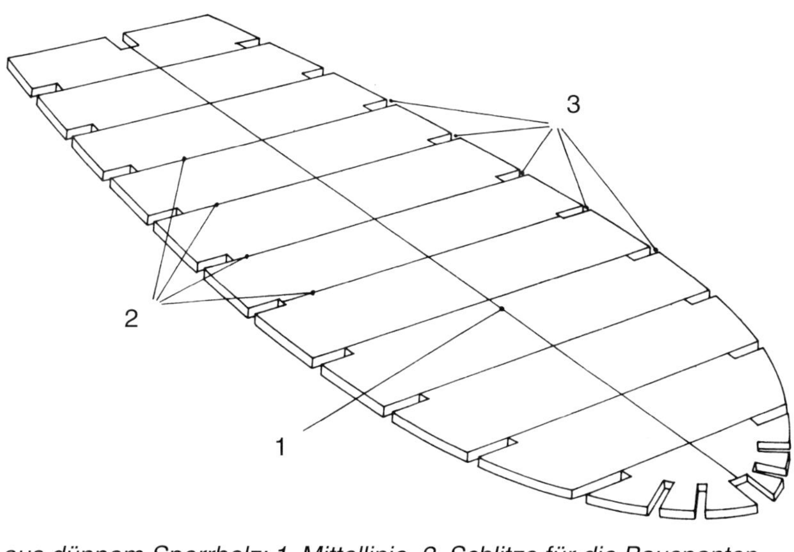

Deckunterlage aus dünnem Sperrholz: 1. Mittellinie, 2. Schlitze für die Bauspanten, 3. Bauspantlinien sind ein guter Ansatzpunkt – tatsächlich müssen allerdings die realen Deckbalkenlinien aufgezeichnet werden, denn an diesen orientieren sich die Stöße der Deckplanken.

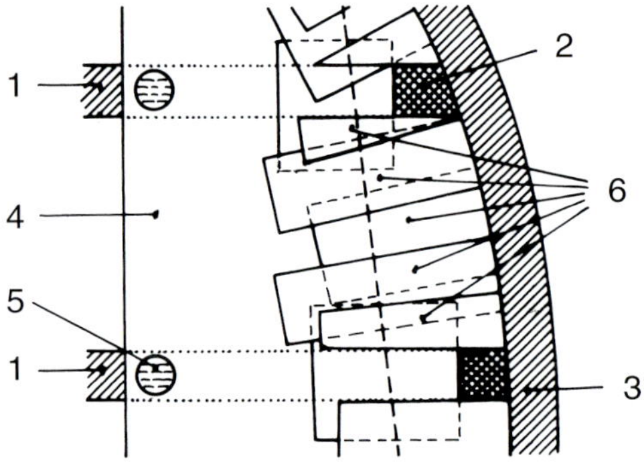

Schablone für Modelle aus eher dünnem aber hartem Karton: 1. Bauspanten, 2. Auflanger der Bauspanten, 3. Außenhaut, 4. grob zugeschnittener Karton, 5. mit Pinnstiften auf den Bauspanten befestigt, 6. schmale auf 4 geklebte Kartonstückchen, die dem realen Verlauf von 3 folgen = Optimalschablone für Deckunterlage.

Süllrahmen

Ehe man auf einem Modell mit der Deckbeplankung beginnt, müssen zunächst die Süllrahmen eingebaut werden. Das sind jene durchschnittlich 5 bis zu 10 cm über das Deckniveau herausragenden Rahmen, die jede Art von Binnenöffnungen – Luken, Niedergänge, Türschwellen etc. – vor hereinschwappendem Wasser schützen sollen (s. auch Kap. Süllrahmen).
Diese Süllrahmen müssen noch vor der Deckbeplankung überall dort eingebaut werden, wo sich modellbauerisch tatsächliche Öffnungen im Deck befinden – Niedergänge oder offene Luken. Man fertig sie aus entsprechend dimensionierten Leisten an, die in ihrem Farbton dem Holz der Binnenkonstruktion entsprechen (also Birne, Kirsche usw.) und sich vom Farbton des Decks optisch dunkler abheben. Sie müssen so eingesetzt werden, dass die theoretische Stärke der Deckbalken nach unten abgedeckt ist und sie entsprechend über das geplankte Deck hervorragen.
Selbstverständlich waren auch Grätings, Oberlichter oder geschlossene Ladeluken etc. von Süllrahmen eingefasst. Im derzeitigen Baustadium eines Modells braucht man sich um sie noch nicht zu kümmern, da sie später einfach auf das Deck aufgeklebt werden können (s. Band 4, DIE AUSRÜSTUNG, entsprechende Kapitel).

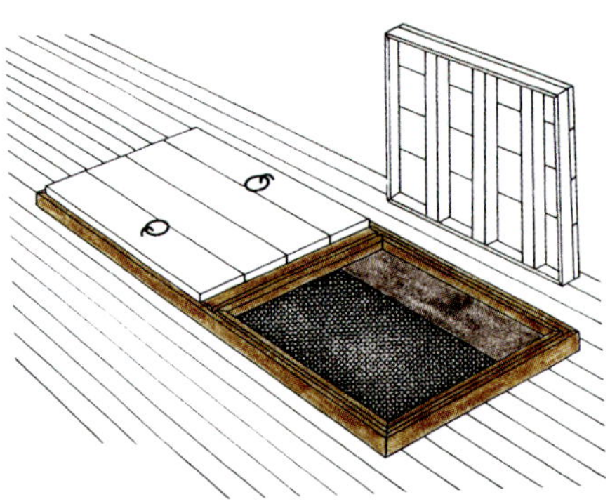

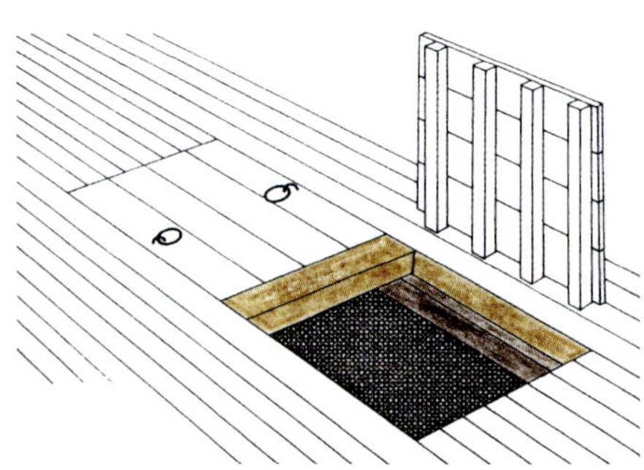

Die Süllrahmen „offener“ Deckdurchbrüchen (z. B. Niedergänge und offene Luken) müssen vor der Deckplankung eingesetzt werden.

Diese gekielholte Não in einem Gemälde von Sandro Botticelli vom Ende des 15. Jahrhunderts ist wahrhaft der Traum jedes Schiffshistorikers! Der Meister hat solch ein Fahrzeug nicht nur mit eigenen Augen gesehen, er hat akkurat wirklich jedes Detail wiedergegeben: Den Betingbalken unter dem Vorschott (s. dazu Kap. Schotten und in Band 4., DIE AUSRÜSTUNG, Kap. Betinge), die diversen Luken und die Konstruktion des Spierendachs, über das ein Sonnensegel gelegt werden konnte (s. Band 8, TAUE, BLÖCKE UND SEGEL, Kap. Sonnensegel), welches Kapitän und vornehmen Passagieren Schutz vor der Sonne bot. Selbst den Verlauf der Deckplanken hat Messer Sandro präzis und historisch getreu gemalt, obwohl dieses Schiff nur ein Hintergrundsdetail eines großen Gemäldes ist, das sich eigentlich mit einem ganz anderen Thema beschäftigt. (Ausschnitt aus einem Gemälde von Sandro Botticelli in der Galleria dell'Arti, Venedig)

Planken-Material

Da Decks entschieden weniger von Salzwasser und Wellen beansprucht wurden als die Außenhaut, begnügte man sich hier meist mit etwas preisgünstigerem Holz. Seit dem späten 17. Jahrhundert liebte man zudem blankgeschrubbte, möglichst helle Decks. Ohne jetzt auf jedes Detail einzugehen, kann gesagt werden: Je historisch „älter" ein Schiff ist, umso dunkler seine Decks, je „jünger", umso heller.

Modellbau:

Für mittelalterliche Modelle bis ins 15. und teilweise frühe 16. Jahrhundert sollte man die Decksbeplankung aus heller Birne oder Kirsche fertigen, eventuell sogar aus Buche, Tanganjika oder Red Cedar. Die ein wenig gröbere Maserung entspricht durchaus dem historisch verwendeten Holz. Für das späte 16. bis frühe 18. Jahrhundert sind Buchsbaum (kein Zitronenholz!), sehr feinmaseriges Abachi oder Birke ideal. Im weiteren 18. Jahrhundert kann man Birke oder feinmaserige Linde verwenden. Ab dem 19. Jahrhundert sollte man unbedingt nur noch Ahorn verwenden. Zu den verschiedenen Hölzern s. Band 2, MATERIAL UND WERKZEUG, Kap. Holz.

Plankenrichtung

Wir sind es gewohnt, dass die im Original etwa 6 m langen, selbstverständlich entsprechend versetzten, mehr oder minder breiten Deckplanken ordentlich parallel zur Mittellinie verlaufen. Dieses Muster galt (zumindest in der Regel) für entsprechend „lange“ Decks, etwa das Großdeck. Von kleineren Decks mal ganz zu schweigen, dachte man früher aber oft sehr viel pragmatischer.
Aus der Antike wissen wir kaum etwas ansatzweise Gesichertes. Nicht einmal aus dem alten Ägypten, aus dem zahllose, hervorragende Schiffsmodelle überliefert sind. Doch selbst wenn Björn Landström in seinem wahrlich hervorragenden Buch DIE SCHIFFE DER PHARAONEN (deutsch 1970, München, Gütersloh, Wien) die Plankenenden an Bug und Heck „einfischt“ (dazu gleich) erscheint mir das zwar nicht unmöglich, aber eben doch ein wenig zu „modern“ gedacht. Den Verlauf von Deckplanken können wir dank Funden und zuverlässigen Abbildungen seit dem 9. Jahrhundert einigermaßen gesichert nachvollziehen.

Wikingerschiffe

Ein Wikingerschiff wurde in seiner Länge nach „rúm“ oder „sesser“ (Räume oder Sitze) bemessen, also dem Raum, den ein Ruderer vernünftigerweise brauchte (= 3 Fuß bzw. ca. 96 cm). In diesem Abstand wurden auch die Deckbalken angeordnet. Dieses Maß galt auch für Knorren und wurde bis ins frühe 14. Jahrhundert von Nefs beibehalten. Zwischen den Deckbalken wurden längsgerichtet die Deckplanken eingelegt.
Bei Nefs waren zwar nur noch in der Regel mittschiffs und an den Schiffsenden die Deckbalken sichtbar, das Prinzip blieb jedoch gleich. Ende des 13. Jahrhunderts verschwanden die Deckbalken endgültig unter den Deckplanken, da sie sich allzu sehr als Stolperfallen und Zehenbrecher erwiesen hatten.

Modellbau: Bei einer entsprechenden Deckunterlage muss man selbstverständlich die Deckplanken nicht in die ausgehauenen Nuten der Balken einbringen wie im Original. Man klebt in diesem Fall zunächst die Oberkanten der

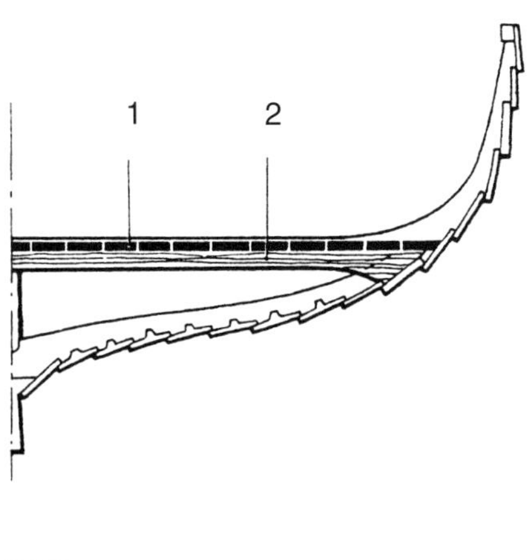

Auf Wikingerschiffen wurden die kurzen Deckplanken in Falze der Deckbalken verlegt. Sie wurden teilweise nicht vernagelt, um die abnehmen und so in den Raum gelangen zu können, wo ja Wasser, Lebensmittel und auch Beute gelagert waren. Die Technik wurde auf Nefs noch bis ins späte 13. Jahrhundert angewendet.
1. Deckplanken, 2. Deckbalken.
(Zeichnung Werner Zimmermann, Augsburg)

Deckbalken querschiffs aus dunklerem Holz (Birne oder Nussbaum) auf die Unterlage und füllt die Zwischenräume mit längsschiffs ausgerichteten helleren Deckplanken.

Koggen

Beim Fund der „Bremer" Kogge stellte man fest, dass deren Decks weitgehend „quer" geplankt waren.

Modellbau: Derartige Beplankungen kann man nach obigem System leicht im Modell entsprechend nachvollziehen.

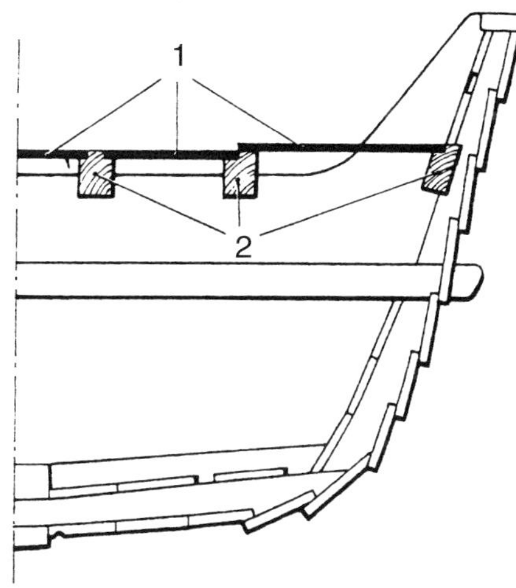

Auf Koggen wurden die Deckplanken zumindest wohl häufig quer in den Falzen von Längsträgern verlegt. Auch hier wurden zumindest mittschiffs die Planken meist nur lose eingelegt, denn da diese Schiffe in aller Regel noch keine Ladeluken kannten, musste man ja irgendwie an die im Raum gestaute Ladung herankommen.
So ungewöhnlich diese Art der Deckbeplankung heute erscheint, im Hochmittelalter war sie wohl die Regel, wie der Koggenfund in Bremen unmissverständlich belegt.
1. Deckplanken querschiffs, 2. Längsträger im Falzen.
(Zeichnung Werner Zimmermann, Augsburg)

Vor- und Achterkastelle

Die Idee, Deckbretter nicht allzu spitz „einlaufen" zu lassen, war überaus vernünftig, denn lange Spitzen ließen sich schlecht befestigen und abdichten.
Bis Anfang des 16. Jahrhunderts löste man das Problem vielfach sehr pragmatisch, indem man die kleineren Decks quer plankte.
Wie auf dem Mataró-Modell von 1450 zu beobachten, wurden die Planken gelegentlich auch in einer Art Fischgrätmuster verlegt.

Längsplanken

Nach 1520 wurden Deckplanken grundsätzlich parallel zur Mittellinie verlegt.

Plankenbreiten

Die Breite der Deckplanken variierte im Lauf der Jahrhunderte ziemlich stark: Vor Beginn des 16. Jahrhunderts betrug die Breite 30 bis 45 cm. Mehr halte ich für äußerst unwahrscheinlich, da man dafür echt „dicke" Bäume gebraucht hätte, deren Holz man besser anderswo einsetzte. Keine Hemmungen hatte man aber, offenkundig sehr breite und sehr schmale Planken nebeneinander zu setzen, sofern diese nur entsprechend parallel zur Mittellinie angeordnet waren, wie das Bild von Sandro Botticelli belegt.
Im 16. und 17. Jahrhundert betrug die Breite der Deckplanken 25 bis 40 cm, im

Die Deckplanken in einem Fischgrätmuster zu verlegen war klug gedacht und wurde im Spätmittelalter (vielleicht auch schon früher) etwa auf Nãos und möglicherweise frühen Karracken verwendet, wie das Mataró-Modell beweist. Da man an der Enden jedoch oft nur noch mit kleinen Dreieckstückchen arbeiten konnte, setzte sich die Methode nicht durch.
(Moderne Luxus-Segeljachten setzen an der Mittellinie ihre Deckplanken durchaus wieder „fischgrät“. Das sieht elegant aus und erspart lästige Fischungen).

18. Jahrhundert 18 bis 36 cm, in der ersten Hälfte des 19. Jahrhunderts 15 bis 20 cm und in der zweiten Hälfte des 19. Jahrhunderts 10 bis 15 cm. Die Stärke der Planken betrug etwa ⅓ der Breite.
Generell mag die Regel gelten, dass je älter ein Schiff ist, auch seine Deckplanken umso breiter sind. Auch hieran ist die Verknappung des erforderlichen Bauholzes im Verlauf der Jahrhunderte in den meisten europäischen Ländern deutlich abzulesen. Sogar Russland oder die USA schlossen sich diesem „Bautrend“ an, obwohl es dort durchaus noch genug entsprechende Baumstämme gegeben hätte.

Modellbau: Natürlich muss die Breite der Planken entsprechend maßstäblich sein, in der Stärke reichen freilich beim Aufkleben auf eine Deckunterlage Leis-

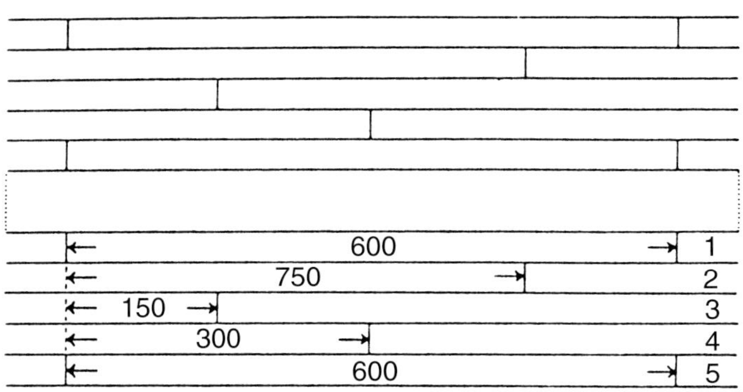

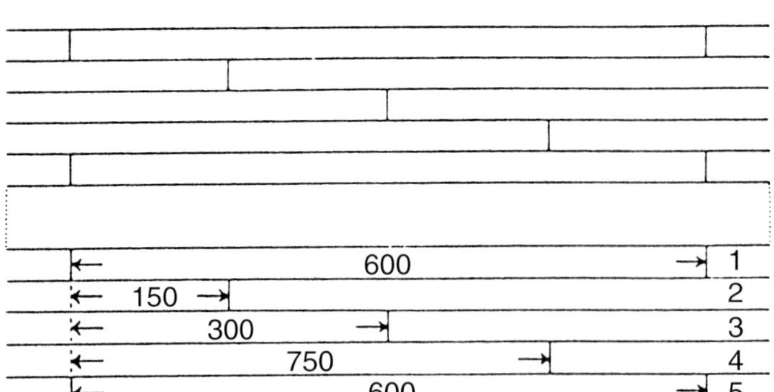

Vom 16. (teilweise sogar früher) bis ins 19. Jahrhundert waren Deckplanken in Vierergruppen gestoßen, erst danach setzen sich teilweise Sechsergruppen wie bei der Außenbeplankung (s. Kap. Oberbeplankung Modell) durch.

ten von 1 mm oder sogar Furnierholz (das man dann freilich nicht mehr mit Weißleim aufbringen sollte, da die Feuchtigkeit das Furnier verziehen kann).

Plankenstöße

Grundsätzlich wurden Deckplanken ebenso wie Außenplanken „auf Balken" gestoßen. Generell galten seit dem 16. Jahrhundert auch hier die 6 Meter Länge als Richtmaß. „Gestoßen" wurde zumeist nach einem 4-Planken-Rhythmus, doch seit dem späten 18. Jahrhundert kamen auch 6 Planken-Rhythmen sowie außenbords in Gebrauch.

Fächerplanken

Nach wie vor waren allerdings die spitzen Einläufe an der Bordwand durchaus problematisch.
So wurden die Planken auf großen Decks im Bug- und Heckbereich entsprechend verschmälert, um die äußersten Planken besser an die Bordwand anschmiegen zu können. Ein sehr auffallendes Beispiel dafür – noch vom Ende des 15. Jahrhunderts – zeigt das Gemälde von Sandro Botticelli.
Sehr beliebt war diese Methode noch bis ins frühe 19. Jahrhundert bei Back-, Kampanje- und Puppdecks, sodass die Planken einen durchaus eleganten „Fächer" ergaben.
Grundsätzlich ist dabei zu beachten: An ihrem schmalen Ende dürfen die Planken niemals schmäler als 50 % des breiten Endes sein!

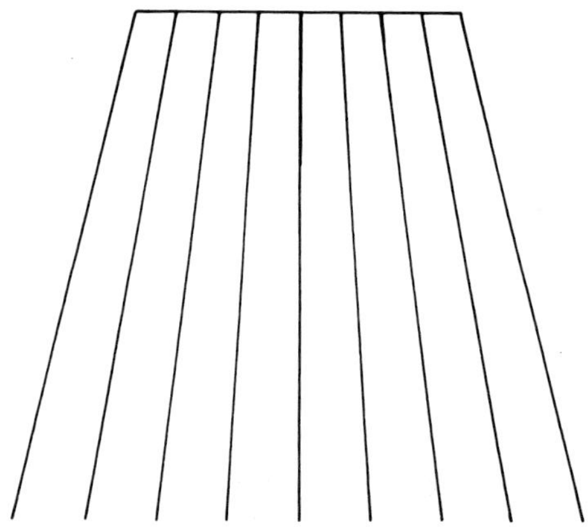

Fächerartige Planenführung war bis ins 19. Jahrhundert vor allem auf dem Puppdeck höchst beliebt, weil dies höchst elegant aussah.
Das schmale Ende sollte nie weniger als 50 % des breiten Endes betragen.
Mit Hilfe eines Kleinhobels (s. Band 2 S. 95) und Schmirgelpapier sind solche Fächer leichter herzustellen als manchen Modellbauer denkt.

Modellbau: Zunächst muss aus der Deckunterlage die genaue Lage der originalen Deckbalken aufgezeichnet werden, nach denen sich dann die Plankenstöße und Nägel bzw. Dübel richten.

Wassergang

Seit dem späten 15. Jahrhundert wurde zwischen Deck und Außenhaut zur Abdichtung ein Wassergang auf- bzw. eingesetzt (er mag durchaus auch schon früher verwendet worden sein, doch fehlen dafür entsprechende historische Zeugnisse). Er konnte dreieckig, hohlkehlig oder vorne abgerundet sein – das muss man aus den Bauplänen entnehmen. Der Wassergang folgte grundsätzlich der Schmiege der Außenbeplankung. Vom Wassergang aus führten die Öffnungen für die Speigatten außenbords. Im 18. und 19. Jahrhundert wurde er vielfach mit einem Schandeckel abgeschlossen (s. Kap. Schanzkleid und Reling).

Modellbau: Auf mittelmäßigen Modellen fehlt er oftmals. Man kann ihn aus einer entsprechend dimensionierten Leiste zurechtfräsen bzw. -schmirgeln.

Leibholz

Seit dem späten 16. Jahrhundert wurde dem Wassergang eine Planke, das „Leibholz", vorgesetzt, die sich ebenfalls nach der Biegung der Außenhaut richtete und etwas breiter war als die normalen Deckplanken. Im 16. und 17. Jahrhundert war diese Planke auch etwas dicker als die Normalplanken, danach hatte es die gleiche Stärke wie diese (s. wiederum Kap. Schanzkleid und Reling). Auf kleineren Schiffen fehlte es allerdings auch oft im Original.

Modellbau: Leibhölzer sieht man nur auf den allerbesten Modellen. Dic notwendige Rundung in der Breite formt man am besten mit dem Bügeleisen (s. Band 2, MATERIAL UND WERKZEUG, Kap. Holz bearbeiten). Da Leibhölzer ja auch, wie alle Planken, aus mehrerer Teilen zusammengesetzt waren, allzumal im stark gebogenen Bugteil, kann es auch durchaus Sinn machen diese Teile aus einem entsprechend dicken Edelholzbrettchen auszusägen. Ein wenig fieselig wird die Sache, wenn „Fischungen" eingelassen werden müssen, doch ein guter Modellbauer schafft auch das zweifelsfrei (Näheres dazu gleich anschließend).

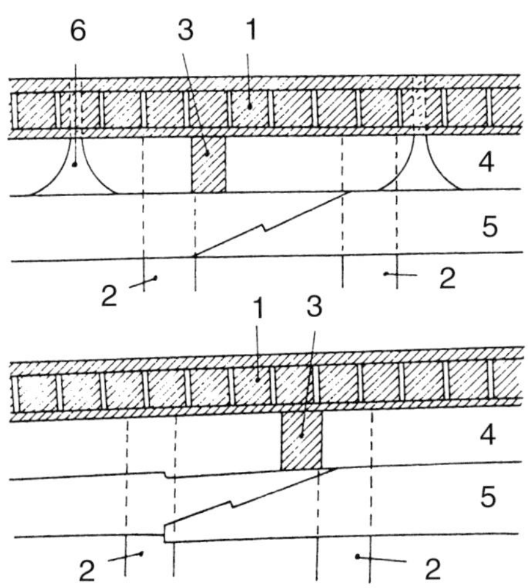

Wassergang und Leibholz der Wasa: 1. Außenhaut, 2. Deckbalken, 3. stehendes Knie, 4. Wassergang, 5. Leibholz, 6. Einschnitt für Speigatt.

Fischungen

Das Problem allzu langer Plankenspitzen, vor allem im Bug- doch auch im Heckbereich, wenn „Fächerplankungen nicht ausreichten, löste man seit dem 17.

Jahrhundert durch „Fischungen“. Das Prinzip war eigentlich das Gleiche wie beim „Butten“ der Außenbeplankung (s. Kap. Oberbeplankung Modell), nur, dass hier eine andere Bezeichnung verwendet wurde.
Beim „holländischen“ System wurden die Deckplanken untereinander entsprechend eingeschnitten, beim „englischen“ System wurden die „Fische“ in das Leibholz eingeführt, „französisch“ versuchte man sie möglichst überhaupt zu vermeiden und nahm dafür sogar längere „Spitzen“ in Kauf. Die übrigen Staaten Europas richteten sich nach den jeweiligen Baumethoden, die als ihre Hauptvorbilder galten.
Die Unterschiede – mit Ausnahme der extrem konservativen „Royal Navy“ – verwischten sich allerdings sehr schnell. Vor allem bei Handelsschiffen baute man nach der Methode, die man am praktischsten und kostengünstigsten empfand.

Modellbau: Fischungen sind kniffelig! Gerade deshalb sind sie ein untrügliches Merkmal für absolute Spitzenmodelle!
Klartext: Bei Modellen ab Maßstab 1:75 und kleiner sind sie modellbautechnisch kaum noch nachvollziehbar. Bei allen größeren Maßstäben sollten sie unbedingt, bei wirklich großen Maßstäben *müssen* sie ganz einfach sein.
Die „holländische“ Methode, bei der nur die Planken entsprechend eingeschnitten werden müssen, ist dabei noch relativ harmlos, so man den entsprechenden Trick kennt. Echt kritisch wird es bei der „englischen“ Methode, bei der das Leibholz entsprechend eingeschnitten werden muss. Hier hilft nur eine Kartonschablone für das Leibholz, auf der die Einschnitte angezeichnet werden und nach der man das Leibholz ausschneidet und einsetzt.

*Deckplankenfischung niederländische Art:
1. Leibholz, 2. Kopfbreite mindestens 50 % der Plankenbreite, 3. Hakenbreite bis 150 % der Plankenbreite und Länge mindestens doppelte Plankenbreite.*

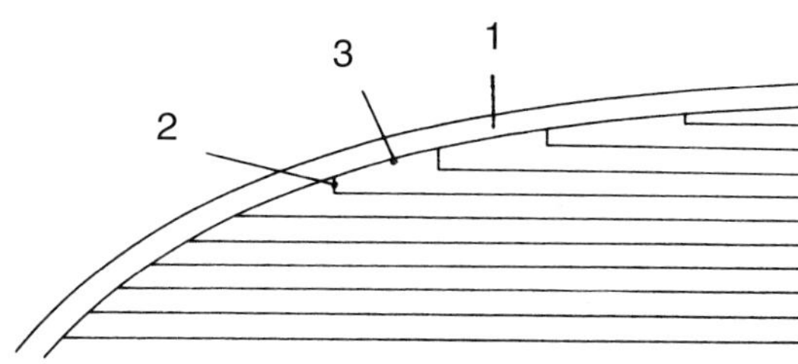

*Deckplankenfischung englische Art:
1. Leibholz, 2. Kopfbreite mindestens 40 % der Plankenbreite, 3. Länge der Fischung allermindestens (!) Plankenbreite, der Schiffsmitte zu meist ganz erheblich länger.*

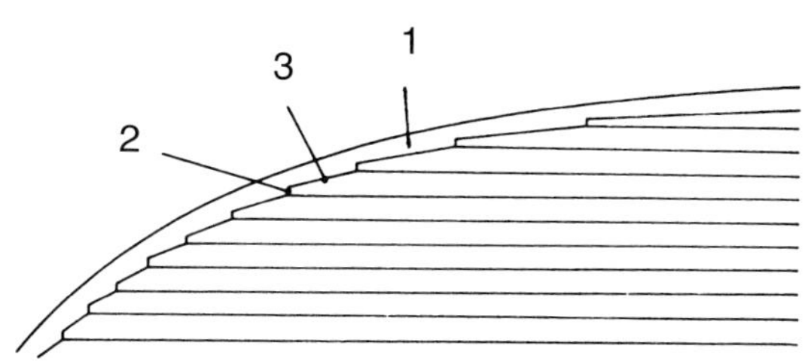

Hier machte es wahrlich Sinn zunächst einmal eine präzise Schablone der Rundung aus dünnem Karton herzustellen und Leibholz und Planken mit beidseitig klebender Folie darauf zu fixieren, um sie wirklich exakt schneiden zu können, denn kleben die Teile erst einmal auf dem Deck, dann sind Fehler oder gar „Abriss“-Beschädigungen kaum noch zu korrigieren.

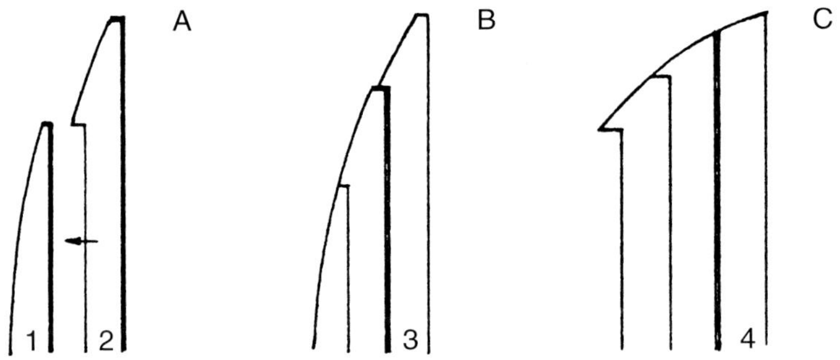

Hakenfischung niederländischer Bauart.

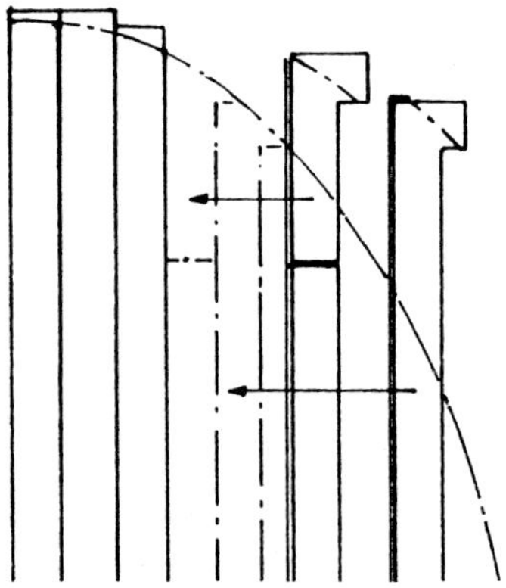

A. unterste Planke ohne (1) und zweite Planke mit Fisch (2).
B. gesetzte zweite Planke (2) und dritte Planke (3) mit Fisch.
C. Fischung am oberen stark gerundeten Teil mit nicht mehr gefischter Planke (4).

Links: Modellbaumöglichkeit solcher Fischungen mit Hilfe einer Schablone.
(Zeichnungen Günter Bossong)

Bei der niederländischen Methode waren die Fischungshaken entschieden breiter als die eigentliche Planke. Für den Modellbauer heißt das, dass er das erste Plankenstück aus einer breiteren – selbstverständlich Holz-identischen – Leiste schneiden/feilen muss bis sie an ihrem unteren Ende die „Normalbreite“ hat.

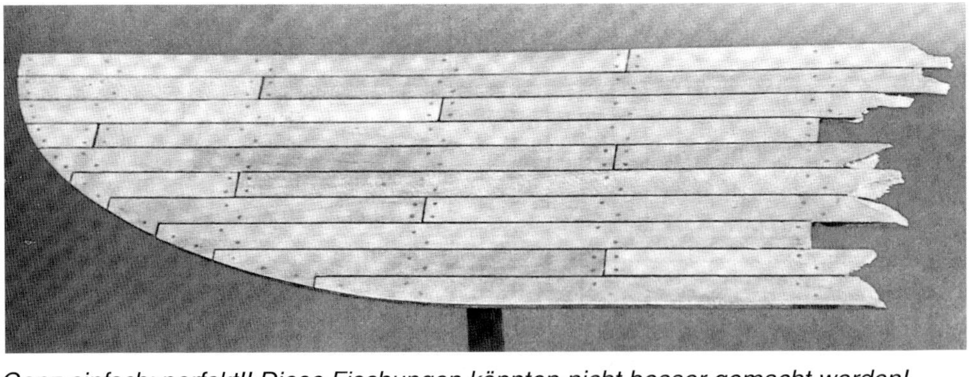

Ganz einfach: perfekt!! Diese Fischungen könnten nicht besser gemacht werden! (Demonstrationsmodell von Günter Bossong)

Herr Günter Bossong ist nicht nur ein hervorragender Theoretiker, sondern auch ein exquisiter Modellbauer. In Modell-Werft 11/ 93 hat er sich so viele wahrlich kluge Gedanken – auch wenn wir da nicht stets einer Meinung sein mögen – über die Herstellung von Deckfischungen gemacht, dass ich Ihnen etliche seiner Zeichnungen keinesfalls vorenthalten möchte.

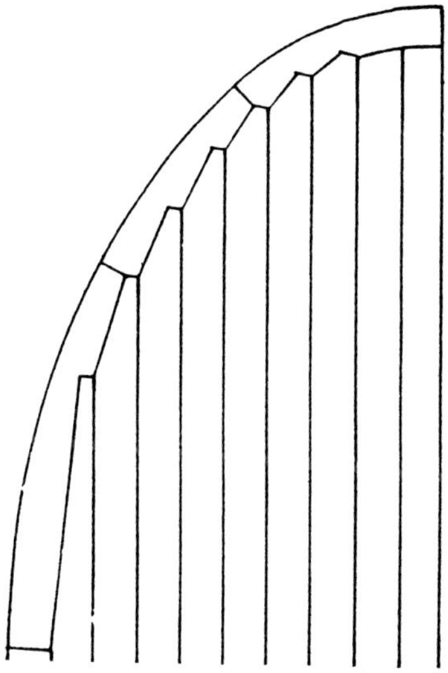

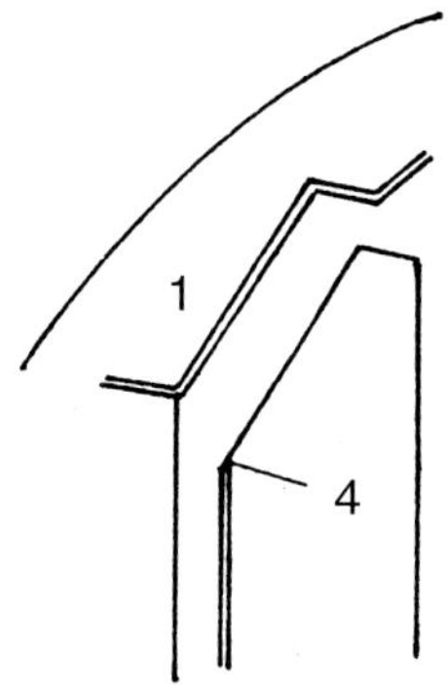

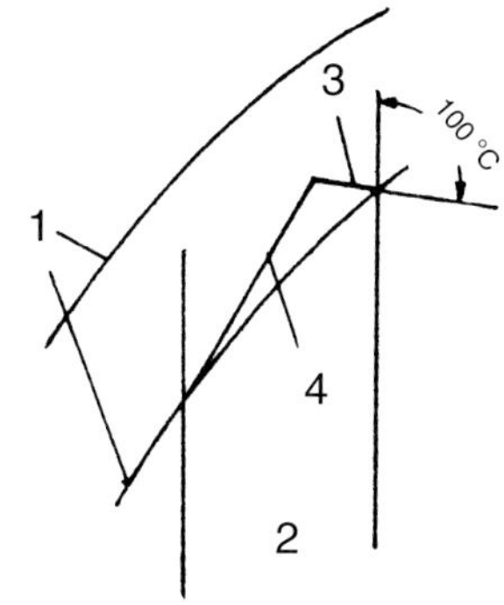

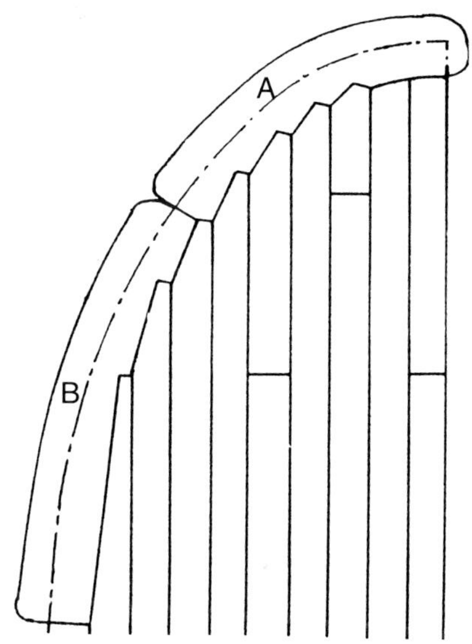

Deckplankenfischung englische Art.
Oben links: Grundprinzip und Leibholz mit Teilungen. Oben Mitte: Einsetzen der Fischung. Oben rechts: Konstruktion der Fischung 1. Bogen des Leibholzes, 2. Planke, 3. Fischkopf (ca. ⅓ Plankenbreite), 4. sich daraus ergebende Länge des Fischs.
Rechts: Mit einer unter die Plankenenden eingeschobenen Kartonschablone lassen sich mit einem spitzen Bleistift tadellos die Fischungen und damit das reale Aussehen des Leibholzes feststellen, das man schließlich in einsprechenden Stücken (A und B) aus einem Brettchen aussägen kann.
(Alle Zeichnungen von Günter Bossong)

Kraweelen

Da seit Anfang des 16. Jahrhunderts die Schiffe immer größer wurden, dienten sie der Binnenkonstruktion als wichtige Längsversteifung (s. Kap. Deckbalken). Auf großen Decks war es mindestens ein Paar, manchmal waren es aber auch zwei Paare. Auf dem Kampanjedeck war es zumindest ein Paar Kraweelen, die stets exakt parallel zur Mittellinie verliefen.
Im 16. Jahrhundert grundsätzlich und teilweise bis ins frühe 18. Jahrhundert ragten sie 1 bis 2 cm aus der übrigen Deckbeplankung hervor. Auch wenn ihre Oberkanten entsprechend abgerundet wurden, blieben sie gefährliche „Zehenbrecher“ für die ja vielfach barfuss laufenden Matrosen. Aus diesem Grund wurden sie danach mit der übrigen Deckbeplankung plan gehobelt und verschwanden seit dem frühen 19. Jahrhundert total unter den Deckplanken.

Modellbau: Sichtbare Kraweelen unterschieden sich deutlich in der Farbe vom übrigen Holz der Deckbeplankung. Kraweelen waren aus Eiche gefertigt, die

Deckplanken meist aus billigerem Holz. D. h.: Die Kraweelen waren eindeutig dunkler als der Rest der Deckplanken.
Für den Modellbauer heißt das beispielsweise: Kraweelen aus Birne, abgesetzt gegen ein Ahorndeck.
Auch dies ist eine der Feinheiten, mit der nur ein wirklich gutes Schiffsmodell aufwarten kann!

Kalfatern

Wie die Außenhaut wurde selbstverständlich auch das Deck möglichst wasserdicht gemacht. Dafür wurde es entsprechend „kalfatert", d. h. mit dem „Klameieisen" wurden mit Pech oder Teer getränkte Wergschnüre („Draht") zwischen die mit dem „Ritzeisen" bis zu 9 mm ausgeweiteten Plankenfugen eingeschlagen.

Modellbau: Diese Kalfaterung ist eindeutig auch auf einem Modell zu sehen. Um sie zu imitieren, gibt es drei Methoden:
Man legt 8 bis 10 Deckplanken aufeinander, presst sie mit Schraubzwingen fest zusammen und bestreicht die Schmalseiten mit schwarzbraunem Nitrolack. Herr Anton Happach aus München – vielfach „goldgekrönter" Modellbaumeister – empfiehlt diese Technik. Ich habe sie mehrfach mit guten Resultaten erprobt. Der Haken dabei ist, dass, sofern die Leisten nicht optimal zusammengepresst werden, der Lack höchst unerwünscht auch auf die Ober-/Sichtfläche der Leisten geraten kann.
Persönlich bevorzuge ich deshalb die zweite Methode, nämlich die Schmalkanten der Leisten mit einem schwarzbraunen Buntstift einzufärben.
Gelegentlich empfohlen wird zwischen den Planken jeweils einen Streifen schwarzes Papier einzukleben. Bei Modellen im Maßstab 1:50 und größer kann das gut aussehen, bei kleineren Maßstäben wird die „Kalfaterung" freilich zu deutlich dick. Zudem ist das Aufkleben des Papiers auf die Schalkanten der Modellbauleisten, die ja höchstens 1 mm stark sind, eine elende Fummelei und wird letztlich so gut wie nie wirklich sauber, da die dringende Gefahr besteht, dass beim Überschleifen winzige Papierfetzchen wieder herausgerissen werden.

Modellplanken aufbringen

Nachdem man sich erst einmal durch all diese, freilich unbedingt nötige Theorie (samt jeweils spezifischen Hinweisen) hindurchgequält hat, ist die Modellbaupraxis eigentlich recht simpel.
Das System ist prinzipiell das Gleiche wie beim Aufbringen der Modellaußenhaut: Die Deckunterlage und die Unterseite der Leisten zunächst mit Weißleim einstreichen. Trocknen lassen. Die Unterseite der Leiste nochmals dünn einstreichen, ansetzen, festdrücken, fertig.

Nageln und Dübeln

Die Deckplanken und Kraweelen wurden auf die Deckbalken genagelt, allerdings versenkt und zur Schonung der Matrosenfüße oben mit einem plan geschliffenen Dübel versehen.

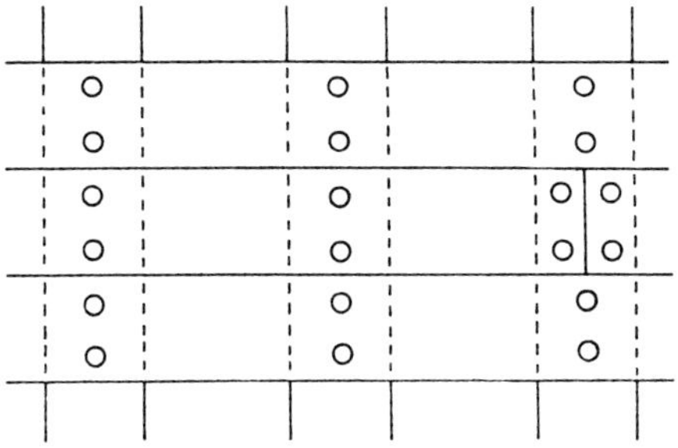

Planken breiter als 27,9 cm

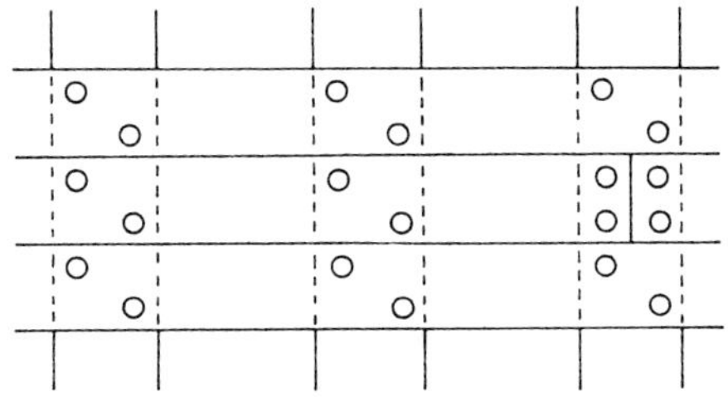

Planken 15,2 bis 27,9 cm

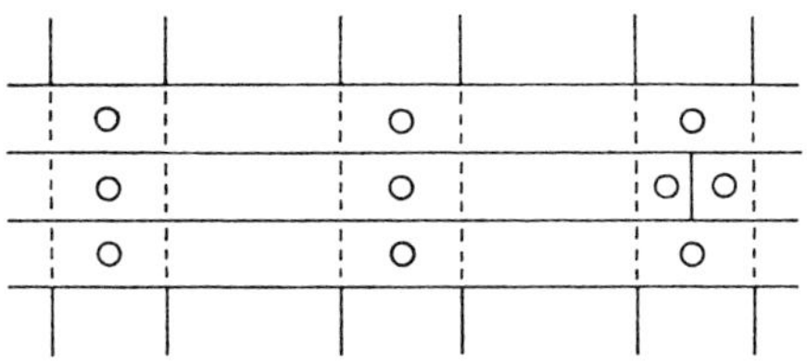

Planken schmäler als 15,2 cm

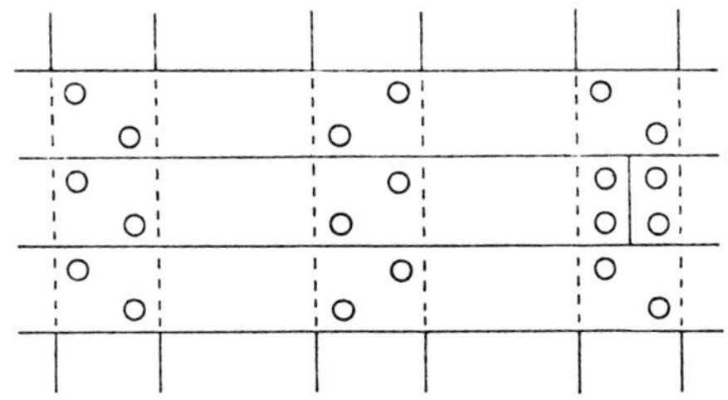

Planken 15,2 bis 27,9 cm (Variation)

Schema Nageln bzw. Dübeln von Deckplanken bis in die 2. Hälfte 19. Jahrhundert.

Nageln bzw. Dübeln des Leibholzes und einer Deckfischung.

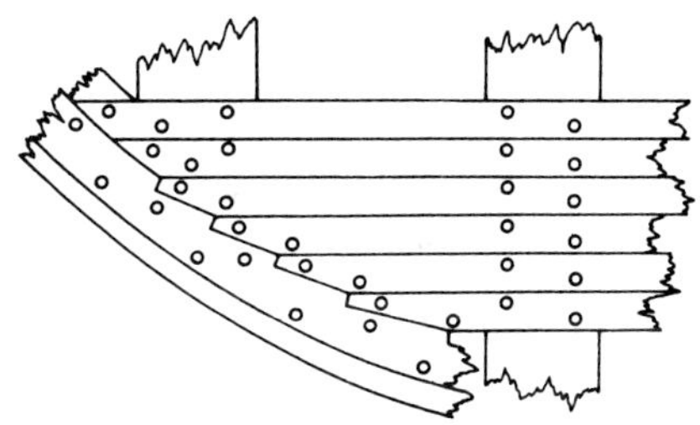

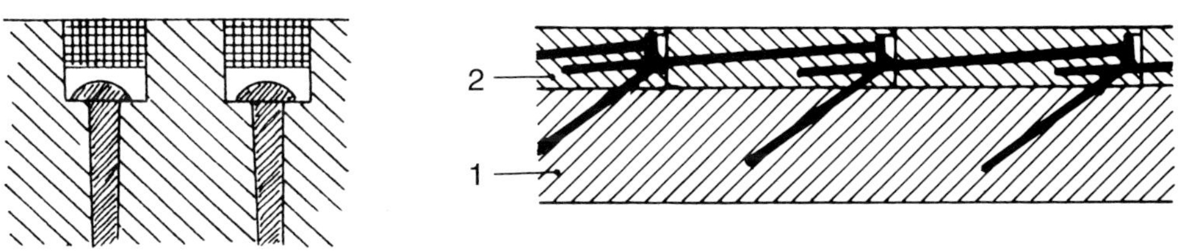

Links: Nagel- und Schraubenköpfe wurden grundsätzlich mit Holzdübeln verschlossen. Rechts: Verdeckte Nagelung seit ca. 1850. 1. Deckbalken, 2. Deckplanken.

Seit Mitte des 19. Jahrhunderts verschwanden auch diese Dübel, da man nun eine unsichtbare Schrägnagelung bevorzugte.
Das Nagelschema entsprach weitgehend dem der Außenplanken.

Modellbau: Die Decks müssen also grundsätzlich nur gedübelt werden. Am einfachsten stellt man diese Dübel aus Wachs her, so wie in Band 2, MATERIAL UND WERKZEUG, Kap. Materialverbindungen beschrieben. Vorher, wie schon gesagt die Planken zunächst lackieren, damit das heiße Wachs nicht in die Planke ausläuft! Für die Farbe der Dübel mag als Faustregel gelten: Je älter das Schiff, umso dunkler die Dübel, je jünger das Schiff, umso heller. Also Vorsicht: Dunkelbraune Dübel auf einem Ahorn-Deck demonstrieren zwar, welche Mühe sich der Modellbauer da gemacht hat, sehen aber historisch grauenvoll aus!

Schleifen und Lackieren

Das fertig beplankte Deck wird nochmals mit feinem Schleifpapier überschliffen – die Leisten sind nie alle zu 100 % identisch dick – und schließlich mit einer tuffmatten Lackschicht konserviert.

Parkettböden

Auch wenn der Raum auf Schiffen arg begrenzt war, mochten die zumeist adeligen Admiräle, Kapitäne und hohen Offiziere nicht völlig auf den gewohnten Luxus verzichten. Hübsch gestaltete Einbaumöbel, Silber und Kristall auf der Tafel und eben auch mitunter schmucke Parkettböden gehörten da einfach dazu. Für den Modellbauer ist dies in der Regel, sofern er nicht gerade ein Schnittmodell baut (s. Band 11, ALLERLEI EXOTEN, Kap. Schnittmodelle) irrelevant, da man ja nicht in das Modell hineinschauen kann.

Keineswegs „irrelevant" ist dies aber bei Galeeren (s. ebenfalls Band 11, Kap. Galeeren), wo unter einem prächtigen Sonnensegel (s. Band 8, TAUE, BLÖCKE UND SEGEL, Kap. Sonnensegel) auf der Pupp der Kapitän, umringt von seinen Offizieren, auf seinem reich geschnitzten Sessel residierte. Auch wenn diese optisch so eleganten Schiffe gnadenlos stanken (s. nochmals Band 11, Kap. Galeeren), so waren die auf die eigentliche Beplankung der Pupp aufgesetzten Parkettböden seit dem 16. Jahrhundert nahezu ein „Muss".

Modellbau: Derlei Parkettböden sind für jeden guten Modellbauer eine echte Herausforderung. Doch Vorsicht: Das ist wirklich nur etwas für Leute, die auch in feinsten Dimensionen wirklich gut mit Holz umgehen können!
Parketts fertigt man aus verschiedenfarbigen Furnierhölzern an. Praktisch muss man zunächst das entsprechende Muster auf Transparentpapier aufzeichnen. Dieses Muster wird einerseits auf die normale Puppdeck-Beplankung (die durchaus entsprechend „schlampig" sein darf, da man sie ja später nicht mehr sieht) aufgepaust. Danach auf die Furnierhölzer. Die oft winzigen Holzstückchen (Maserungsrichtung beachten!) werden mit einem Skalpell ausgeschnitten und mit einer feinsten Feile noch zurechtgeschliffen, damit sie absolut genau passen. Mit Alleskleber, ideal „UHU Alleskleber Kraft" (Achtung: Keinen Weißleim verwenden, da dessen Feuchtigkeit das dünne Furnierholz verziehen kann!), werden mit Hilfe einer Pinzette die Holzstückchen platziert und aufgeklebt. Die fertige Fläche mit feinstem Schmirgelpapier überschleifen, ehe man sie mit Lack versiegelt.

Stehende Deckknie

Auf klinkergebauten Schiffen des frühen bis hohen Mittelalters waren sie unabdingbarer Bestandteil der Binnenkonstruktion, um die Bordwände „in Form“ zu halten.
Dies galt auch für die frühen kraweel gebauten Schiffe im Mittelmeer, und selbst sehr viel später noch für manche Boote und Kleinfahrzeuge.

Ob klinker oder kraweel, als die Schiffe zunehmend größer und vor allem die oberen Spantauflanger zunehmend stärker und massiver wurden, so dass diese die oberen Plankengänge der Außenhaut problemlos tragen und eben in Form halten konnten, wurden Stehende Knie in der Sache überflüssig.

Auf (zumindest in entscheidenden Augenblicken) geruderten Wikingerschiffen waren sie für die Ruderer zweifelsfrei eine willkommene Fußstütze.
Auf nur noch gesegelten Schiffen war sie bald nur noch eines: ärgerliche Stolperfallen.

Im Wikingerschiffbau waren stehende Knie konstruktiv schlicht unverzichtbar, wie auch der Fund von Galtabäck (ca. auf 1100 datiert) demonstriert. (Zeichnung Werner Zimmermann, Augsburg)

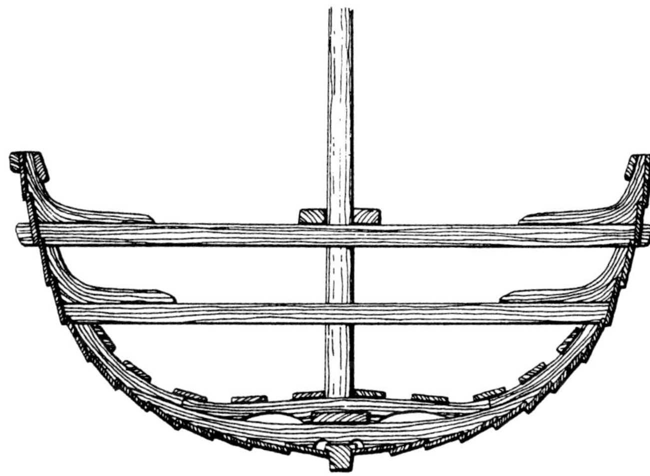

Aber weder Seeleute noch Schiffbauer trennen sich bekanntlich gerne von überlieferten, geliebten Traditionen. Paradebeispiel da wohl die „Royal Navy“, die sich zunächst fast stets Neuerungen (ob zum Besseren oder Schlechteren bleibe dahingestellt) so lange verweigerte, bis sie fast buchstäblich von ihnen „übersegelt“ wurde. Ich will damit wahrlich nicht sagen, dass Traditionen prinzipiell schlecht seien! Ich selber bin eher konservativ und von Neuerungen mitunter nur schwer zu überzeugen, doch man kann übertreiben – in beide Richtungen.

So dauerte es bis in die erste Hälfte des 16. Jahrhunderts bis die nun mitunter höchst massiven Stehenden Deckknie auf größeren Schiffen weitgehend verschwanden. Technisch bedingte Ausnahmen gab es zwar auch noch später, aber diese waren extrem selten (s. auch Kap. Mastfuß und Knie).

Modellbau

Ich kenne, von Wikingerschiffen und späteren Kleinfahrzeugen abgesehen, kaum ein Modell aus der Epoche bis 1550, das Stehende Knie auf seinen Decks zeigt. Sie waren zwar Realität, doch Planzeichnern und Modellbauern erscheinen sie oftmals heute so überflüssig (wie sie es tatsächlich oftmals durchaus waren), dass man sie einfach weglässt.
Herstellen kann man sie verhältnismäßig einfach, wie in Kap. Mastfuß und Knie bzw. in Band 2, MATERIAL UND WERKZEUG, S. 31 beschrieben.

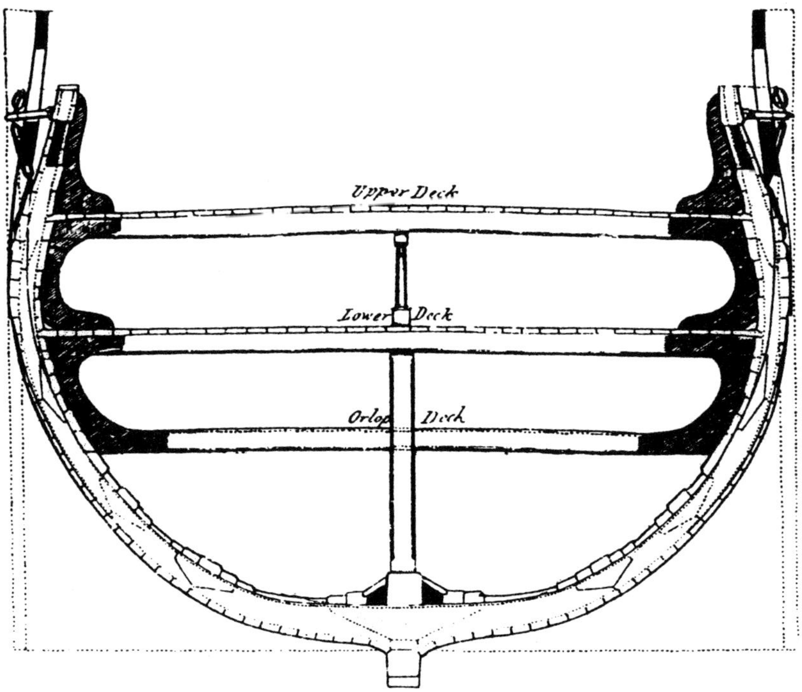

Auch wenn weitgehend „ausgestorben", gab es stehende Knie noch Ende des 18. Jahrhunderts, wie dieser Originalplan einer 38-Kononen-Fregatte von 1789 deutlich belegt.
(Zeichnung aus COLLECTIONS OF PAPERS ON NAVAL ARCHITECTURE, National Maritime Museum, London-Greenwich)

Speigatten

Speigatten (oder Speigats) gehören zu jenen Kleinigkeiten, die auf mittelmäßigen Modellen nahezu immer vergessen werden.
Durch die Speigatten sollte jegliches Wasser, sprich Regenwasser, Spritzwasser von Wellen oder Bilgewasser (s. auch Band 4, DIE AUSRÜSTUNG, Kap. Pumpen) oder auch nur das Wasser vom Deckscheuern schleunigst wieder außenbords befördert werden. Aus diesem Grund waren zwei bis drei Paare Speigatten am tiefsten Punkt des Decks, also etwa mittschiffs in der Kuhl, angeordnet, ein weiteres Paar befand sich häufig achtern kurz vor dem Besanmast. Speigatten gab es stets auf dem Großdeck, bei Zweideckern zusätzlich auf dem Batteriedeck und bei Dreideckern auch auf dem Mitteldeck.
Die Speigatten führten vom Wassergang des Decks schräg nach unten durch die Beplankung außenbords. Im Mittelalter waren sie aus Hartholz gefertigt. Ab dem 16. Jahrhundert wurden sie vielfach, seit dem späten 17. Jahrhundert grundsätzlich mit Kupfer oder Messing ausgekleidet, damit das Wasser nicht ins Holz eindringen konnte. Seit etwa 1830 waren sie aus Eisen, das auch früher schon gelegentlich Verwendung fand.

Bei durchstoßenden Deckbalken im Mittelalter höhlte man einen Deckbalken aus und durchbohrte das äußere Ende mit einer runden Öffnung. (Zeichnung Werner Zimmermann, Augsburg)

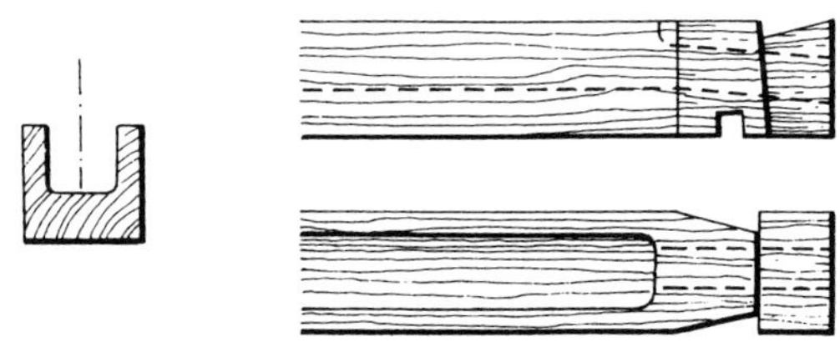

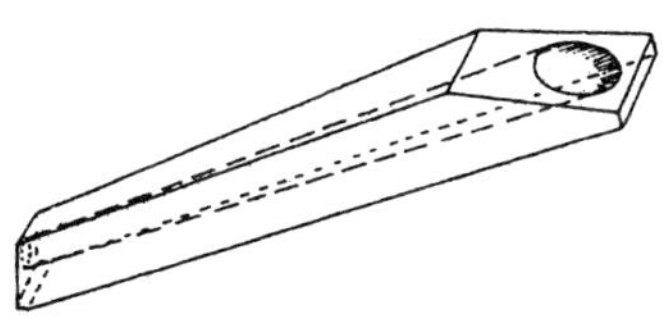

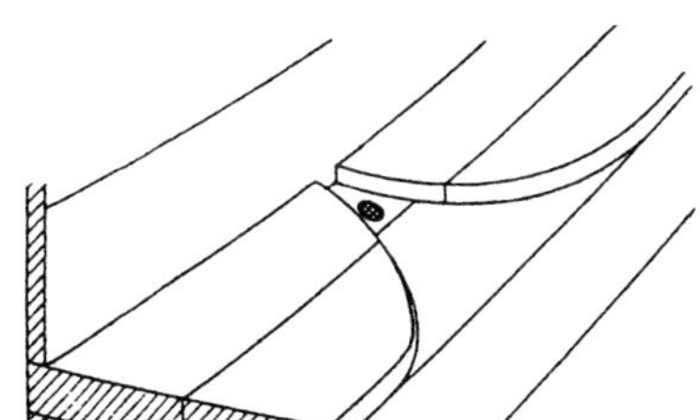

Links: Speigatt Holzfutter. Rechts: Einlauf binnenbords in Deckhöhe = Leibholz und Wassergang entsprechend ausgeschnitten.

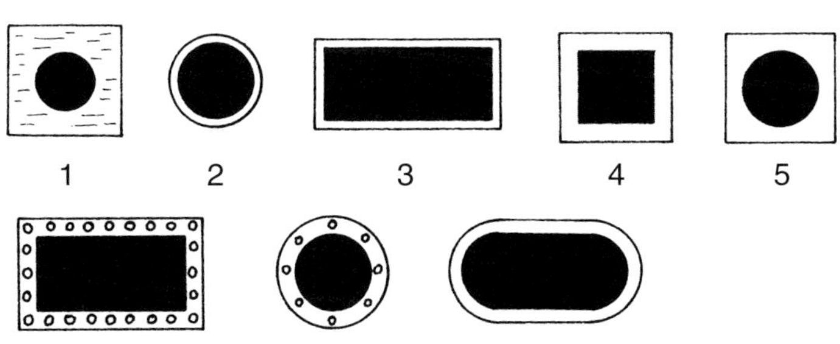

Speigattöffnungen außenbords: 1. Hartholz im Mittelalter, 2–5. ausgekleidet mit Kupfer oder Messing 16. bis 19. Jahrhundert, 6.–8. Eisen seit etwa 1850.

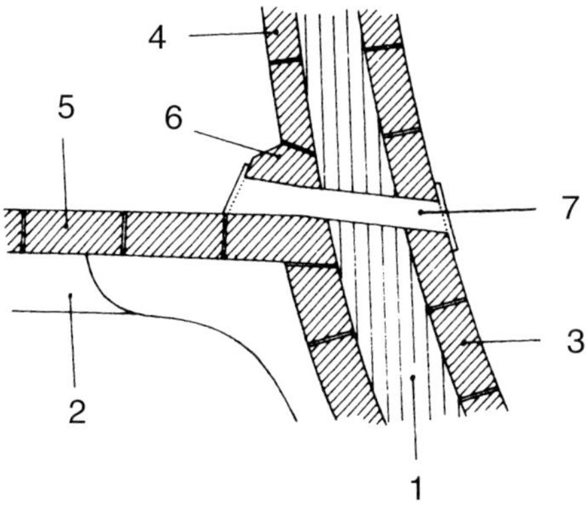

Speigatt Führung durch die Außenhaut: 1. Spant, 2. Deckbalken, 3. Außenbeplankung, 4. Binnenbeplankung, 5. Deckplanken, 6. Wassergang, 7. Speigattrohr aus Kupfer, Messing oder im 19. Jahrhundert Eisen, meist in Holzfutter eingelassen.

Modellbau

Bei Modellen mit Holzrümpfen kann man die Speigatten aus entsprechend aufgebohrten viereckigen Holzstückchen aufsetzen, wobei die Bohrung noch ein Stück weit in die Beplankung hineinreichen sollte, die man anschließend tief dunkelbraun färbt. Sie definitiv bis zum Wassergang (s. Kap. Schanzkleid und Reling) durchzubohren ist nicht nur unnötig, in aller Regel geht das im durchaus wörtlichen Sinne auch „schief“.
Vor allem auf einem großmaßstäblichen Modell sollten die Außenränder der Metallauskleidung der Gatten zu sehen sein. Sie selber herzustellen ist fast unmöglich, doch AERO-NAUT bietet so genannte „Gatchen“ aus Messing in fünf verschiedenen Größen von 3 bis 6,5 mm Außendurchmesser an, ferner „Ausgüsse“ in verschiedensten Formen und Größen für Schiffe nach 1830. Ob man diese blank lässt, oder, wie vielfach geschehen, schwärzt, bleibt dem Geschmack des Modellbauers überlassen – eine einheitliche Regel gab es da nicht. Für größere runde Speigattöffnungen kann man auch Bullaugen verwenden aus denen man das „Glas“ entfernt (s. Kap. Bullaugen).
Wie weit man die vor allem im 17. Jahrhundert beliebten, ledernen Ablaufschläuche (am besten aus entsprechend eingefärbten Papiertaschentüchern zu fertigen) anbringen will, bleibt ebenfalls der Vorstellung des jeweiligen Modellbauers überlassen.

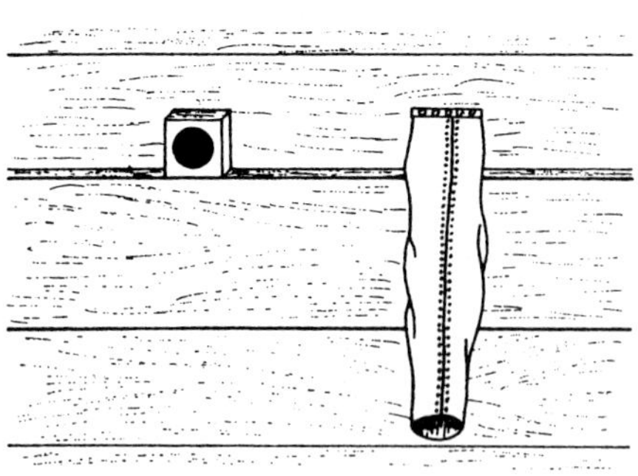

Im 16./17. Jahrhundert wurden kontinental die Speigatten zum Schutz der Planken vielfach mit einem Schlauch aus Segeltuch versehen.
Links: normales Speigatt. Rechts: Speigatt mit Schlauch.

Schanzkleid und Reling

Der oberste Teil der Beplankung im Bereich der offenen Decks (Großdeck in der Kuhl, Kampanjedeck, Puppdeck, Backdeck) wurde als „Schanzkleid" bezeichnet. Nach oben wurde das Schanzkleid durch die Reling abgeschlossen.

Schanzkleid bis Relinghöhe

Bis Mitte des 14. Jahrhunderts waren die Oberspantauflanger bis zur Reling hochgezogen und dienten gleichzeitig als Schanzkleidstützen. Eine Innenbeplankung des Schanzkleides gab es in der Regel wohl noch nicht, sodass die Oberauflanger der Spanten in diesem sichtbar blieben.
Eine Binnenplankung des Schanzkleides wurde erstmals wissenschaftlich mit dem Fund der BREMER KOGGE nachgewiesen, die auf 1380 datiert wird. Dies widerlegt eindeutig die Behauptung, dass derlei Binnenbeplankungen erst, von Spanien ausgehend, im frühen 16. Jahrhundert erfunden wurden.
Wie auch immer: Bereits im 15. Jahrhundert wurde sie, zumindest auf „großen" Schiffen, wohl allgemein verwendet. Und sie wurde auf Kriegsschiffen bis ins 19. Jahrhundert beibehalten.

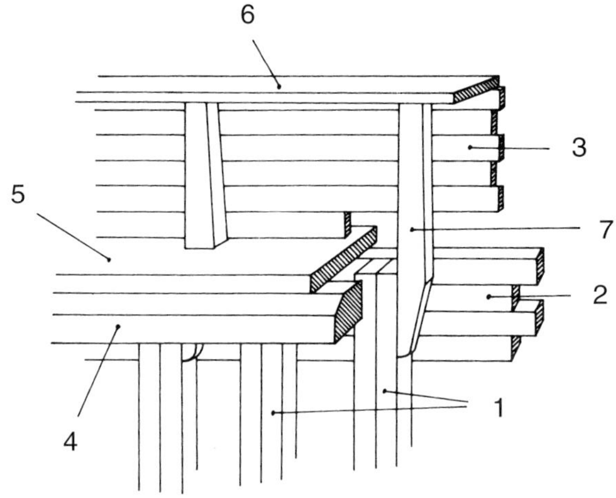

Schanzkleidstützen generelles Bauprinzip:
1. Spant, 2. Beplankung, 3. Schanzkleidbeplankung, 4. Wassergang, 5. Schandeckel, 6. Reling, 7. angesetzte Schanzkleidstützen so die Oberauflanger nicht bis zur Reling hochgezogen waren.

Im späten 16. Jahrhundert wurde es üblich, auf die Reling nochmals kleine Relingstützen und eine zweite, kleine Reling aufzusetzen.
Um die Mitte des 18. Jahrhunderts verschwand auf Kriegsschiffen diese obere Reling zunächst im Bereich der Kuhl wieder und wurde durch die Finknetze ersetzt (s. Band 4, DIE AUSRÜSTUNG, Kap. Finknetze).
Während auf kleineren Handelsfahrzeugen die Schanzkleider nie innen beplankt wurden, verlief die Entwicklung der größeren Handelsschiffe bis zur Mitte des 18. Jahrhunderts mit den Kriegsschiffen parallel.
Ab dieser Zeit aber begann man mehr und mehr damit, die Binnenplankung auf Handelsschiffen wieder fortzulassen, dafür wurde die kleine Oberreling meist

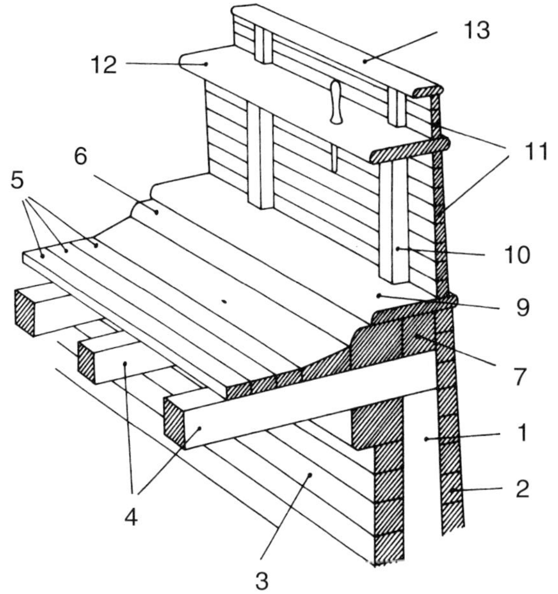

Schanzkleid auf Handelsschiffen 19. Jahrhundert, ältere, teilweise schon im späten 18. Jahrhundert gebräuchliche Variante.

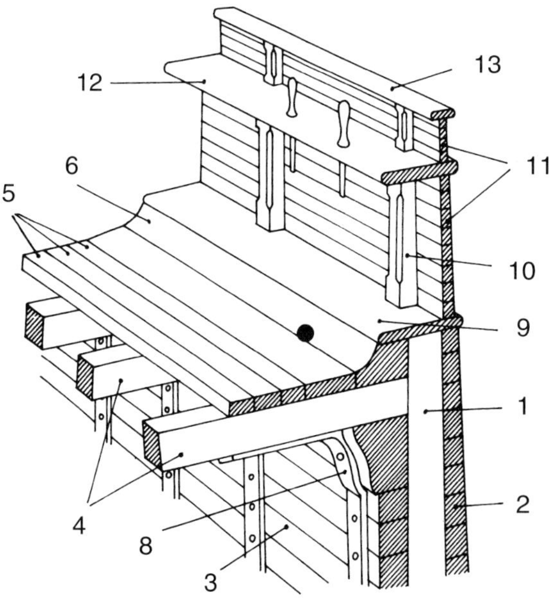

Schanzkleid auf Handelsschiffen 19. Jahrhundert, neure, seit der ersten Hälfte des 19. Jahrhunderts gebräuchliche Variante.

1. Spant, 2. Außenbeplankung, 3. Innenbeplankung, 4. Deckbalken, 5. Deckplanken, 6. Wassergang, davor Leibholz, 7. Füllstück, 8. eisernes Knie, 9. Schandeckel, 10. Schanzkleidstützen, 11. Schanzkleidbeplankung, 12. große Reling (oft auch als Nagelbank verwendet), 13. kleine obere Reling (Monkeyreling).

von außen beplankt. Seit dieser Zeit wurde es auch üblich, die Spantauflanger nur noch bis zum Schandeckel zu führen und dafür an jedem zweiten Spant eine entsprechende Schanzkleidstütze anzubringen.

Schanzkleid 19. Jahrhundert

Eine ausgesprochen radikale Änderung begann sich seit der Mitte des 19. Jahr-

Schanzkleid auf einem Kriegsschiff spätes 16. bis erste Hälfte 18. Jahrhundert; danach wurden Finknetzkästen aufgesetzt (s. Band 4, DIE AUSRÜSTUNG, Kap. Finknetze). 1. Spant, 2. Außenbeplankung, 3. Innenbeplankung und Wegerung, 4. Schanzkleid-Innenbeplankung, 5. Stückpforte, 6. Deckbalken, 7. Deckplanken, 8. Wassergang, davor Leibholz, 9. Reling, 10. obere Reling, 11. Relingstützen (10. und 11. bis Mitte 18. Jahrhundert, dann Finknetze und Finknetzkästen).

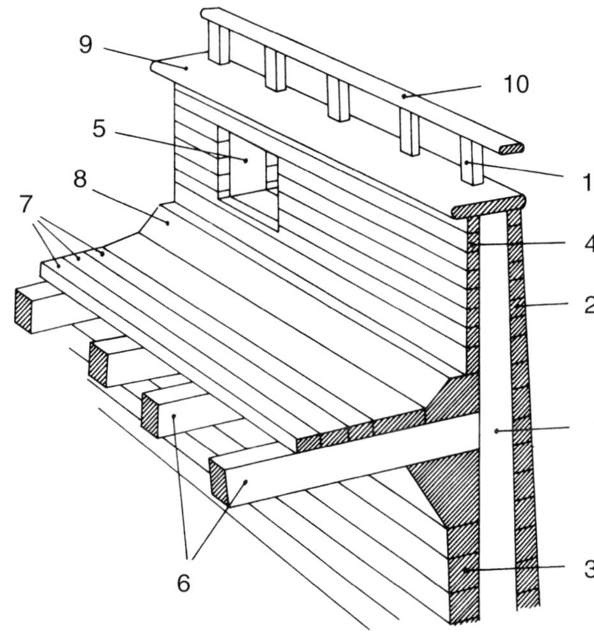

hunderts zunächst bei Handelsschiffen, in der zweiten Jahrhunderthälfte auch bei Kriegsschiffen durchzusetzen: Da die Schiffe immer flacher wurden, zog man durchgehend die Reling rund um das Schiff, die nun vorn und achtern allerdings mit dem Schandeckel identisch war. Zunächst gab es noch ein Schanzkleid mittschiffs, da es ja auch das Wasser vom Hauptdeck abhalten sollte. Die meisten Klipper waren so gebaut.

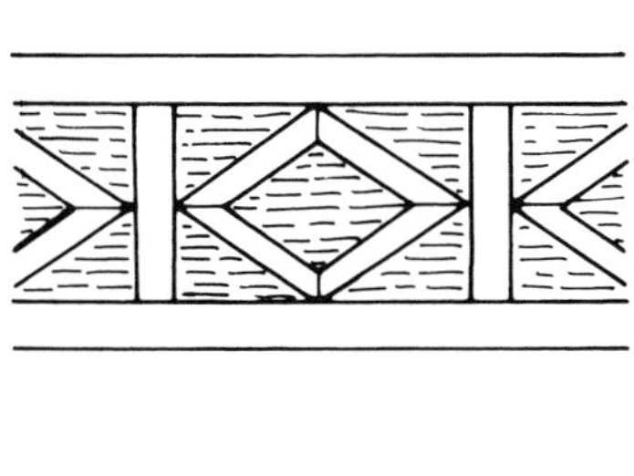

Im 19. Jahrhundert wurden Finknetzkästen auf Kriegsschiffen gern binnenbords mit eleganten Intarsienarbeiten geschmückt.
(Zeichnung rechts, Ausschnitt der Fregatte LA BELLE POULE von 1834 von Björn Landström, Stockholm)

Eisen-Reling

Als dann auch das Puppdeck verschwand und das Backdeck ausgesprochen niedrig wurde, gab es genau genommen nur noch den Schandeckel als Oberbegrenzung des Rumpfes und das Schanzkleid war nur noch maximal 50 cm hoch. Um ein Überbordgehen von Personen zu verhindern, setzte man auf den Schandeckel nun eiserne Stützen und verband diese mit Tauen, Ketten oder sogar Netzen nach der Methode moderner Relings (s. auch Band 4, DIE AUSRÜSTUNG, Kap. Reling, und Band 6, SICHTBARE SCHIFFSMASCHINEN).

Binnenrelings

Natürlich waren auch die Schotten (s. Folgekapitel) mit entsprechenden Schanzkleidern/Relings geschützt, die oft kunstvoll geschnitzt oder gar vergoldet waren (s. dazu auch Kap. Schotten).

Modellbau

In diesem Baustadium muss man zunächst behutsam mit Skalpell, eventuell Seitenschneider und schließlich Schmirgelpapier die noch vorhandenen Oberteile der Bauspanten entfernen, denn diese haben nun ausgedient.

Bei binnenbeplankten Schanzkleidern wird nun ein entsprechend starkes „Binnenfutter" aufgebracht (Abachi oder Balsa eignen sich dafür hervorragend) und gegebenenfalls werden die Trempelrahmen von Geschützen mit Edelholz ausgekleidet. Dann kann man die entsprechende Binnenplankung aufleimen. Diese Planken waren in der Regel um 25 bis 30 % schmäler und schwächer als die zugehörigen Außenplanken.

Bei „einfacher" Handelsschiffbeplankung ist es durchaus ratsam, binnenbords trotzdem eine zweite Plankenschicht aus Furnierholz einzuziehen, die etwas versetzt zur Außenbeplankung ist. Das sieht kein Mensch, hat aber die Wirkung, die Außenbeplankung optimal zu stabilisieren.

Die Schanzkleidstützen fertigt man aus entsprechenden Edelholz-Vierkantleisten und klebt sie passend ein.

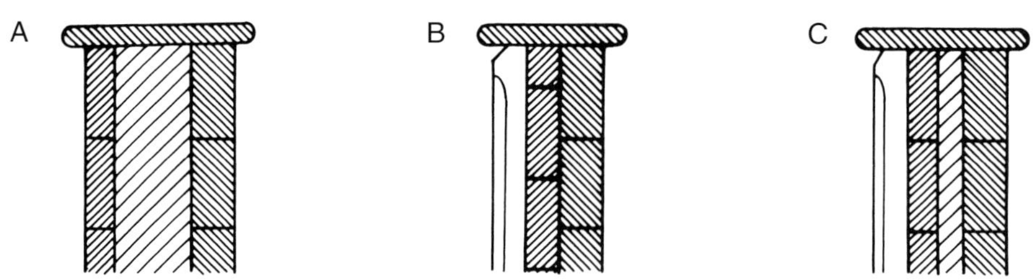

Schanzkleider Modellbau: A. Kriegsschiff mit dickem Zwischenfutter, B. Handelsschiff ohne Zwischenfutter, jedoch zur Stabilisierung mit binnenbords versetzen Planken, C. Handelsschiff mit Binnenstabilisierung aus dünnem Sperrholz oder hartem Karton.

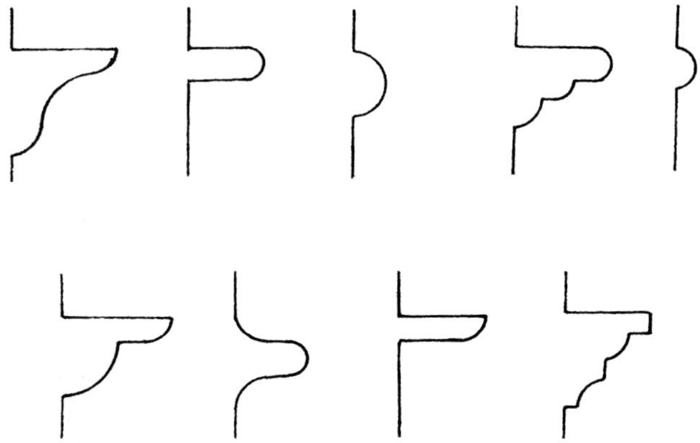

Relingkanten und Zierleisten wurden im 17. bis erste Hälfte des 19. Jahrhunderts gern mit gefälligen Profilen versehen – hier eine kleine Auswahl an Möglichkeiten.

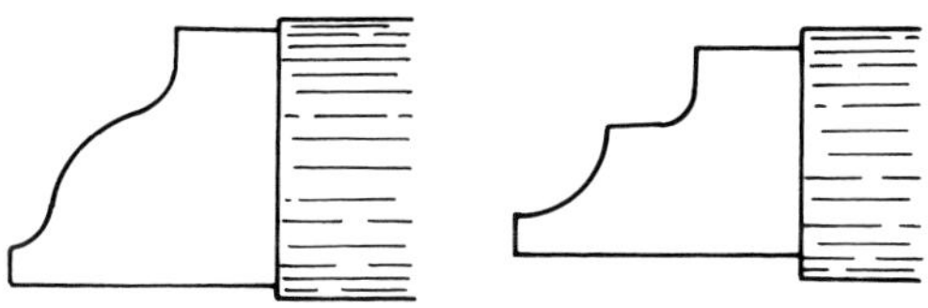

Ein scharfkantiges, stählernes Zieheisen ist für die Herstellung ideal – allerdings auch extrem teuer, da man als Modellbauer kaum eine Möglichkeit hat es selber herzustellen.

Binnenfarben am Schanzkleid

Bis ins frühe 16. Jahrhundert war „Binnenholz" schlicht naturbraun.
Auf Handelsschiffen blieb es auch dabei bis in die erste Hälfte des 19. Jahrhunderts. Auf kleineren Holzschiffen ist dies bis heute die Norm.
Seit der Mitte des 16. Jahrhunderts begann man, die Schanzkleider auf Kriegsschiffen (meist mit Bleimennige) rot zu streichen. Ob damit das verspritzte Blut Verwundeter bzw. Gefallener kaschiert werden sollte, oder ob die Farbe die Aggressivität der Männer anheizen sollte – beide Erklärungen sind im Umlauf – bleibe dahingestellt. Rot war ausschließlich der Kriegsmarine vorbehalten. Allenfalls wurde es gelegentlich den halbstaatlichen Kaperfahrern gestattet, nie jedoch der Handelsmarine.
Im späten 18. und frühen 19. Jahrhundert wurde das Schanzkleid binnenbords vielfach ocker gestrichen, eine Farbe, die auch auf großen Handelsschiffen zunehmend beliebt wurde.
Seit etwa 1820 setzte sich dann sowohl auf Kriegs- wie größeren Handelsschiffen ein weißer Binnenanstrich allgemein durch.

Schützen- und Zierschilde

Sie sind eine besondere Form der Relinggestaltung auf Kriegsschiffen der ersten Hälfte des 16. Jahrhunderts (mehr dazu s. Band 4, Die Ausrüstung, Kap. Schützenschilde und Abb. Flachdeckgaleone Bull von 1570 in Band 2, Material und Werkzeug, S. 116).

Schotten

Die Querwände eines Schiffes werden als Schotten bezeichnet. Sie waren mit Türen, oft auch mit Fenstern und sogar Stückpforten versehen.
Form und Aussehen der Schotten zeigen Ihnen die Pläne (Bugansicht und Querschnitte).

Backschott

Als im Verlauf des 14. Jahrhunderts die höheren, fest eingebauten Decks zunächst am Achterschiff, dann auch am Bug auf größeren Schiffen zunehmend üblich wurden, war der Gedanke die Räume unter diesen Decks mit Querwän-

Eine französische Flotte um 1400 vor Anker. Gut zu sehen die senkrechten Schotten mit ihren halbtonnenförmig überdachten Vorbauten.
Interessant auch die Fender und Zierschilde. Die Masten waren zweifellos hoch, doch „so" hoch denn auch wieder nicht – Prestigemalerei. Beachtlich, dass die Schiffe über keinen Farbanstrich verfügen, was unbedingt für die historische Korrektheit des Males spricht!
Abb. des Modells solch eines Schiffs s. Band 8, Taue, Blöcke und Segel, S. 9.
(Miniatur aus den Croniques von Jean Froissant um 1400)

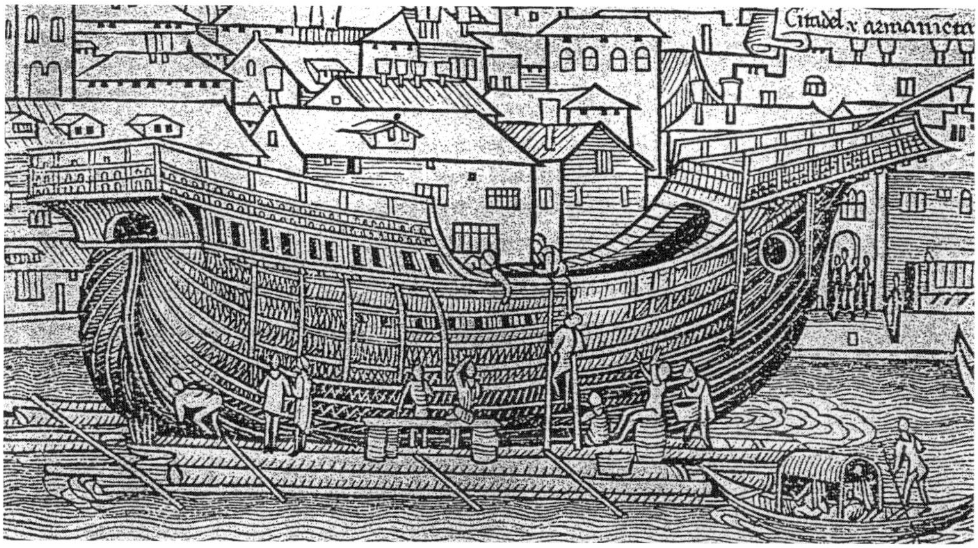

Eine große Não wird im Hafen von Venedig frisch kalfatert. Optimal zu sehen, das bogenförmig ausgeschnittene Vorschott – und die am Heck hochgezogenen Barkhölzer, die Gillung mit dem Rudergatt und die mächtige Ankerklüse.
(Zeichnung aus Breydenbach Die Heyligen Reyssen gen Jerusalem von 1486)

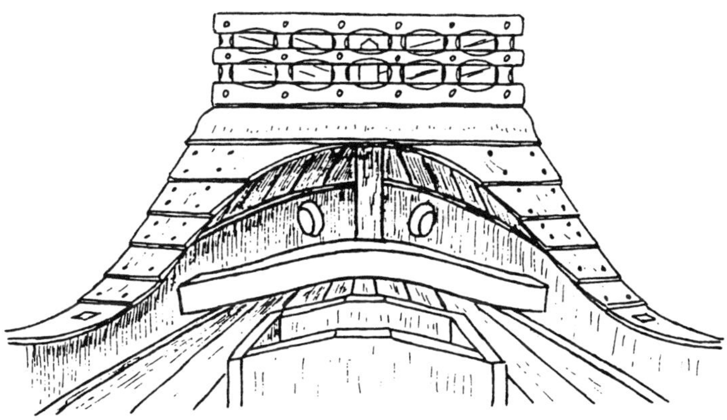

Back der Mataró-Não mit Betingbalken und Kastellreling und vor allem dem bogenförmig ausgeschnittenen, geklinkerten Backschott. (Zeichnung nach Heinrich Winter †)

den, den Schotten, gegen Wasser und Wetter zu sichern eigentlich nur logisch. Trotzdem dauerte es eine ganze Weile bis sich diese Idee auch in der Praxis durchsetzte.

Das Backschott machte im Laufe der Jahrhunderte zweifellos die größten Veränderungen durch.

Im 14. Jahrhundert ließ man es auf Großdeckhöhe einfach offen und beplankte nur das darüber stehende Kastell ehe man dort, zumindest im nordeuropäischen Schiffbau, ein mit einer Tür zur Back versehenes, mehr oder minder senkrecht stehendes Schott einzog.

Um 1400 wurden diesem Schott mehr oder minder große Anbauten Richtung Kuhl vorgesetzt.

Mehr oder minder senkrechte Backschotten gab es, vernünftigerweise entgegen dem „Modetrend", in Nordeuropa auch im 15. und 16. Jahrhundert. Dieses Modell einer Karracke aus der Mitte des 15. Jahrhunderts ist, von einigen Detailfehlern abgesehen, durchaus glaubwürdig. Nur, dass es als „Hanse Kogge" bezeichnet und sogar suggeriert wird, derlei Schiffe seien bereits um 1200 gebaut worden, ist historisch ein übelster „Griff ins Klo"! (Modell der Firma STEINGRAEBER, Stadtallendorf)

Wenig später setzte es sich durch, das Schott bogenförmig und geklinkert bis zu der meist auffallend breiten Kuhlreling herunterzuziehen und es bogenförmig auszuschneiden. Die Bauweise kam zweifellos aus dem Mittelmeer, wo man weniger auf schlechtes Wetter achten musste. Was dies für einen praktischen Nutzen in Nordeuropa bringen sollte, entzieht sich zwar der Logik des Autors, aber so baute man es eben in dieser Zeit.

Das schwer bestückte Backschott der großen englischen Karracke MARY ROSE, wobei der unterste Teil in Höhe des Großdecks gewöhnlich immer noch weitgehend offen blieb. (Zeichnung von Anthony Anthony 1545 – s. auch Band 1, S. 101)

Backschott des 100-Kanonenschiffs HMS P*RINCE* *von 1670.*
Im 17. Jahrhundert entdeckte man natürlich auch das Backschott als Fläche für prachtvolle Dekorationen wie dem Glockenstuhl. Real für die arbeitenden Männer äußerst unpraktisch, verschwand es bereits Ende des 17. Jahrhunderts wieder.
(Admiralty-Model im Science Museum, London-South Kensington)

Mit dem Aufkommen der großen Bugkastelle im frühen 16. Jahrhundert wurde das Backschott wieder gerade, allerdings nach oben zu mit einem deutlichen Fall bugwärts. Das Backschott wurde nun grundsätzlich kraweel beplankt und mit Kanonen und Kanönchen gespickt.
Mit dem Verschwinden der Kastelle entdeckte man das Backschott vor allem im 17. Jahrhundert als Fläche, um weitere prächtige Verzierungen und Schnitzereien anzubringen, etwa auch den Glockenstuhl (s. Band 4, DIE AUSRÜSTUNG, Kap. Schiffsglocke).
Nachteil dieser Konstruktion war, dass es den Platz für jene Männer, die dort etwa mit den Ankerkabeln arbeiten mussten (s. Band 4, Kap. Spill), arg beengte, auch wenn zwei breite Türen auf das Großdeck hinausführten. So verschwand in der Regel im 18. Jahrhundert, allenfalls bis auf zwei schmale Seitenteile rechts und links, das Backschott wieder völlig. Und so blieb es bis ins 19. Jahrhundert hinein.

Erst als gegen Mitte des 19. Jahrhunderts die Back gegenüber dem Großdeck immer niedriger wurde, verschloss man die dahinter und tiefer liegenden Räume wieder mit einem festen Schott gegen möglicherweise eindringendes Wasser (s. auch Band 6, SICHTBARE SCHIFFSMASCHINEN).

Kampanjeschott

Dieses Schott war zweifellos das historisch älteste und folgte generell dem Aussehen des Backschotts. Doch einschränkend muss gesagt werden: So es denn überhaupt vorhanden war (Abb. s. auch Band 1, MODELLE UND VORKENNTNISSE, S. 69).
Es war stets gerade, stand mehr oder minder senkrecht und wurde, mit gelegentlichen Ausnahmen auf niederländischen Schiffen, klinker beplankt.
Im 15. Jahrhundert verfügte es zumindest über eine große Öffnung/Tür mittschiffs, denn unter dem Kampanjedeck stand ja gewöhnlich das große Spill, mit dem der Anker oder auch schwere Lasten gehoben werden mussten.
Vom frühen 16. Jahrhundert an folgte es weitgehend der Entwicklung des Backschotts.

Konstruktion des Kampanjeschotts des englischen Dreideckers HMS ST. MICHAEL von 1669. In der Mitte ein Niedergang zwischen zwei Türen. Ausgestaltet war es ähnlich wie das Backschott der HMS PRINCE – schön aber unpraktisch. (Zeichnung von Peter Goodwin, London)

Puppschott

In der Pupp befanden sich traditionell die Räume der „Menschen" wie Kapitän, Pilot (Navigator), hohe Schiffsoffiziere, Handelsherrn, die das Schiff gemietet hatten und mitunter höchstadelige Passagiere – klar abgetrennt vom „Viehvolk" der Mannschaft und eventuellen Passagieren niedrigeren Ranges. So beengt das Platzangebot nun einmal sein mochte, erzkonservativ, wie die Marine nun einmal war und ist, spielten/spielen Standesunterschiede eine höchst bedeutende Rolle!

So war das Puppschott stets geschlossen und nur mit einer Tür und eventuell Fenstern ausgerüstet. Fast immer stand es senkrecht und war kraweel beplankt. Nur bei Schiffen niederländischer Bauart war es im 17. Jahrhundert nach vorne gewölbt und klinker beplankt und verfügte dort sogar oft über eine Sitzbank für Kapitän und Luxuspassagiere.
Im 18. Jahrhundert stand auf größeren Schiffen unter dem Puppdeck in der Regel der Ruderstand (s. Band 4, DIE AUSRÜSTUNG, Kap. Ruderstand) nebst Kompasshäuschen (s. Band 4, Kap. Kompasshäuschen). Die Wände des Schotts waren also entsprechend zurückversetzt – im Modell müssen sie unbedingt eingebaut werden, ehe man das Puppdeck auflegt!

Admiralty-Model des englischen Zweideckers HMS YORK ex MARSTON MOORE.
Die Schotten waren geschlossen und prächtig dekoriert, das Kampanje- und Hüttenschott verfügen über zwei, das Puppschott über eine Tür.
Die MARSTON MOORE wurde unter dem „Revolutionär“ Oliver Cromwell mit sieben weiteren Schiffen dieses Typs 1654 erbaut. Nach dem Sturz des „Commonwealth“ und der Rückkehr der Stuart-Könige wurde sie in YORK umbenannt, verbreitert und stärker bewaffnet. Um 1680 wurde das Schiff komplett „rebuilt“ und nochmals vergrößert und schließlich, nach fast 50 Jahren Dienstzeit 1703, abgewrackt.
(Exquisites Modell von W. Meischl, Wien?)

Anmerkung: Im englischen Schiffbau taucht immer wieder der Begriff „rebuilt“ auf. Im Klartext hieß das, dass ein in die Jahre gekommenes Schiff auf der Werft zunächst komplett auseinandergenommen und „wiedererbaut“ wurde. Dabei verwendete man die noch brauchbaren Teile und ergänzte sie entsprechend durch neue, wobei sich auch vielfach die Dimensionen nach neuen Erkenntnissen änderten. Der Name aber blieb, denn Schiffe mögen es bekanntlich gar nicht, wenn sie umbenannt werden.

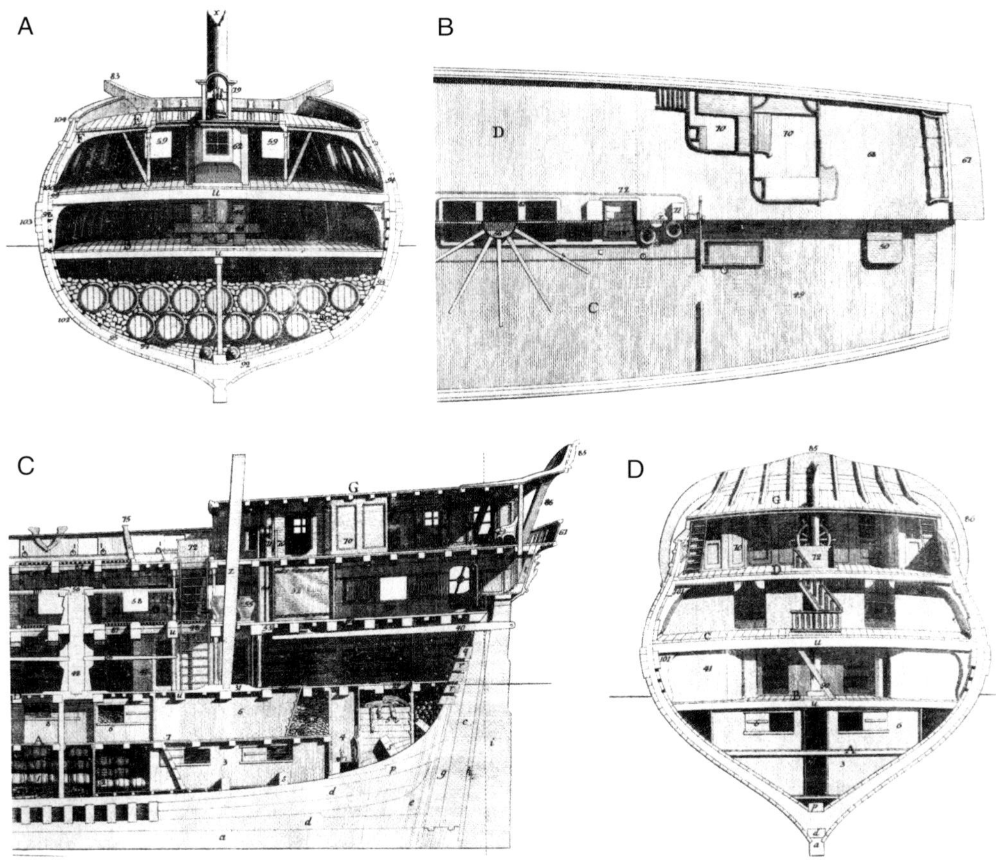

Schotten der schwedischen Kaperfregatte *N*EPTUNUS *um 1760.*
A. das (wieder!) offene Backschott. B. Grundriss vom Heckteil des Großdecks (oben) und des darunter liegenden Decks (unten). C. Längsschnitt durch die Hecksektion. D. Querschnitt durch die Hecksektion mit seitlichen Räumen und geschütztem Ruderstand.
(Zeichnungen von Fredrik Henrik af Chapman, Stockholm 1768)

Je flacher im 19. Jahrhundert die Decks wurden, desto weniger Schotten wurden benötigt und eingebaut.

Das eben Gesagte gilt vornehmlich für größere Kriegsschiffe. Kleinere Kriegsschiffe und Handelsfahrzeuge pflegten zwar, zumindest so weit als möglich, diesem Muster zu folgen, aber hier war die Ausnahme eher die Regel, wie Sie aus Ihren Plänen entnehmen können.

Bugschott

Als man in der ersten Hälfte des 16. Jahrhunderts das Scheg erheblich niedriger setzte, wurde es nötig, das Schiffsinnere, vor allem das Großdeck, gegen von vorn einkommendes Wasser mit einem Schott am Bug zu schützen. Da die-

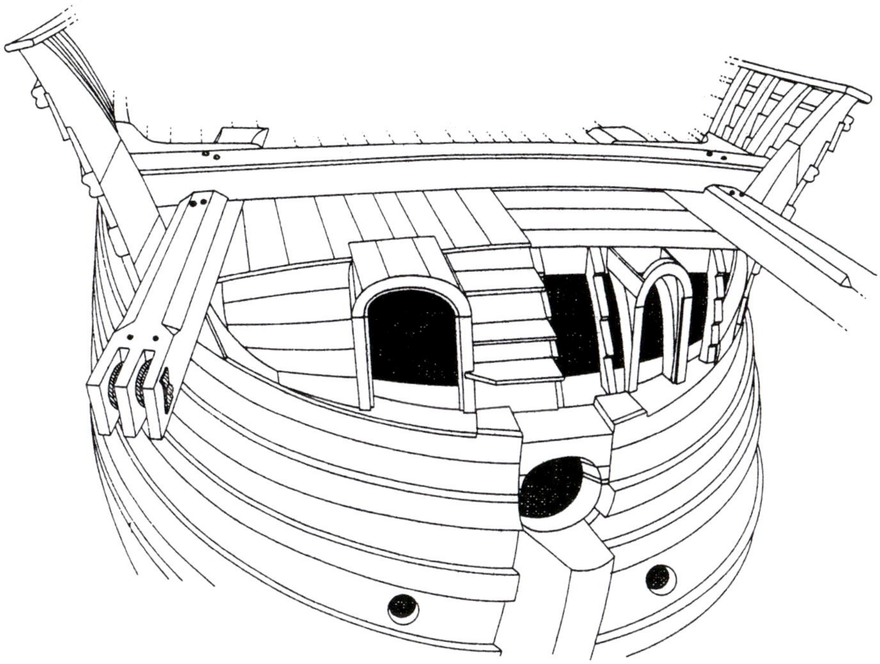

Bugschott der Wasa. Links geplankt, rechts Binnenkonstruktion.

Gerundetes Bugschott niederländischer Bauart der Wasa mit zwei Türen, Treppenstufen in der Mitte und prächtig gestalteter Schottreling.
(Modell von Wolfram zu Mondfeld, Hohenfurch, im Deutschen Technikmuseum, Berlin)

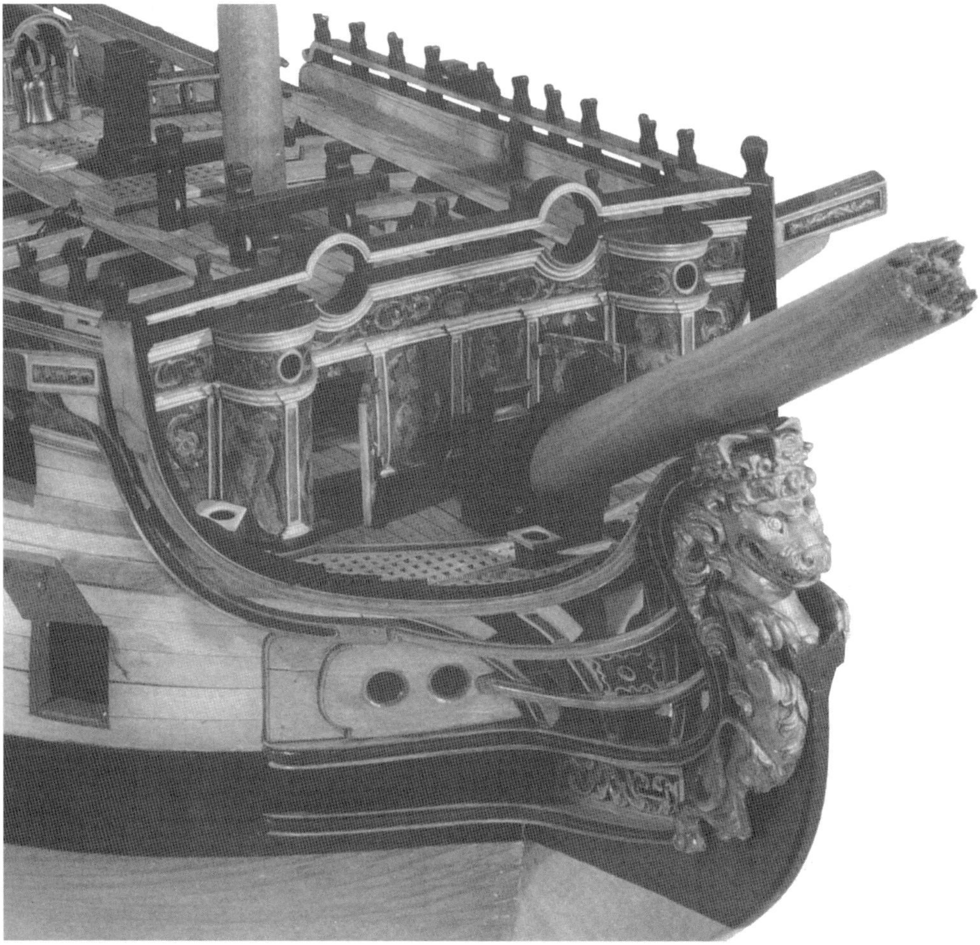

Bugschott eines englischen Zweideckes Mitte des 18. Jahrhundert mit außen prachtvoll bemalten Roundhouses und oben einer runden Öffnung zum Abzug des Gestanks. Interessant-realistisch die weiteren Latrinen auf dem Galion (s. auch Band 4, Die Ausrüstung, Kap. Latrinen), die als „unvornehm" auf Modellen oft „vergessen" werden. (Admiralty-Model im National Maritime Museum, London-Greenwich)

ses Schott nun freilich mitunter der vollen Wellengewalt ausgesetzt war, erfand man das Galion als eine Art Wellenbrecher (s. Kap. Galion).

Kontinental war dieses Schott bis Ende des 17. Jahrhunderts traditionell vielfach geklinkert und oftmals auch leicht gerundet. In England baute man das Schott von Anfang an gerade und plankte es kraweel. Im 18. Jahrhundert setzte sich dann allgemein die englische Bauweise durch (Abb. s. auch Band 2, Material und Werkzeug, S. 123).

Das Bugschott verfügte nahezu immer über zwei Türen. Diese dienten einerseits der Mannschaft dazu, um zu den Latrinen auf dem Galion gelangen zu können (wie auf der Wasa hätte dazu freilich auch eine Treppe auf dem Schott dienen können). Weit wichtiger aber war, dass man meist nur durch diese Türen

die auf dem Großdeck liegenden Reservestengen und -rahen (s. Band 7, MASTEN UND RAHEN, Kap. Reservespieren) herausziehen und fieren konnte.
Eine typische Besonderheit nach englischem Muster gebauter Schiffe im 18. Jahrhundert waren die „Roundhouses“, zwei halbrunde, türmchenartige Vor- bzw. Anbauten am Bugschott. Außen waren diese elegant dekoriert wie das gesamte Bugschott. Innen stanken sie vermutlich erbärmlich, denn sie waren die „Pinkelboxen“ für die ja mitunter auf Dreideckern über 1000 Mann zählende Mannschaft.

Modellbau

Man fertigt Schotten zunächst aus dünnem Sperrholz und passt sie genau ein. Entsprechende Binnenstützen kann man auch jetzt noch einbringen.
Mit Ausnahme gerundeter Bug- und eventuell Puppschotten niederländischer Bauart sollte man sie freilich noch nicht endgültig befestigen – so lassen sie sich leichter weiterbearbeiten.
Sodann stellt man, so vorhanden, die Lafetten für die Geschütze auf.
Nun werden die Fenster eingesetzt. Dann beklebt man die Schottwände mit der Beplankung und färbt sie ein. Bis Ende des 18. Jahrhunderts waren die Schotten in der Regel in den gleichen Farben wie das Heck gestrichen. Danach gab man ihnen die Farbe der Pfortengänge und ab Mitte des 19. Jahrhunderts waren sie für gewöhnlich weiß. Verzierungen und Zierleisten folgten dem gleichen Schema.
Falls technisch nicht anders geboten, sollte man erst jetzt das komplette Schott in das Modell einbauen.

Türen

Ob man die Türen und Türrahmen als Erstes aufklebt und die Beplankung entsprechend an sie heranführt (bei geklinkerten Schotten unbedingt zu empfehlen) oder sie nachträglich anbringt (bei kraweelen Beplankungen sinnvoll), muss der Modellbauer selber entscheiden.
Die Türen selber beplankt man mit dünnen Edelholzleisten, die sich in der Regel farblich deutlich von den umgebenden Farbtönen unterscheiden. Die Scharnierbänder stellt man am besten aus aufgeklebtem, schwarzem Zeichenkarton her. Als „Griffknöpfe“ – auf Schiffen gab es traditionell keine „Klinken“! – benützt man die Köpfe kleiner Nägelchen, mitunter auch Ringe aus „Kettengliedern“.

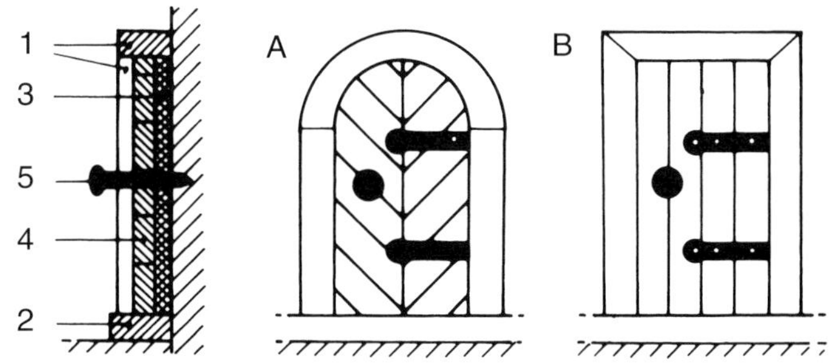

Türen: Aufgesetzte Modelltür Querschnitt. A. ältere Form. B. neuere Form. 1. Türstock, 2. Süllrahmen, 3. Trägerschicht (Sperrholz oder Karton), 4. aufgeklebte Leisten, 5. Handgriff (rund oder Ring – nie Klinke!).

Manche Modellbaufirmen bieten auch fertige Türen an – am besten man vergisst derlei Angebote aber ganz schnell und gründlich!

Schottreling

Nach oben waren die Schotten in der Regel von Relings bekrönt.
Bis ins frühe 19. Jahrhundert ging man – sofern es sich nicht ausgerechnet um den Kapitän, geldgewichtige Handelsherren oder prominente Passagiere handelte – recht liederlich mit Leben und Gesundheit der Menschen um, die auf einem Schiff fuhren. Ein Matrose, der aus der Takelage stürzte oder im Seegang über Bord gewaschen wurde, entlockte den „höheren Herrschaften" nicht einmal eine Krokodilsträne, denn so war das Leben nun einmal … Der folgenschwere „Tritt ins Leere" über die Kante eines Schotts hinaus wäre freilich nicht nur für die „besseren Herrschaften" fatal gewesen, denn selbst das „gemeine Volk" stellte ja, zumindest durch seine Arbeitskraft, einen gewissen „Realwert" dar.
So schützte man die "Abbruchkanten" der Schotten mit einer entsprechenden Reling. Bis ins frühe 17. Jahrhundert waren dies eher schlichte Geländerkonstruktionen aus Vierkanthölzern, die meist von stehenden Knien auf der Decksseite abgestützt wurden. Nicht selten wurden sie ganz oder teilweise auf der Kuhlseite beplankt.

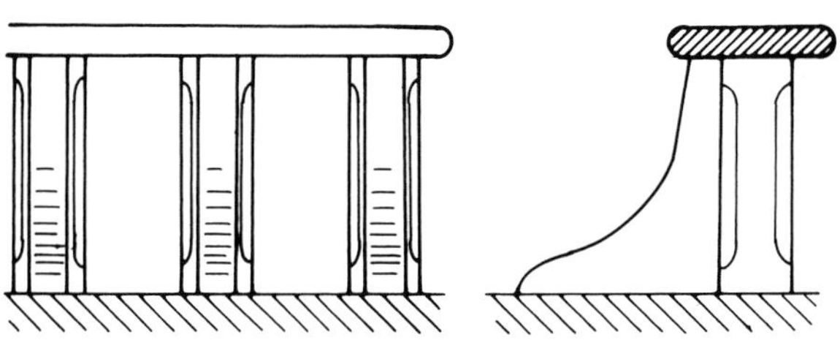

Einfache Schottreling aus Vierkanthölzern mit stehenden Knien, wie sie bis zum Ende des 16. Jahrhunderts – und teilweise dann wieder im 19. Jahrhundert – üblich war.

Natürlich entdeckte man im prunkliebenden 17. Jahrhundert auch sie als Gelegenheit für entsprechende Dekorationen. Und schnell bildeten sich zwei Grundmuster heraus: Schiffe englischer und niederländischer Bauart bevorzugten gedrechselte oder gar kunstvoll geschnitzte Relingstützen, Frankreich und Spanien elegant ornamental ausgesägte Holzplatten.

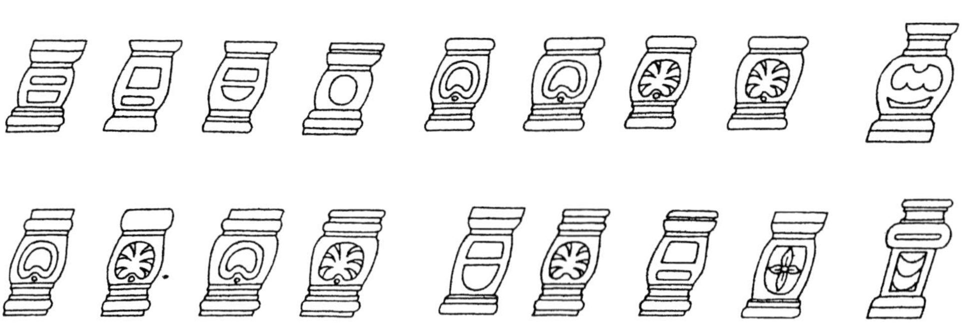

Kleine, individuell geschnitzte Stützen wie auf der Wasa.

Mitunter ließ man sich auch auf Mischformen ein, indem man Relingstützen zwar nur „französisch“ aussägte, sie aber „englisch“ setzte (Abb. s. Band 2, MATERIAL UND WERKZEUG, S. 32). Das Prinzip hielt sich bis ins 19. Jahrhundert hinein.

Achtung: Die entsprechende Gestaltung der Schottrelings wiederholte sich an den Relings der Heckbalkone bzw. auch oftmals bei der Dekoration des Hecks und der Seitentaschen.

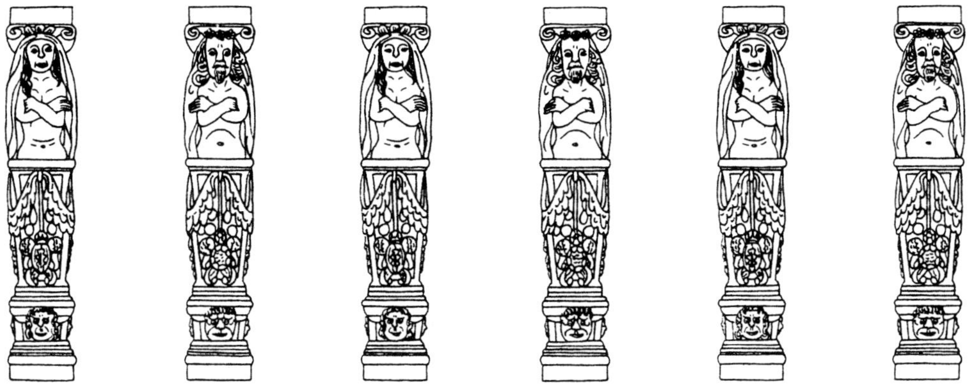

Die prachtvoll geschnitzten Relingstützen vom Bugschott der WASA.

Modellbau

Die relativ schlichten Relings kann man problemlos aus entsprechend dimensionierten Vierkantleisten zusammensetzen.
Französische/spanische Relings ab dem 17. Jahrhundert lassen sich aus einem entsprechend dicken bzw. dünnen Edelholzbrettchen aussägen. Was die notwendigen stehenden Knie anbelangt, s. Band 2, MATERIAL UND WERKZEUG, S. 31.

Diverse an Binnenrelingen verwendete gedrechselte und beschnitzte Stützen.

Gesägte Binnenrelingstützen, wie sie in Frankreich im 18. Jahrhundert höchst beliebt waren und von dort ausgehend vielfach auch in Spanien und Italien. (Zeichnungen nach Vorlagen von Jean Boudriot, Grenoble und Paris)

Schwieriger wird die Sache bei gedrechselten Stützen auf Schiffen englischer/niederländischer Bauart. Für jeden, der über keine Drechselbank verfügt (oder sich einfach nicht der Mühe Aberdutzende dieser Teile herzustellen unterziehen will) halten etwa die Firmen AERO-NAUT und Krick entsprechende Geländerstützen in Höhen von 6 bis 18 mm bereit – etwa für die Dekoration von Seitentaschen muss man sie nur halbieren.
Natürlich sind diese Relingstützen irgendwie Standardform. Wer also absolut individuelle Stützen benötigt (s. Bugschott der Wasa, Band 1, Modelle und Vorkenntnisse, S. 24), der muss selber zu Drechselbank und Schnitzmesser greifen. Immerhin kann er, sofern er nicht gerade ein „Blankmodell“ baut, dieses Urmuster entsprechend oft abgießen (s. Band 2, Material und Werkzeug, Kap. Schnitzen und folgende).

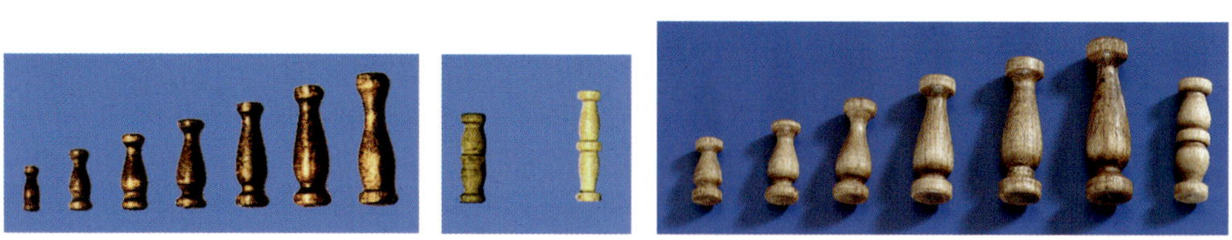

Industriell gedrechselte Relingstützen. Links und Mitte von AERO-NAUT, rechts von Krick.

Laufstege

Bis zur Einführung wirklich wirksamer Geschütze im späten 16. Jahrhundert, den Dreyling-Schlangen (s. Band 4, DIE AUSRÜSTUNG, Kap. Geschütze), war die Seekriegstaktik fast ausschließlich auf den Enterkampf ausgerichtet. Selbst als sich im 17. und 18. Jahrhundert Seegefechte mehr und mehr zu Artillerieduellen entwickelten, war diese Kampfart noch im frühen 19. Jahrhundert keineswegs „unmodern".
Im ganzen Mittelalter war das Großdeck der Schauplatz für derlei Auseinandersetzungen Mann gegen Mann. Doch bereits auf den Nefs des 13. Jahrhunderts versuchte man, Kämpfer in besseren, d. h. höheren Kastellen zu postieren (s. Kap. Kastelle). In den Folgejahrhunderten verfolgte man durchaus vernünftig und konsequent dieses Konzept weiter. Das Großdeck – oder das, was davon in der Kuhl für einen Feind überhaupt noch irgendwie zugänglich war – versuchte man, etwa mit Enterschutznetzen, zu schützen (s. Band 4, Kap. Enterschutznetze). Damit verlor, vor allem auf den großen Schiffen seit dem frühen 16. Jahrhundert, das Großdeck (selbstverständlich außer seinen dort aufge-

Laufsteg zwischen den hohen Aufbauten zwischen Back- und Kampanjedeck der SANTA MARÍA DEL PILAR von 1535. Rechts das Backschott, quer geplankt und mit einer Reling gesichert. Vom Laufsteg zu den Außenseiten die Enterschutznetze. (Modell von Wolfram zu Mondfeld, Hohenfurch, im Deutschen Technikmuseum, Berlin)

stellten Geschützen!) zunehmend seine Bedeutung als Kampfplattform, wohingegen die Kastelle ebenso zunehmend an entsprechender Bedeutung gewannen.
Dies führte freilich, vor allem als Anfang des 16. Jahrhunderts die Kastelle immer höher wurden, zu dem Problem, „Truppen" relativ schnell von vorn nach achtern bzw. dorthin, wo sie gerade benötigt wurden, verschieben zu können. Ein anderes Problem war, dass die Taue des laufenden Gutes für Rahen und Segel nun zwangsläufig von diesen höher gelegenen Decks aus bedient werden mussten. So war ein notfalls schnelles „Verschieben" von Matrosen ebenfalls dringend erforderlich.
Die Lösung des Problems war ebenso pragmatisch wie simpel: Man baute einen Laufsteg zwischen Back- und Kampanjedeck!
Laufstege waren stets nur ein Problem von Kriegsschiffen und solchen, die sich zumindest so gebärdeten, sprich West- oder Ostindienfahrer.

Laufstege im 16. Jahrhundert

Derlei Laufstege sind seit dem frühen 16. bis ins 17. Jahrhundert historisch nachgewiesen. Seitlich dienten sie vielfach der Halterung von Enterschutznetzen über der Kuhl. Sie waren fest eingebaut und oft sogar mit einer Reling versehen.

Laufstege im 17. Jahrhundert

Auch als die überdimensionierten Kastelle wieder verschwanden, behielt man auf großen Schiffen die Laufbrücken zwischen Back- und Kampanjedeck als höchst zweckmäßig bei, wenn auch mit ein paar kleinen Veränderungen:
Zunächst verschwand die Reling. Wer ausrutschte, wurde in den seitlich angebrachten Enterschutznetzen wie auf einem Trampolin sicher aufgefangen. (Es existieren sogar zeitgenössisch-historische Anmerkungen, dass ein „Sprung ins Netz" bei Matrosen und Seesoldaten gelegentlich gar zu einer Art „Volkssport" ausartete.)
In der zweiten Jahrhunderthälfte löste man auch das Problem, wie man an die unter dem Steg in der Kuhl gestapelten Beiboote herankommen konnte, denn bei fest eingebauten Stegen war es eine ziemlich üble Fummelei, wenn man die Boote ein- oder aussetzen wollte: Man baute den Laufsteg nicht fest ein, so dass er seitlich weggefiert werden konnte.

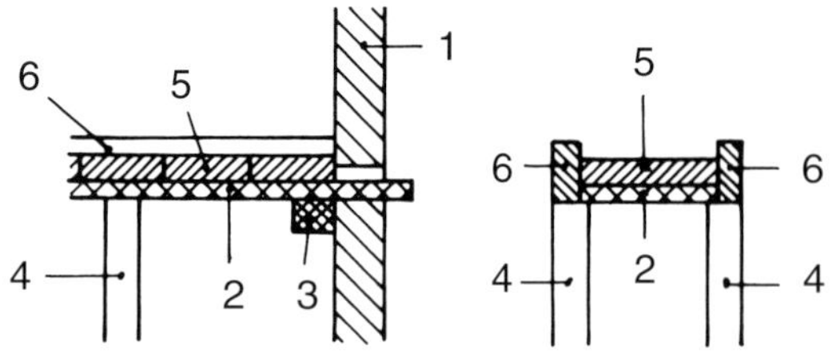

Modelleinbau eines Mittellaufstegs (Längs- und Querschnitt): 1. Backschott, 2. Unterlage (Sperrholz am besten in das Schott eingeschoben), 3. untergesetztes (unsichtbares) Holzklötzchen, 4. Stütze, 5. Planken, 6. Rahmenhölzer.

Laufstege im 18. Jahrhundert

So ganz befriedigend war diese Technik freilich immer noch nicht. So begann man im späten 17. Jahrhundert wieder damit, fest montierte Stege zwischen Back und Kampanje zu bauen, allerdings verlegte man sie zur Seite und rüstete sie vielfach wieder mit Relings aus. Zwar waren diese Laufstege in der Regel zu schmal, um Geschütze tragen zu können, doch ihren Zweck erfüllten sie tadellos und ließen dabei in der Mitte eine entsprechend große Öffnung in die Kuhl hinunter.

Modellbau

Modelllaufstege erhalten eine Unterplatte aus dünnem Sperrholz.
Eventuelle Öffnung für den Großmast nicht vergessen!
Trick: Befestigen Sie die Platte an ihren Enden mit einem eingeklebten Vierkanthölzchen von unten am Schott des Back- und Kampanjedecks. Das sieht niemand, gibt dem Steg aber die nötige Stabilität.
Seitlich werden die Sülls (meist aus dunklerem Holz gefertigt bzw. dunkler gestrichen) angesetzt. Eventuell benötigte Ringe für Enterschutznetze (s. Band 4, Die Ausrüstung, Kap. Enterschutznetze) nicht vergessen! Dann, sofern benötigt, die Stützen einbauen. Anschließend wird der Steg wie ein Deck beplankt. Bis ins späte 17. Jahrhundert verliefen die Planken quer, danach längs. Schließlich setzt man, falls benötigt, die Reling auf.

Die englischen 32 Kanonen-Fregatte Unicorn aus der Mitte des 18. Jahrhunderts. Seit Anfang des 18. Jahrhunderts waren die Laufstege neben der Kuhl ins Deck integriert und ließen in der Mitte ene große Öffnung ins darunter liegende Deck frei. (Modell der Firma Corel, Mailand)

Spiegelstützen

Vor allem im späten 16. und frühen 17. Jahrhundert ragten die Heckspiegel oft weit über das darunter liegende Puppdeck auf.
Sie mussten deshalb mit einer entsprechenden Binnenkonstruktion abgestützt werden. In der Regel waren dies X-förmig zusammengefügten Balken, die mit dem obersten Deckbalken und den Spiegelspanten (s. Kap. Spanten) stabil zusammengebolzt waren.
Doch auch vom späten 17. bis ins 19. Jahrhundert hinein bedurfte der Spiegel einer Unterstützung, die von der sonstigen Binnenkonstruktion nicht wirklich gewährleistet war.
So wurden dort vielfach Stehende Knie eingesetzt, die freilich oft unter den Einbauten von Flaggenkisten, Hühnerställen und Ähnlichem verschwanden (s. dazu Band 4, Die Ausrüstung, Kap. Puppeinbauten).

Modellbau

Diese Stützen fertigt man so, wie in Band 2, Material und Werkzeug, S. 31, beschrieben.

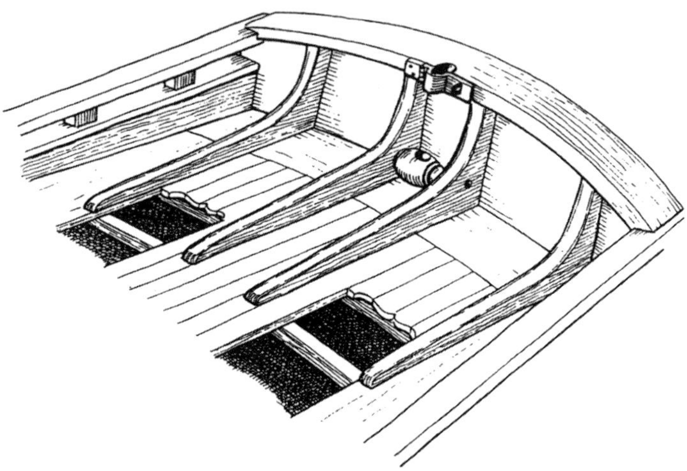

Heckstützen aus Holz oder später Eisen waren noch im 19./20. Jahrhundert durchaus „modern", wenn auch nicht mehr in der gewaltigen Form wie im späten 16. und teilweise auch 17. Jahrhundert.
(Zeichnung von Peter Goodwin, London)

Heckspiegel

Die reich geschmückten Heckspiegel, die Jahrhunderte lang zum Stolz jedes Schiffes gehörten, waren eine spanisch-italienische Erfindung des 16. Jahrhunderts. Diese wurde so schnell und begeistert von allen anderen seefahrenden Nationen aufgegriffen, dass man bald Bewaffnung und Schutz des Achterschiffes über geschnitzten Girlanden und Figuren, Galerien und Balkonen arg vernachlässigte und damit das Heck zum prächtigsten, aber auch verwundbarsten Teil des ganzen Schiffes machte.
Waren es im 16. Jahrhundert etwa in Spanien noch „Altäre" leidenschaftlicher Frömmigkeit (Abb. s. Band 1, Modelle und Vorkenntnisse, S. 45), so kippte dies um die Wende vom 16. zum 17. Jahrhundert in gnadenlose Selbstdarstellung und Protzerei. Die schwedische WASA ist nur ein beredter Zeuge dafür.
Den absoluten Höhepunkt der Prachtentfaltung am Heckspiegel leistete sich zweifellos Frankreich im Barock, also im späten 17. Jahrhundert. Pierre Puget, dem der „Sonnenkönig" Louis XIV. die Aufgabe übertrug, die Schiffe seiner Flotte künstlerisch auszugestalten, widmete sich dieser Aufgabe mit geradezu beängstigender Leidenschaft. Es ist wohl mehr als ein Gerücht, dass Puget das Heck vieler Schiffe derart mit schweren, aus Eiche geschnitzten und reich vergoldeten Heiligen, antiken Göttern und Göttinnen, Putten, Emblemen, Wappen, Balustraden, Girlanden und Meerungeheuern überladen hat, dass die verzweifelten Kapitäne nach dem Auslaufen das meiste davon einfach herunterschlagen und „in den Bach" werfen ließen, um ihre hecklastigen Schiffe wieder seetüchtig zu machen.
Vor allem Frankreich war es neben Spanien und Großbritannien auch, das den prachtvoll geschmückten Heckspiegel bis ins 19. Jahrhundert hinein zu retten

Bis gegen Ende des 15. Jahrhunderts spielte der Heckspiegel noch kaum eine Rolle wie auf diesem Holzschnitt. Übrigens nochmals gut zu sehen die weit unter die Wasserlinie greifenden Barkhölzer jener Epoche.

versuchte, ehe man sich um 1840 allgemein endgültig der Notwendigkeit von Stabilität und Bewaffnung auch am Heck beugen und entsprechende Spiegel aufgeben musste, was freilich nicht hieß, dass man völlig auf, wenn auch bescheidenen, Schmuck verzichtete.

Gillung

Jener zumeist kräftig nach achtern-außen gewölbte Teil zwischen Spiegelbalken und Unterkante des eigentlichen Oberspiegels (s. auch Kap. Heck und Kap. Heckbeplankung) war selbstverständlich waagerecht geplankt. Die Gillung hatte eine wichtige Öffnung, nämlich das Hennegatt, durch welches die Ruderpinne in den Rumpf einlief. Die Stückpforten waren in aller Regel geschlossen, da man, wie schon einmal gesagt, nur im Bedarfsfall die hintersten Geschütze in diese Richtung drehte und die Pforten öffnete. Ausnahmen bestätigen freilich auch hier mitunter die Regel.
Eine Besonderheit weisen die Gillungen vor allem in der zweiten Hälfte des 17. Jahrhunderts im Bereich von Schiffen typisch niederländischer Bauart auf: Sie waren bemalt mit Ansichten der Städte, aus denen jene Schiffe stammten – Amsterdam, Antwerpen, Rotterdam oder Groningen. An deutschen Küsten eiferte man diesem Beispiel von Hamburg und Bremen bis Lübeck, Stralsund, Danzig und Königsberg nach. Man findet sie ebenso bei Schiffen aus dem dänischen Køpenhaven, dem norwegischen Bergen, dem schwedischen Karlskrona und

In der ersten Hälfte des 16. Jahrhunderts war das Heck vor allem tüchtig bewaffnet – es war schließlich der anfälligste Punkt des Schiffes. Mitte des 16. Jahrhunderts gab man dies mehr und mehr auf zugunsten einer prachtvollen Eigenbespiegelung.

Einer der Originalentwürfe für die künstlerische Ausstattung des französischen Zweideckers La Couronne von 1636. Pierre Puget père und fils (Vater und Sohn) waren berühmt für ihre überreichen Entwürfe, die in der Praxis jedoch kaum durchführbar waren.

Stockholm, dem baltischen Riga oder dem russischen St. Petersburg und der damals heftig aufstrebenden „Seemacht" Kurbrandenburg (Abb. s. auch Kapitel Heckbeplankung).
Diese Städteansichten auf der Gillung waren einerseits Symbol des Stolzes, sie waren aber auch Markenzeichen, auf deren Qualität und Ehrlichkeit man setzen konnte. Solche Gillungsbemalungen waren freilich auch kompliziert und kostspielig und so verschwanden sie wieder zu Beginn des 18. Jahrhunderts.
Für den Modellbauer von Schiffen dieser Epoche sind sie ein „Schmankerl" (um es bayerisch auszudrücken), mit dem wahrlich nur die allerwenigsten Modelle prunken können!

Beplankung Oberspiegel

Die Beplankung samt Zierleisten des Spiegels war grundsätzlich waagerecht angeordnet. Etwa zwischen Fenstern wurden mitunter jedoch auch senkrechte Hölzer gesetzt – hier müssen für den Modellbauer ganz einfach Logik und Vernunft entscheiden.

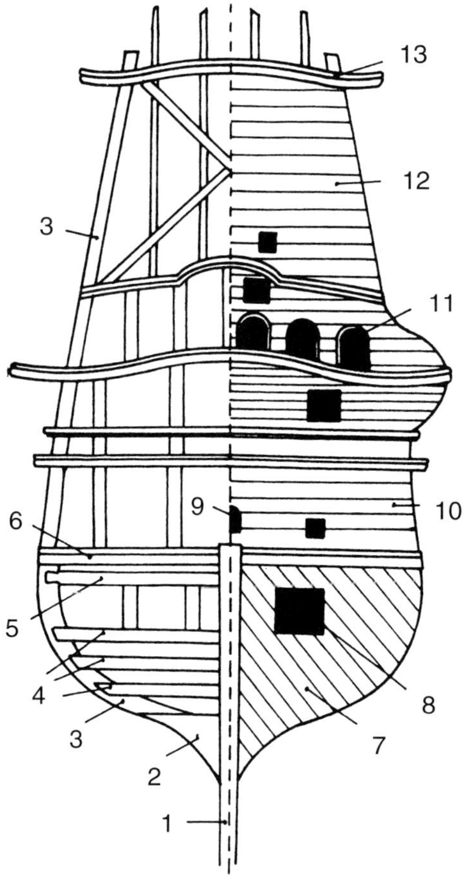

Heckkonstruktion des holländischen Ostindienfahrers PRINS WILLIM von 1651. 1. Achtersteven, 2. Piekstück, 3. Randsomholz oben mit Querversterbung für den Oberspiegel, 4. Ascassenbalken, 5. Heckbalken, 6. Spiegelbalken, 7. Spiegelplanken, 8. Stückpforte, 9. Hennegatt, 10. Gillung, 11. Kajütenfenster, 12. Spiegel, 13. Hackbord. (Zeichnung nach Herman Ketting, Amsterdam)

Spiegelform

Im Grundprinzip richtete sich der Heckspiegel nach den seitlichen Außenkanten der Heckaufbauten, welche vor allem im Spätmittelalter schon auch ganz erheblich über den eigentlichen Rumpf hinausgreifen konnten (s. Kap. Kastelle und Aufbauten).

Als ab dem sehr späten 16. und frühen 17. Jahrhundert zunehmend das Schiffsheck mit Balkonen, Galerien und Seitentaschen ausgestattet wurde, bezog man diese selbstverständlich entsprechend in die Gestaltung des Heckspiegels mit ein.

Ende des 17. Jahrhunderts bildeten sich zwei absolut typische Formen des Heckspiegels heraus:

England gestaltete das „Hackbord" (die oberste Kante des Spiegels) in einer doppelten S-Kurve, welche deutlich die seitlich angesetzten Seitentaschen betonte. Holland und Frankreich entschieden sich für eine klare Ellipsen- bzw. Hufeisenform, welche selbstverständlich ebenfalls die Seitentaschen optisch einschloss. Diese Form setzte sich in Kontinentaleuropa allgemein durch, selbst in Ländern, die ansonsten nach englischem Muster bauten. Nur Russland bevorzugte die englische Form.

Heckspiegel mit abgesetzten Seitentaschen eines englischen Schiffes.

Hufeisenförmiger Heckspiegel eines niederländisch-französischen Schiffes.

Spiegelfarbe

Als Grundfarbe für Oberspiegel und Seitentaschen verwendete man bis in die erste Hälfte des 18. Jahrhunderts stets jene Farben, in denen der obere Teil der Bordwand gestrichen war.
Im 17. Jahrhundert war es auf Schiffen niederländischer Bauart beliebt, das Hauptfeld des Spiegels „natürlich“ zu gestalten, oder besser gesagt, als eine „Bühne“. So ritt der brandenburgische Kurfürst *Friedrich Wilhelm* zu Pferde (so hieß das Flaggschiff des Großen Kurfürsten) als Halbrelief vor einem gemalten Hintergrund mit Meer und Himmel und seitlichen, ebenfalls gemalten, Bühnenvorhängen einher, wenn man dem Gemälde von Lieve Verschuier glauben darf (und es gibt keinen Grund, ihm nicht zu glauben).
Als sich dann ein Anstrich und die Farben Schwarz und Ocker allgemein durchsetzten, wurde Schwarz die Grundfarbe – ohnehin ein wirkungsvoller Hintergrund für vergoldeten (bzw. goldfarben gemalten) Zierrat. Lediglich Holland verwendete noch über die Jahrhundertmitte hinaus teilweise das nationale Grün. (s. hierzu auch Band 2, Material und Werkzeug, Kap. Nationlfarben und Kap. Silber und Gold sowie Kap. Farben am Schnitzwerk).

Modellbau

Für den Modellbauer hält der Heckspiegel konstruktiv kaum nennenswerte

Schwierigkeiten bereit, umso größere freilich, was die Ausstattung mit Schnitzereien und dergleichen anbelangt!

Achtung! Je prachtvoller und je reicher geschmückt ein Heckspiegel ist, umso leichter „verliebt" man sich in ein Schiff! Doch wenn es dann an die Ausführung geht ...
Die Tugend der Selbstbescheidung ist für den Modellbauer nirgends notwendiger als beim Anblick eines prächtigen Heckspiegels! (S. auch Band 1, MODELLE UND VORKENNTNISSE, S. 72.)
Als das Deutsche Technikmuseum in Berlin unbedingt eine WASA haben wollte, stand ich vor einem echten Problem: Im erwünschten Maßstab 1:50 (von noch kleineren Maßstäben, in denen dieses höchst beliebte Schiff von verschiedenen Modellbaufirmen angeboten wird, mal ganz zu schweigen) sind die zahllosen Schnitzereien einfach nicht darstellbar (was Ihnen auch die besten Modellschnitzer bestätigen werden)! Zumindest nicht in der historisch korrekten Form, denn hier handelt es sich nicht um Serienschnitzereien, wie vielfach auf englischen Schiffen zu beobachten, sondern um jeweils höchst eigenständig gestaltete Figuren. So hat, um nur ein Beispiel zu nennen, jeder der 26 „römischen Krieger" an den Unterteilen des Spiegels und den unteren Galerien ein ganz individuelles Aussehen, eine andere Armhaltung und eine andere Bewaffnung – was letztlich ja auch den besonderen Reiz dieses Schiffes ausmacht!
Wir einigten uns schließlich auf den doppelt so großen Maßstab 1:25. Damit wurde das Modell freilich fast drei Meter lang, fast einen halben Meter breit und entsprechend hoch. Ich benötigte seinerzeit drei muskelstarke Freunde, um den Rumpf aus meiner „Werft" in einen entsprechenden Transporter zu schaffen, und auftakeln musste ich das Modell „vor Ort" im Museum, da es „komplett" keinesfalls mehr durch irgendeine Wohnungstür gepasst hätte.
Darauf, dass eine Delegation der „WASA-Werft" aus Stockholm das Modell als eines der international besten und glaubwürdigsten lobte, bin ich echt stolz!
Ob derlei „Riesenteile" jedoch noch in ein ganz normales Wohnzimmer passen, wage ich allerdings zu bezweifeln! Ein paar Abbildungen meiner Berliner WASA finden Sie in Band 1, MODELLE UND VORKENNTNISSE, auf den Seiten 9, 24 und 71.
Und die Moral von der Geschicht? Überlegen Sie sehr genau, was im von Ihnen gewählten Maßstab sinnvoll darstellbar ist!
Ich sagte das schon – und werde es gebetsmühlenartig in den Bänden dieser Enzyklopädie wiederholen: Lieber ein kleineres, bescheideneres Schiff in einem Maßstab, in dem man optimal auch noch auf die feinsten Details eingehen kann, als ein großes in einem Maßstab, bei dem derlei einfach nicht mehr möglich ist!

Unterplankung

Gerade die Gillung und der Oberspiegel mit all den Durchbrüchen (Fenstern) bedürfen unbedingt einer Unterbeplankung aus einer dünnen Sperrholzplatte!
Zunächst müssen diese Platten optimal eingepasst werden, ehe man sie an die Modellbau-Heckstützen (s. Kap. Innenbau geplankter Rümpfe) anklebt und mit ein paar (später unsichtbaren!) Holzdübeln sichert und entsprechend beplankt bzw. verziert.

Heckspiegel im Verlauf der Zeit etwa zwischen 1500 und 1850.

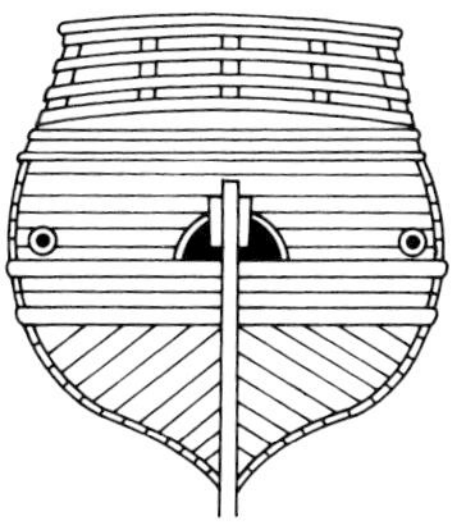

Niña
spanische Karavelle 1492

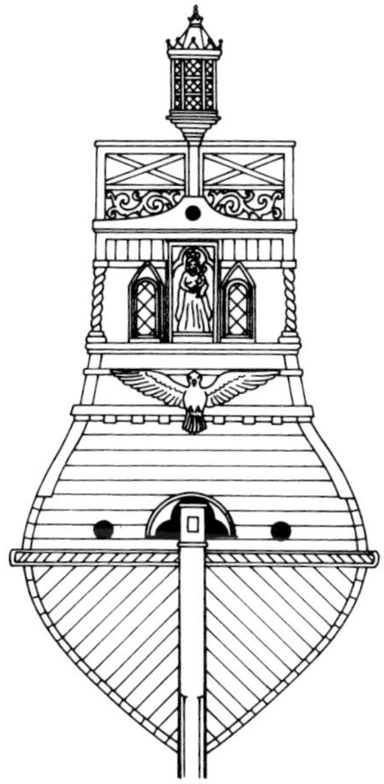

Santisima Madre
spanische Galeone 1505

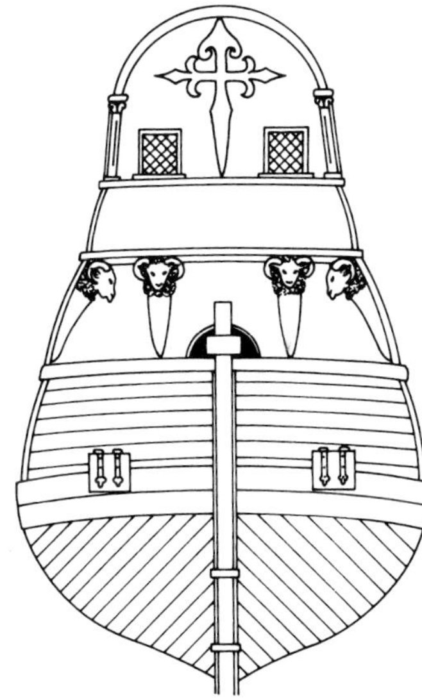

Sant Iago
spanische Galeone 1540

Elizabeth Jonas
englische Galeone 1580

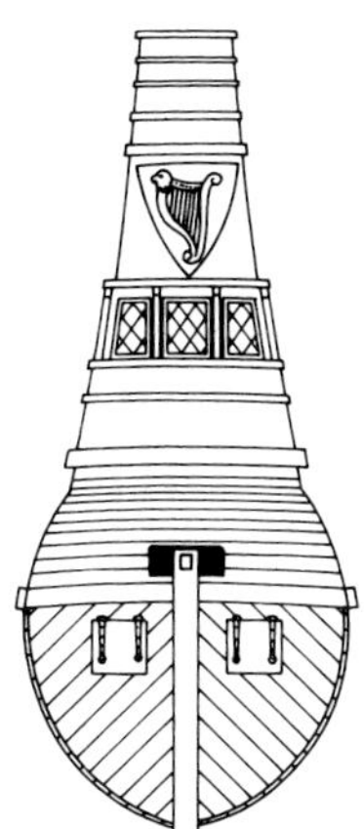

Golden Harp
irische Galeone 1580

Corona Aurea
spanische geruderte Galeone 1585

St. Michael
englischer Dreidecker 1667

Prins Willim
holländischer Ostindienfahrer 1651

Halve Maen
holländischer Zweidecker 1666

Star
holländische Fleute 1670

Angelo
neapolitanisches Navicello 1695

Große Jacht
kurbrandenburgische Jacht 1678

L'AGILE
französischer Zweidecker 1690

ROYAL GEORGE englischer Dreidecker 1715

PADMOS holländischer Ostindienfahrer 1722

IYDLAND dänischer Zweidecker 1739

ROYAL CAROLINE
englische Königs-Yacht 1749

JUPITER schwedische Kaperfregatte 1760

KNJÄH (Fürst) WLADIMIR russischer Dreidecker 1780

RATTLESNAK
amerikanische Korvette 1781

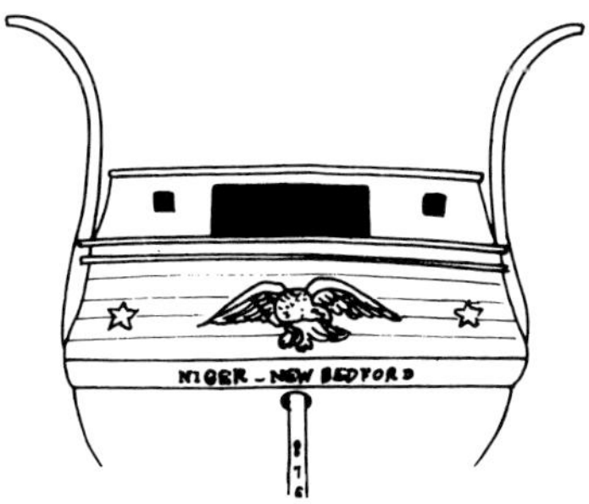

NIGER
amerikanischer Walfänger 1830

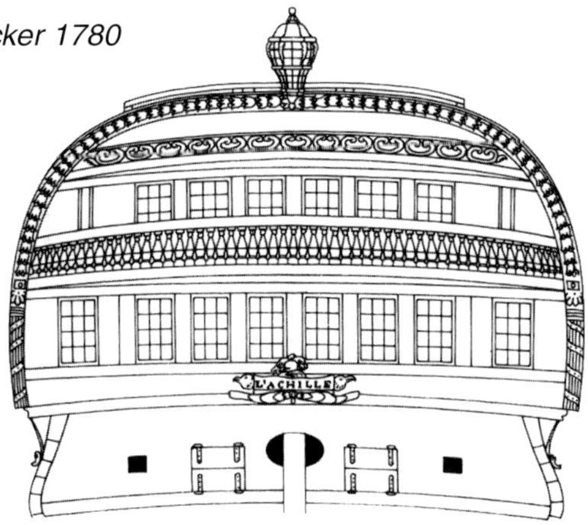

L' ACHILLE französischer Zweidecker 1790

LE SPHINX
französische Schaufelrad-
korvette 1829

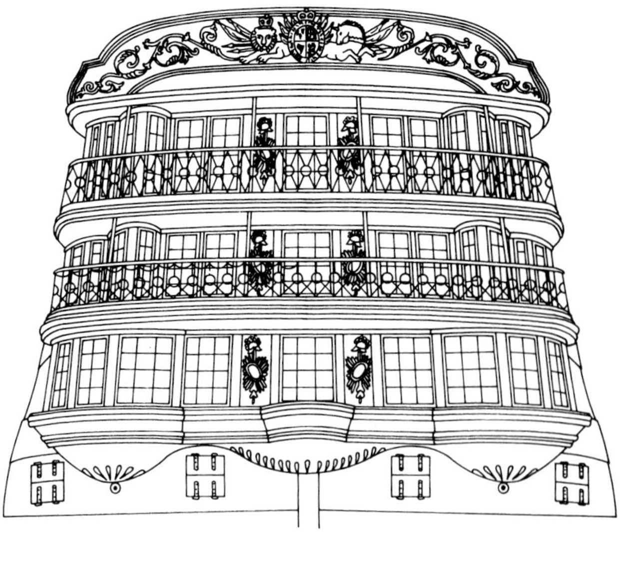

ROYAL ADELAIDE
englischer Dreidecker 1828

Belle Poule
französische Fregatte
1834

Gillung

Sie einzupassen, anschließend waagerecht (!) zu beplanken und die Gillungsplanken mit den Außenplanken entsprechend zu verschleifen, zählt zweifellos zu den leichtesten Übungen im historischen Schiffsmodellbau. Das Hennegatt war, zumindest ehe man es mit einer Ledermanschette verkleidete (s. Band 4, Die Ausrüstung, Kap. Ruder), eine echte Rumpföffnung.

Der niederländische Ostindienfahrer Oostrust von 1721. Mit solchen Schiffen errichteten die Niederländer ihr Kolonialreich in Indochina und Indonesien. Typisch der hufeisenförmige Heckspiegel. (Modell im Nederlandsch Historisch Scheepvaart Museum, Amsterdam)

Da die Stückpfortendeckel hier ja in aller Regel geschlossen waren, muss man diese im Holz nur entsprechend einritzen.

Oberspiegel

Der Bau des Oberspiegels hält – von den schon angesprochenen Tücken seiner Verzierungen und Schnitzereien abgesehen – kaum modellbauerische Schwierigkeiten bereit. Trotzdem ein paar Tricks, die man tunlichst beherzigen sollte:

1. Eine „Unterbeplankung“ aus dünnem Sperrholz ist nahezu unumgänglich. Auf ihr kann man die Öffnungen etwa der Fenster tadellos aufzeichnen und dann aussägen und behält trotzdem eine stabile Unterkonstruktion.
2. Selbstverständlich war auch der Oberspiegel im Prinzip waagerecht beplankt. Etwa zwischen den Fenstern setzte man die Planken allerdings vernünftigerweise auch senkrecht – hier ist ganz einfach logischer Menschenverstand gefordert.
3. Passen Sie den Spiegel optimal samt Oberbeplankung in das Heck Ihres Modells ein – aber befestigen Sie ihn eventuell jetzt noch nicht endgültig! Viele Details wie Fenster, Fensterrahmen, Zwischenstücke und sogar manche Schnitzereien lassen sich sehr viel bequemer montieren, wenn Sie das Werkstück flach vor sich auf dem Arbeitstisch liegen haben, statt auf einer mehr oder minder schrägen Fläche „herumfummeln“ zu müssen ...
4. Die Böden von Balkonen schneidet man ebenfalls aus dünnstem Sperrholz, das seinerseits in den Heckstützen zuverlässig verankert/verklebt sein muss. Man beplankt sie oben wie unten mit entsprechenden Edelholzleisten.
5. Zweifellos wird der Oberspiegel noch nicht endgültig fertig sein, wenn Sie ihn an die Heckstützen des Modells kleben und dübeln müssen. Trotzdem sollte zumindest ein erheblicher Teil der Arbeit da schon getan sein – je mehr umso besser!

Zierleisten

Die zahlreichen Zierleisten – das Hackbord, die oberste Abdeckung des Spiegels inbegriffen – entsprechend in ihrem Profil zu formen, sie nicht nur in der Höhe (senkrecht), sondern besonders in der Breite (waagerecht) zu biegen und zu montieren, kann in ein echtes Problem ausarten. Dieses kann man freilich relativ einfach lösen: Schneiden Sie die verschiedenen Schichten der Leiste aus dünnem Vollholz (eventuell auch Furnier) und schmirgeln Sie die Außenkanten entsprechend zurecht. Dann kleben Sie die Teile übereinander. Die noch erforderliche Waagerechtbiegung stellt keine ernstliche Schwierigkeit dar. Entsprechend vergoldet oder goldfarben gestrichen wird kein Mensch den „Betrug“ entdecken, zumal auch im Original solche Leisten oft in der gleichen Weise zusammengesetzt wurden.

Tipp: Die vielfach beliebten Zierleisten, die wie gedrehte Schnüre aussehen, kann man tatsächlich am einfachsten aus solchen mit deutlichem „Schlag“ herstellen (optimal hierfür ist das Takelgarn von GRAUPNER!). Nachdem man sie entsprechend „abgeflammt“ hat (s. Band 8, TAUE, BLÖCKE UND SEGEL, Kap. Taue am Modell) werden sie mit Lack eingelassen und anschließend entsprechend vergoldet oder bemalt. Die nun ziemlich steifen, aber nicht starren Schnüre kann man nun mit einem Skalpell exakt zurechtschneiden und am besten mit „UHU-Alleskleber-Kraft“ an ihren Platz kleben. Sie werden verblüfft sein, wie „hölzern“ sie dort aussehen!

Zu dem übrigen Zierrat sei Ihnen nochmals Band 2, MATERIAL UND WERKZEUG, Kap. Schnitzen sowie Kap. Gips und Kunstharz dringend zur Lektüre empfohlen!

Dringende Warnung

Etliche renommierte Modellbaufirmen bieten mittlerweile komplette Spiegel (nebst Seitentaschen und Galion) aus Tombak, Kunststoff oder Pressholz an. Das ist zwar zweifellos gut gemeint und für den Anfänger sogar durchaus interessant. Der gravierende Nachteil ist allerdings doppelt: Zum einen ist man damit auf den Maßstab der entsprechenden Baukastenmodelle festgelegt, der nur selten dem gewünschten Idealmaßstab entspricht (s. Band 1, MODELLE UND VORKENNTNISSE, Kap. Der Maßstab oder auch in diesem Band das Kap. Galion). Zum anderen sehen die glatten, eigentlich „geplankten“ Flächen des Untergrunds nicht nur gna-

Die Jacht AMPHION, erbaut 1778 von Fredrik Henrik af Chapman in Djurgarden für König Gustav III. von Schweden.
(Modell der Firma COREL, Mailand)

denlos unnatürlich aus, sondern sie lassen sich, selbst mit den besten malerischen Tricks, niemals so einfärben wie echtes Holz.

Kompromiss
Man kann derlei Industrieangebote allerdings durchaus nutzen, sofern man gegebenenfalls nicht die kompletten Teile, sondern etwa nur die Schnitzereien herausschneidet und benutzt.
Die Sache hat freilich zwei gravierende Haken: Man ist an den vorgegebenen Maßstab und vor allem an die historische Korrektheit von derlei Teilen gebunden – und da hapert es oft gewaltig!

Beispiel:
Die AMPHION von 1778 war zwar genau genommen eine Brigg, doch als privates Luxusschiff des schwedischen Königs Gustav III. mag man den Begriff „Yacht" durchgehen lassen. Der Maßstab des COREL-Baukastens liegt mit 1:40 zwar etwas außerhalb der „klassischen" Maßstäbe, ist aber erfreulicherweise so groß, dass man wirklich auch kleinere Details zeigen kann!
Fehler: Das Modell wäre eigentlich optimal nebst Quellenunterlagen, denn das originale Heck der AMPHION wurde schon vor langer Zeit im Statens Sjöhistoriska Museum in Stockholm aufgebaut. Doch bereits ein erster Blick lässt erkennen, dass historische Realität und Modellbaufiktion miteinander so viel zu tun haben wie (außer, dass beide Wirbeltiere sind) Krokodile mit Kaninchen ...!

Jeder macht Fehler und dass Baukästen aus Maßstabs- und Kostengründen manches vereinfachen, ist bekannt. Doch solch grobe, dabei leicht vermeidbare Fehler finde ich empörend. Vor allem bei einer Firma wie COREL, die sich – und das sei hier durchaus betont! – in der Regel um wirklich gute Baukästen bemüht und damit auch entsprechend wirbt!

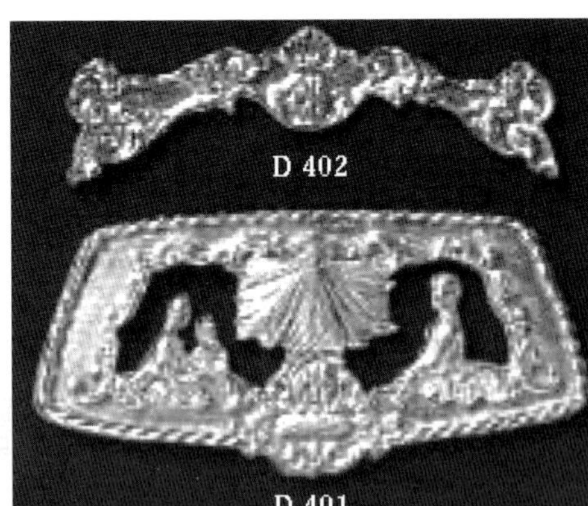

Das Heck der AMPHION: Links das Original im Sjöhistoriska Museum in Stockholm, rechts das Fertigteil von COREL – die historische Ähnlichkeit ist für den Autor unauffindbar ...

Galerien und Seitentaschen

Etwa Mitte des 16. Jahrhunderts begann man damit, offene Balkone bzw. Ga-

Heck und Seitentasche des englischen 100-Kanonen-Dreideckers HMS Prince von 1670.

lerien um das Heck zu führen. Zusammen mit dem hohen, schmalen Achterschiff und dem tiefen, flachen Galion bestimmten diese die Silhouette der Schiffe jener Epoche.

Das Admiralty-Model der HMS Prince ist fraglos eines der beeindruckendsten Modelle, die jemals gebaut wurden! Hier vermag sich der Kenner nur in Ehrfurcht zu verneigen! (Modell im Science Museum, London-South Kensington)

Offene Balkone und Galerien am Heck wurden im 16. Jahrhundert üblich. An den Hecktaschen wurden sie im 17. Jahrhundert zunehmend überbaut bzw. abgedeckt während sie vielfach bis ins späte 18. am Heck offen blieben. Sie verschwanden nach und nach in der Mitte des 19. Jahrhunderts wieder.

Oben: kleine kurbrandenburgische Galeone um 1600, möglicherweise der kurbrandenburgische ROTE LÖWE.
Unten: große holländische Galeone Anfang des 17. Jahrhundert mit doppelter Galerie nach einem Stich von W. Barentsoens.

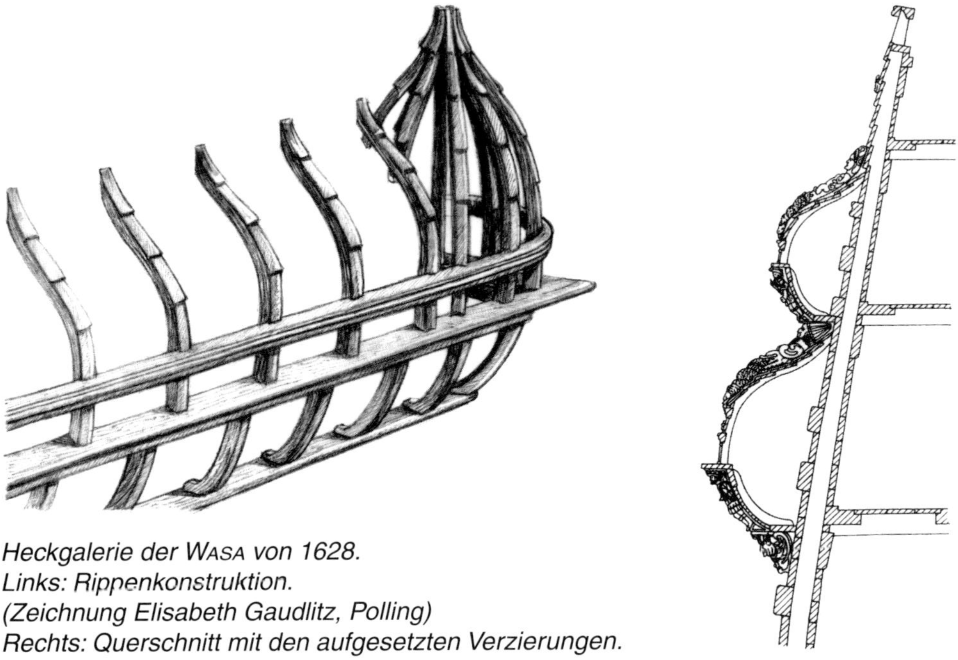

Heckgalerie der W*ASA* *von 1628.*
Links: Rippenkonstruktion.
(Zeichnung Elisabeth Gaudlitz, Polling)
Rechts: Querschnitt mit den aufgesetzten Verzierungen.

Um 1580 begann man dann, diese offenen Galerien zu überbauen, sie als „Seitentaschen“ zu bezeichnen und sie, je nach Zeitgeschmack, mit Türmchen, Fenstern und reichlich Schnitzwerk auszustatten.
Ebenso wie der Heckspiegel waren die Seitentaschen bis in die erste Hälfte des 18. Jahrhunderts von Land zu Land sehr unterschiedlich in der Grundkonstruktion und galten, wie der Spiegel und das Galion, als typisches Merkmal zur Erkennung der Nationalität eines Schiffes. England baute die Seitentaschen geschlossen mit einem halbrunden Grundriss und ein oder zwei Reihen Fenster. Holländische (und damit auch deutsche, dänische, schwedische und russische) Schiffe hatten meist längliche und ziemlich niedrige Seitentaschen, die sich stark nach außen wölbten und oftmals über keine Fenster verfügten. Frankreich und Spanien bevorzugten eine, bei großen Schiffen auch zwei offene Galerie(n), die sich ohne sichtbaren Übergang mit einem runden oder ovalen Mittelfenster an den Spiegel anschloss(en).
Vor allem Engländer und Franzosen feierten an den Seitentaschen wahre Orgien mit prunkvollem Schnitzwerk. Doch auch wenn sich die Schiffe niederländischer Bauart eher etwas bescheidener gaben, fehlte es dort keineswegs an Ausnahmen, welche die Regel bestätigten (s. WASA).

Man hat allerlei schlaue Erklärungen für diese Bauteile zu finden versucht: Der „liebe Gott“ – natürlich meine ich den Kapitän, was auf einem Schiff keinen allzu wesentlichen Unterschied machte – könne dort sportlich-munter ausschreiten, ohne deshalb unter den restlichen „Pöbel“ des Schiffsvolks (Passagiere inbegriffen) zu geraten. Man könne von dort aus mit Arkebusieren und Musketieren ein feindliches Schiff optimal beschießen. Die Fenster würden besseres Licht in Kapitäns- und Offizierslogis lenken. Man könne … alles Quatsch!

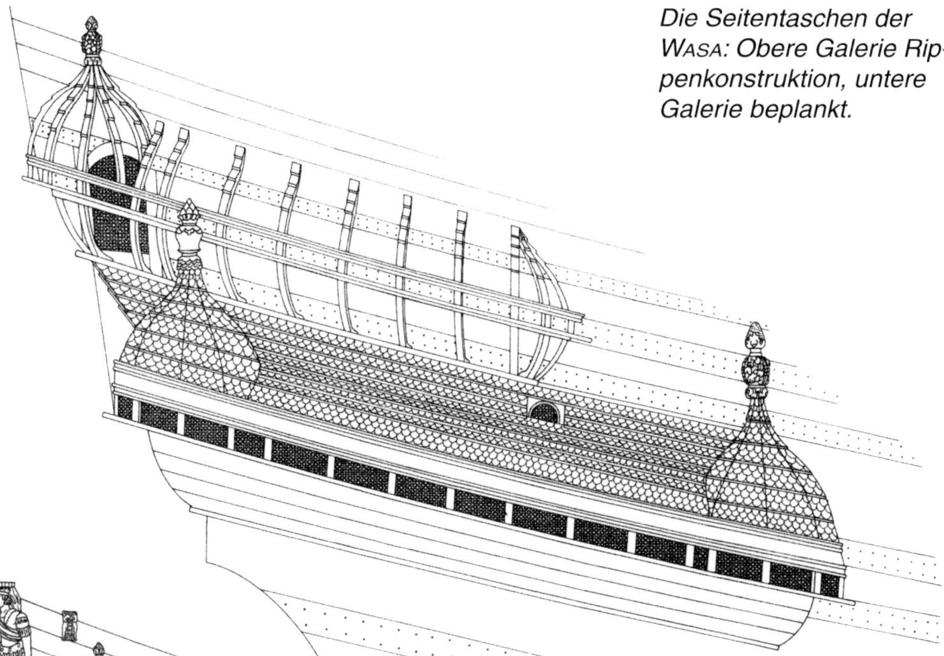

Die Seitentaschen der Wasa: Obere Galerie Rippenkonstruktion, untere Galerie beplankt.

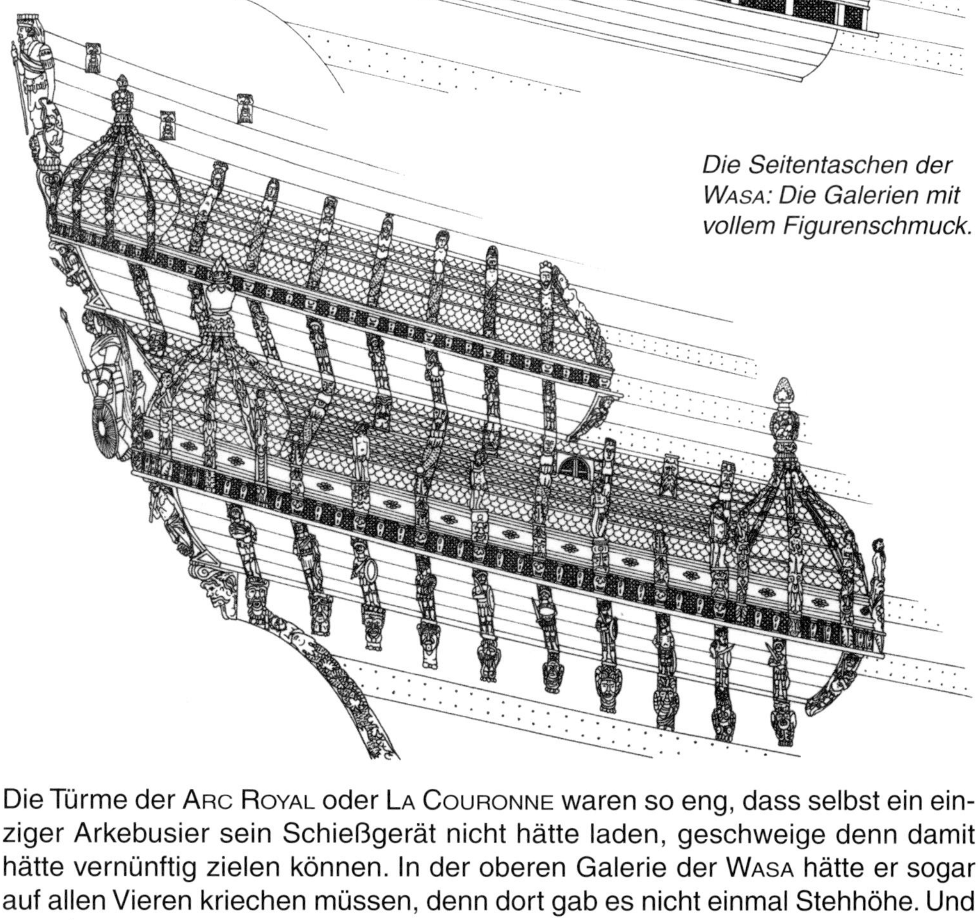

Die Seitentaschen der Wasa: Die Galerien mit vollem Figurenschmuck.

Die Türme der Arc Royal oder La Couronne waren so eng, dass selbst ein einziger Arkebusier sein Schießgerät nicht hätte laden, geschweige denn damit hätte vernünftig zielen können. In der oberen Galerie der Wasa hätte er sogar auf allen Vieren kriechen müssen, denn dort gab es nicht einmal Stehhöhe. Und was das Licht anbelangt, so waren zumindest im 17. Jahrhundert die Seitenta-

schen nur „aufgesetzt“, ein Lichtstrahl konnte also nur bis zur eigentlichen, dicht geschlossenen Bordwand, aber nicht weiter dringen.
So prunkvoll die Seitentaschen aussahen, rein „praktisch“ erfüllten sie allenfalls eine einzige sinnvolle Funktion: Sie beherbergten den „Nachttopf“, sprich die Latrine des Kapitäns, die er allenfalls noch mit ein paar hohen Offizieren und eventuell höchstrangigen Passagieren zu teilen bereit war. Uns mag dies heute ein wenig übertrieben erscheinen, doch im Denkmuster jener Zeit hätte es an ein (dies ist durchaus wörtlich zu verstehen!) Sakrileg gegrenzt, hätte man den „gottgleichen“ Kapitän bemerkt, wie er sich mit heruntergelassenen Hosen durchaus menschlich erleichterte ... (s. dazu auch Band 4, Die Ausrüstung, Kap. Latrinen).
Seit etwa der Mitte des 18. Jahrhunderts wurde eine französisch-englische

Heck und Seitentasche des französischen 100-Kanonen-Schiffs Soleil Royal von 1670. Im späten 16. und frühen 17. Jahrhundert „klotzten“ die großen Seefahrernationen mit geschnitztem Prunk rein, was nur überhaupt möglich war. Frankreich liebte dabei offene Galerien, England eher geschlossene, auch wenn dies keineswegs immer die Regel war – nur die Niederlande gaben sich da ein bisschen sparsamer.
(Modell im Musée de la Marine, Paris)

Heck und Seitentasche des französischen Dreideckers Royal Louis *von 1690. (Modell im Musée de la Marine, Paris)*

Mischform allgemein üblich. Als Grundriss diente nun das Viertelsegment einer Ellipse, die achtern von den Seitenteilen des Heckspiegels abgeschlossen wurde. Sie besaßen, je nach Größe des Schiffes ein bis drei Reihen Fenster, von denen zumindest die vorderen nun tatsächlich der Beleuchtung von Kapitänskajüte und Offizierskabinen dienten. Der Schmuck wurde drastisch reduziert, auch wenn man keineswegs völlig auf ihn verzichten mochte.

Auf kleineren Kriegsschiffen verboten sich allzu prachtvolle Seitentaschen aus technischen Gründen. Aber die waren eben so repräsentativ! So gab es auf der französischen Fregatte La Renommée von 1725 Seitentaschen, die in jeder, auch nur irgendwie gearteten praktischen Beziehung absolut sinnlos waren – aber schön anzusehen waren sie eben! (S. Abb. Band 2, Material und Werkzeug, S. 44 und 122.)
In der Regel behalf man sich mit „Mini"-Seitentaschen oder einem prächtig „gerahmten" Fenster in der Bordwand, das, sofern es ein wenig hervorstand, mitunter auch als „Laterne" bezeichnet wurde.

Mit Ausnahme der stolzen Ost- und Westindienfahrer hatten sich Handelsschiffe den Luxus von Seitentaschen ohnehin nie leisten können oder wollen. So völlig verzichten mochten freilich auch sie nicht darauf, und so wurden zumindest bis ins späte 18. Jahrhundert Mini-Seitentaschen, Laternen und gerahmte Fenster weitgehend üblich.

In der zweiten Hälfte des 19. Jahrhunderts verschwanden die Seitentaschen zusammen mit dem Heckspiegel, nicht ohne dass offene Balkone und Galerien, vor allem auf französischen Kriegsschiffen, nochmals eine kurze Renaissance feiern durften.

Modellbau

Der Bau von Galerien und Seitentaschen ist zweifellos komplizierter als der Bau des Heckspiegels. Einerseits müssen sie an eine mehr oder minder gebogene Bordwand angepasst werden. Andererseits zeigen die entsprechenden Pläne nur in den seltensten Fällen konstruktive Einzelheiten. Hier muss selbst der Baukastenmodellbauer in aller Regel selber zu Millimeterpapier, Lineal und Zirkel greifen oder sogar Schablonen aus Karton fertigen, um die rechte Form zu finden. In schwierigen Fällen können da auch „Vor"-Modelle aus Abachi, Balsa oder Gips durchaus hilfreich sein. *Keinesfalls* sollten Sie die Seitentaschen im Schwierigkeitsgrad bei der Wahl Ihres Modells unterschätzen!

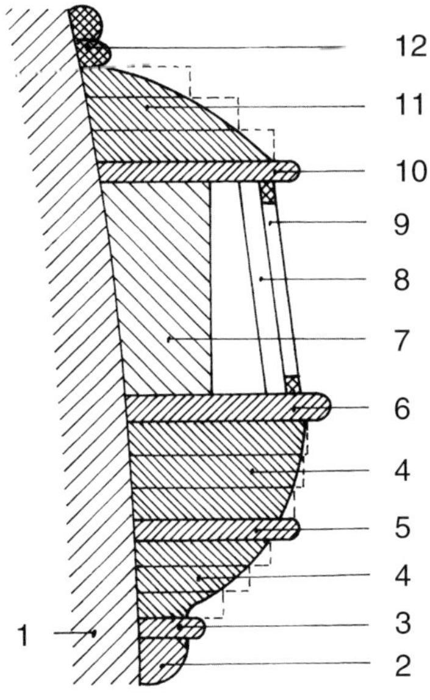

Modell-Aufbau einer Seitentasche: 1. Bordwand, 2. Fuß (oft geschnitzt), 3. Unterplatte, 4. Unterbau, 5. Zierleiste (vernünftigerweise als Platte gebaut), 6. Fensterunterplatte, 7. Binnenstütze (diese und der Raum hinter den Fenstern dunkelblau gestrichen), 8. Rippen zwischen den Fenstern, 9. Fenster, 10. Fensteroberplatte (bei großen Schiffen 6. bis 10. entsprechend mehrfach), 11. Dach, 12. Knauf (verschwand vielfach in der 2. Hälfte des 18. Jahrhunderts). 4. und 11. günstig aus mehreren entsprechend dicken Edelholzplatten geschnitten und zusammengeklebt (Schichtbauweise).

Binnengerüst und Plankung

Praktisch baut man zunächst ein Binnengerüst aus Sperrholz, das dann erst mit einer Unterbeplankung, danach mit einer entsprechenden Oberbeplankung versehen wird. Manchmal, z. B. bei Türmchen, macht es auch Sinn, auf eine Unterbeplankung zu verzichten und gleich mit etwas stärkeren Edelholzplatten zu arbeiten. Selbstverständlich waren auch die Seitentaschen waagerecht (bzw. gemäß dem Sprung der Normalbeplankung) beplankt. Zwischen den Fenstern, waren aber mehr oder minder senkrechte Hölzer eher die Regel als die Ausnahme.

Fenster

Siehe bitte das Folgekapitel.

Bau der Seitentaschen anhand des russischen 74-Kanonen-Linienschiffes Aleksandr Nevskij von 1780: Zunächst werden mit Hilfsklötzchen die verschiedenen Ebenen eingebaut und mit schmalen Leisten zwischen den Fenstern verbunden. Dann werden die Fenster eingesetzt und das Ganze geplankt. Schließlich werden Dach und Fuß montiert (nicht im Bild) und endlich entsprechend dekoriert. (Modell von Wolfram zu Mondfeld, Hohenfurch für das Deutsche Technikmuseum, Berlin. Das Ergebnis können Sie in Band 2, Material und Werkzeug, S. 32/33 sehen).

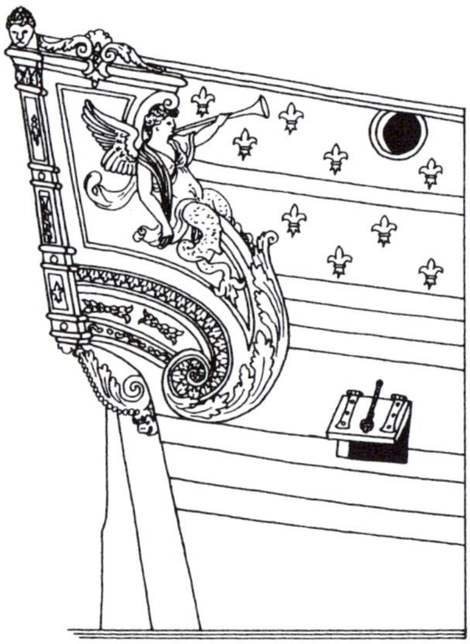

Seitentasche der französischen 36-Kanonen-Fregatte La Renommée von 1725. Völlig funktionslos – aber wunderschön anzuschauen. Mehr Bilder zu dem Modell von Wolfram zu Mondfeld, Hohenfurch, im Deutschen Technikmuseum, Berlin, in Band 2, Material und Werkzeug, S. 44, 45 und 122.

Seitentaschenfuß

Den untersten Teil einer Seitentasche setzt man am besten aus dicken/dünneren Edelholz-Vollbrettchen in der Art der Schichtbauweise (s. Kap. Innenbau geplankter Rümpfe) zusammen und verschleift diese dann entsprechend. Bei sehr stark geschnitzten Teilen darf man, sofern man nicht gerade ein Blankholzmodell baut, durchaus auch an eine Herstellung aus Gips oder Kunststoff denken (s. dazu auch Band 2, Material und Werkzeug, Kap. Schnitzen und Kap. Gips und Kunstharz).

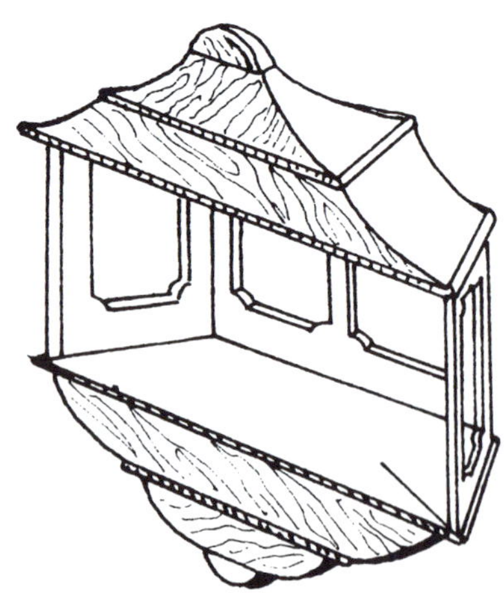

Bau einer kleinen Seitentasche, einer „Laterne". Das Bauprinzip ist identisch. Zu beachten das aus verschieden starken Brettchen zusammengesetzte Fuß und Dach. (Modell und Zeichnung von Günter Bossong)

Seitentaschen vom 17. bis 19. Jahrhundert.

LA COURONNE
französischer Zweidecker 1636.

FRIEDRICH WILHELM ZU PFERDE
brandenburgischer Zweidecker holländischer Bauart 1680

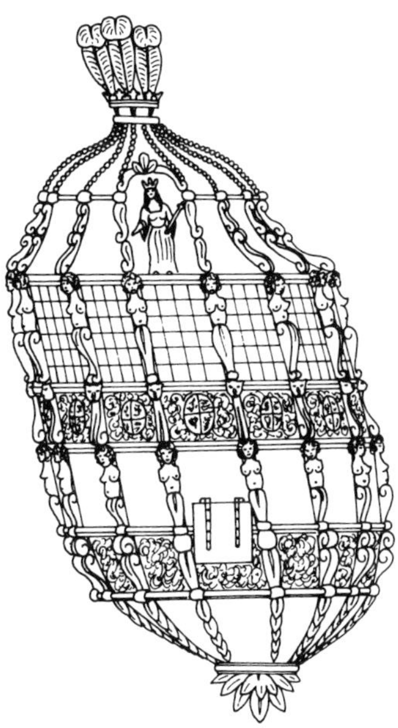

ROYAL KATHERINE
englischer Dreidecker 1664

HMS VICTORY
englischer Dreidecker 1800

Holländische Staatenjaght um 1790

BLANDFORD
englische 20-Kanonen-Fregatte 1720

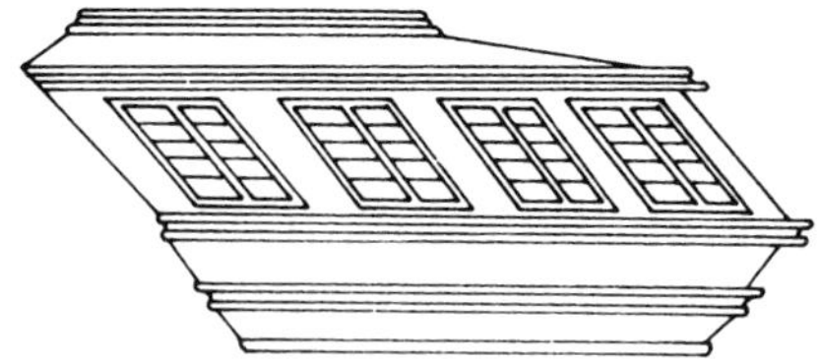

Englische leichte Fregatte um 1760 | *Englischer Kutter um 1780* | *GULNARA sardische Schaufelradkorvette 1832*

Seitentaschendach

Modellbautechnisch identisch ist die Herstellung des Daches. Bei geklinkerten Dächern, wie etwa dem an meiner WASA, gab es da ohnehin gar keine andere vernünftige Möglichkeit. Bei den relativ flachen Dächern seit der Mitte des 18. bis ins 19. Jahrhundert mag man auch eine Unterlage, etwa aus Abachi, zurechtschleifen und diese dann beplanken.

Ziegel

Bis ins 19. Jahrhundert hinein waren Dachbedeckungen aus gebrannten Tonziegeln eine unmissverständliche Demonstration von Wohlhabenheit! (Heute ist dies dank entsprechender Versicherungsprämien für die seinerzeit üblichen Stroh- bzw. Reetdächer eher umgekehrt!). Wie dem auch sei: Seit dem späten 16. bis ins 18. Jahrhundert waren „Ziegel“ auf den Dächern von Seitentaschen gelegentlich der letzte Modeschrei!

Ton war dafür allerdings denkbar ungeeignet. Bei der WASA waren die entsprechenden Ziegel mit Bleiweißstrichen nur angedeutet. Etwas später stellte man sie aus Holzschindeln her, deren Ränder weiß oder golden bemalt wurden – für den Modellbau eignet sich dafür am besten Zeichenkarton. Wirklich prunkvolle Schiffe deckten die Seitentaschendächer mit Ziegeln aus Kupfer, mitunter auch aus Messing. Da diese Ziegel sehr klein, dafür umso zahlreicher sind, ist es äußerst mühsam, sie mit einer Schere von Hand auszuschneiden. Sehr viel einfacher ist es, sie aus einer Metallfolie zu punzen (s. Band 2, MATERIAL UND WERKZEUG, Kap. Metall bearbeiten).

Entschuldigung: Vergeben Sie mir bitte, wenn ich Ihnen hier kein Patentrezept für Ihre gerade benötigte, spezielle Seitentasche liefern kann. Dies würde ganz eindeutig den Rahmen dieses Bandes beträchtlich sprengen. Grundform und Aussehen können/sollten Sie Ihren Plänen entnehmen können – und dann sind eben konstruktives Denken, Schablonen, handwerkliches Geschick nebst gelegentlich einem ersten oder zweiten missglückten Versuch (durch den man ja auch nicht dümmer wird) gefragt.

Tipp: Bauen Sie die Seitentaschen so weit wie irgend möglich auf Ihrem Arbeitstisch fertig, ehe Sie diese mit „UHU-Alleskleber-Kraft“ oder besser noch „Zweikomponenten-Kleber“ (s. Band 2, MATERIAL UND WERKZEUG, Kap. Materialverbindungen) an Ihrem Modell befestigen!

Fenster

Da sich im Heck die Kajüte des Kapitäns – und gegebenenfalls noch höherer „Tiere“ – befand, waren diese oft üppig mit Bleiglasfenstern und sogar Privatbalkonen ausgestattet.
Gewiss waren, verglichen mit den Hängematten der Matrosen irgendwo in den unteren Decks und auch den winzigen „Kabüffchen“, in denen die übrigen Schiffsoffiziere hausten, diese Kajüten großräumig und „luxuriös“. Freilich hielt sich aber auch hier der Luxus in eher bescheidenen Grenzen, wenn man daran denkt, dass es etwa auf vielen britischen Schiffen das Privileg der Offiziere war, beim obligaten „Toast auf den König“ auf ihren Stühlen sitzen zu bleiben – weil sie sich sonst an der niederen Balkendecke die Köpfe eingeschlagen hätten ...
Erst gegen Mitte des 19. Jahrhunderts wurde auch den (durchaus oft vornehmen und gut zahlenden) Passagieren auf entsprechenden Zivilschiffen mit Hilfe von verglasten Oberlichtern in ihren Kabinen etwas Tageslicht zugestanden. Auch wenn der berühmte Charles Dickens 1842 seine Kabine auf der BRITANNIA (dem elegantesten „Luxusliner“ seiner Epoche) als „lächerliche Schachtel“ bezeichnete und als eine „völlig unpraktische, gänzlich hoffnungslose und widernatürliche Kiste“, in die sein Gepäck hineinpasse „wie eine Giraffe in einen Blumentopf“ und über sein Bett maulte: „Nie wurde etwas Kleineres zum Schlafen gebaut, außer Särgen.“

Blick in die Kabine von Charles Dickens auf der BRITANNIA 1842.
Auch wenn der große Schriftsteller so ziemlich kein gutes Haar an ihr ließ, war sie doch ganz erheblich bequemer als das, was man in früheren Zeiten – von Kapitänen und Admirälen natürlich abgesehen – selbst höheren Offizieren und Passagieren (von der Mannschaft ganz zu schweigen) an Unterkünften zumutete. Immerhin hatte diese Kabine sogar ein Bullauge – links oben in der Mitte –, durch die etwas frische Luft eindringen konnte.

Glas

Glas war bis ins 19. Jahrhundert hinein ausgesprochen teuer – und damit ein wunderbares Mittel, entsprechend zu protzen.
Glas hat allerdings auch die Eigenschaft ausgesprochen starr zu sein und lieber zu brechen, als sich irgendwie biegen zu lassen. Damit war Glas vor allem auf Holzschiffen ein echtes Problem: Von Wind und Wellen einmal abgesehen, denen Holz selbstverständlich irgendwie nachgibt, verzieht sich Holz auch, quillt in Feuchtigkeit auf und schrumpft bei Trockenheit. Normalerweise nimmt man dies überhaupt nicht zur Kenntnis. Glas reagiert da freilich äußerst empfindlich. So nicht anderweitig abgefedert, springt und bricht es unbarmherzig, wenn sich sein Umfeld auch nur im Millimeterbereich verändert.

Der 100-Kanonen-Dreidecker NASEBY *wurde auf Befehl von Oliver Cromwell 1655 als Flaggschiff der englischen Flotte erbaut und nach dem Sturz des protestantisch-revolutionären „Commonwealth" in* ROYAL GEORGE *umbenannt.*
Das Modell wurde etwa 1653 gebaut und ist damit das möglicherweise älteste Admiralty-Model.
(Modell im Science Museum, London-South-Kensington)

Von den Seitentaschen abgesehen waren Fenster in den seitlichen Bordwänden bis ins 19. Jahrhundert eine ausgesprochene Seltenheit.

Auf Holzschiffen war das Problem massiv. Eisen-/Stahl-Schiffe verzogen sich zwar nicht durch Feuchtigkeit, dafür wurden sie umso mehr von ihren Maschinen erschüttert. Selbst modernste Schiffe versuchen daher, ihre Fensterflächen (trotz „Panzerglas!") nach Möglichkeit eher klein zu halten.

Im historischen Schiffsbau versuchte man, das Problem mit zwei Methoden einigermaßen in den Griff zu bekommen:

Rahmen
Man unterteilte die Fenster durch entsprechende Holzrahmen (die in sich entsprechend nachgiebig waren) in ziemlich kleine Scheiben. Selbst nach der Einführung der Bullaugen Mitte des 19. Jahrhunderts verwendete man diese Technik etwa für Oberlichter (s. Band 4, DIE AUSRÜSTUNG, Kap. Oberlichter).

Verbleiungen
Blei ist weich und ebenfalls nachgiebig. Seit man überhaupt Glasfenster (16. Jahrhundert) auf historischen Schiffen verwendete, setzte man die Glasflächen zumeist aus kleinen Glasstücken mit entsprechenden Bleirippen dazwischen in der Art von „Butzenscheiben" zusammen.
Für die Form der Glasstücke bzw. Verbleiungen gab es zahlreiche Muster, wobei die runden zweifellos die ältesten sind.

Modellbau

Früher, etwa auf Admiralty-Models, deutete man Glas mit einem schwarzen Anstrich (manchmal mit weißen Pünktchen) an, da man über kein brauchbares „Modellbau-Glas" verfügte. Für unsere heutigen Augen sieht dies allerdings sehr

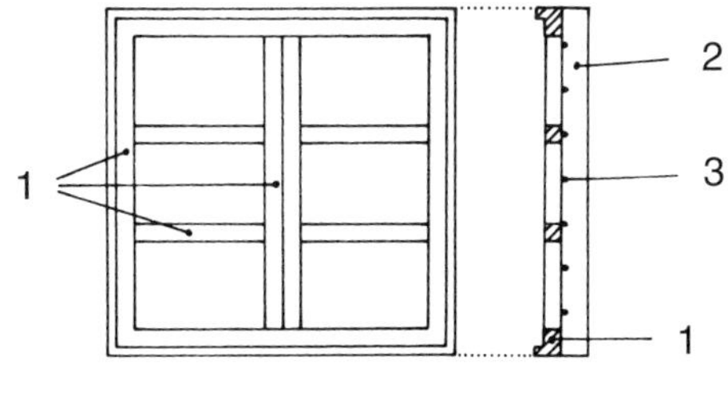

Bau von Modellfenstern: 1. Scheibe, 2. Rahmen aus Leistchen auf die Scheibe geklebt, 3. Verbleiungen am besten mit einem Kopierer aufgedruckt.

unnatürlich aus und die Methode wird allenfalls noch von extremen Traditionalisten verwendet.
Grundsätzlich sollte man „Glas“ niemals direkt auf die Beplankung kleben, sondern einen entsprechenden „Luftabstand“ halten (s. dazu Kap. Binnenanstrich). Echtes Glas ist im historischen Modellbau schlicht unbrauchbar!
Verschiedentlich wird Celluloid, unbelichteter Fotofilm oder dünnes Plexiglas empfohlen. Optimale Erfahrungen habe ich mit voll durchsichtigen PVC-Platten bzw. entsprechenden Folien gemacht (s. auch Band 2, MATERIAL UND WERKZEUG, Kap. Glas)!
Die „Verbleiungen“ kann man beispielsweise mit Ätztusche aufzeichnen. Noch sehr viel bequemer lassen sich diese entsprechend vorgezeichneten „Verbleiungen“ mit einem Kopiergerät auf dem Grundmaterial auftragen.
Originalzeichnungen im Format entsprechend größer auslegen, damit man sie dann entsprechend schneiden kann!
Die Technik, zunächst die Verbleiungen aus geschwärztem Kupfer oder Silberdraht zu fertigen und dann in eine dünnste, anschließend entsprechend polierte Schicht Polyesterharz einzugießen, sieht ohne Zweifel hervorragend aus! Modellbaupraktisch ist dies allerdings wirklich nur bei großmaßstäblichen Modellen anwendbar.
Die Scheiben werden von innen an die Oberplankung geklebt.
Die Holzrahmen fertigt man aus dünnsten Holzleistchen und klebt sie auf die „Scheibe“ auf. Vernünftigerweise baut man zuerst den Außenrahmen, setzt dann die Mittelsprosse(n) und klebt schließlich die Seitensprossen ein.
Zum Schluss sollte man die kompletten Fenster mit einem Tuffmattlack dünn überziehen, damit sie nicht so sehr glänzen. Das entspricht dem etwas „stumpferen“ Glas früherer Zeiten, das ja noch nicht so scharf geschliffen war wie heutiges Glas.

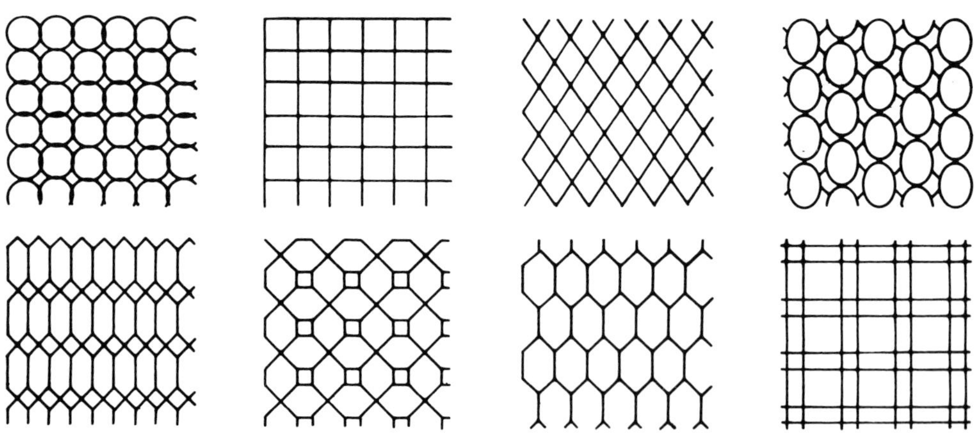

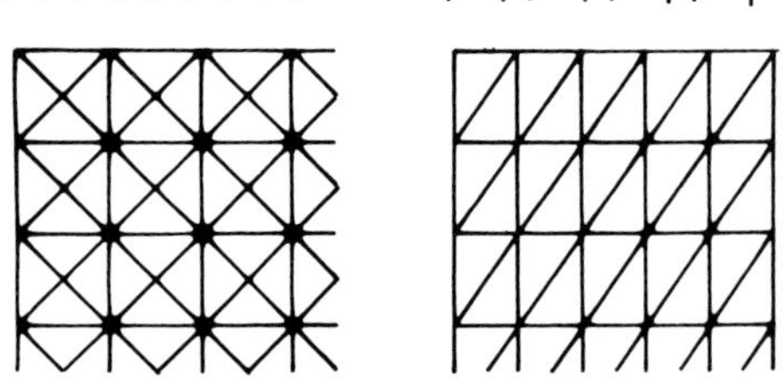

Verbleiungsmuster (Butzenscheiben), wie sie bis ins 19. Jahrhundert üblich waren. Die drei Formen in der ersten Reihe links waren die zweifelsfrei üblichsten Formen.

Galion

Bis in die zweite Hälfte des 19. Jahrhunderts war der Bug eines Schiffes ebenso wie das Heck der Platz für elegante oder prachtvolle Ausschmückungen. Bug und Heck sind für den Schiffsmodellbauer seit jeher ein Problem, aber auch eine Herausforderung und überdies die Stellen, an denen er sein handwerkliches Geschick voll zu zeigen vermag. Bug und Heck gehören zu jenen Teilen – entschuldigen Sie, wenn ich mich wiederhole! –, die sich ein Modellbauer sehr gründlich auf den Plänen ansehen sollte, ehe er sich entscheidet, dieses oder doch vielleicht lieber ein anderes Modell zu bauen. Ein schlecht gebautes, klobiges oder allzu vereinfachtes Galion beispielsweise kann den Eindruck eines ganzen Modells gnadenlos verderben!
So schwierig, wie es zunächst aussehen mag, ist die Sache dann freilich auch wieder nicht, als dass man mit exakter Überlegung, etwas Geschick und Geduld nichts Annehmbares zu Stande bringen könnte!

Galionstypen

Ehe wir uns den Details des Galions zuwenden, müssen wir uns kurz mit den Galionstypen und deren Entwicklung beschäftigen.
Bereits im 13. Jahrhundert begann man damit, am Bug der Schiffe kleine Türme und Plattformen anzubringen, die den Soldaten einen erhöhten und damit strategisch günstigeren Platz bieten sollten (s. auch Kap. Kastelle und Aufbauten).

Im 13. Jahrhundert begann man das Vorkastell mit Knien abzustützen – die Anfänge des Schegs. Zweites Siegel von Dover 1281 und Rekonstruktion. (Zeichnungen von Werner Zimmermann, Augsburg)

Im 14. Jahrhundert integrierte man zunehmend diese Plattformen bautechnisch in den gesamten Schiffsrumpf.
Im späten 15. und frühen 16. Jahrhundert wuchsen diese Kastelle auf Karracken zu mächtigen, mehrstöckigen Gebäuden, die zwar im Enterkampf zweifellos Vorteile brachten, allerdings die Schiffe zunehmend buglastig und damit schwerfälliger und langsamer machten. Im Extremfall waren derlei „Wellenburgen“ so windanfällig, dass sie, so wie die Mary Rose (1545 vor Spithead) kenterten und sanken, ehe sie einen einzigen Schuss abgegeben hatten. (Die Mary Rose wurde übrigens 1982 gehoben und ist seither in Portsmouth ausgestellt.)

Galionsformen 15. bis 19. Jahrhundert.

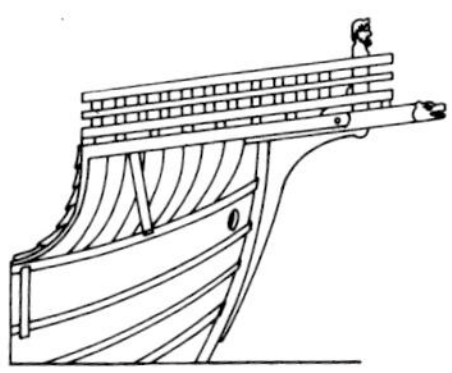

Katalanische Não 1450
sog. Mataró-Schiff

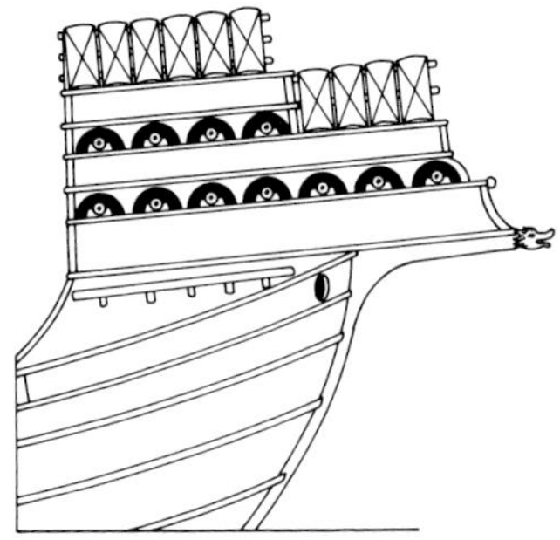

Santa Catarina do Monte Sinai
portugiesische Karracke 1520

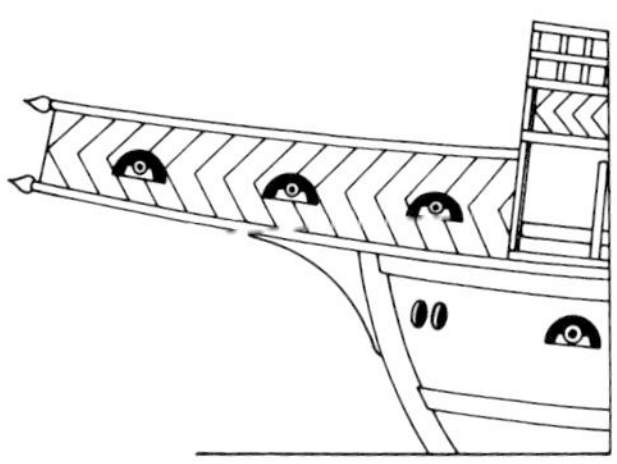

Sant Jago, spanische Galeone 1540

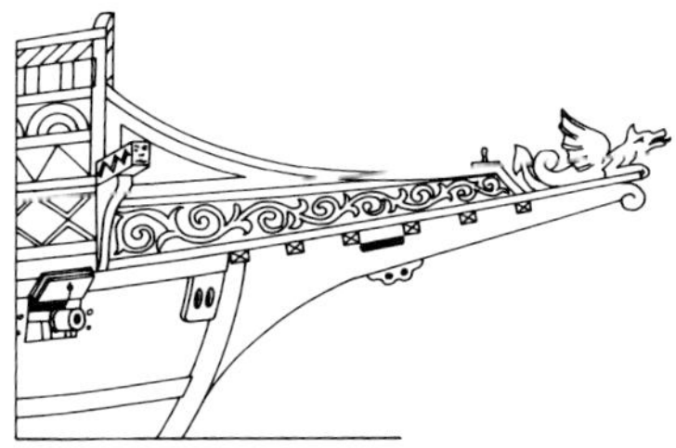

Revenge, englische Galeone 1580

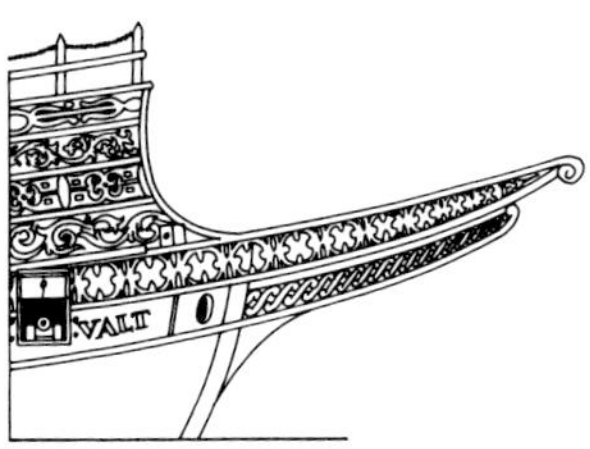

Flämische Galeone 1593

Roter Löwe brandenburgische Fregatte 1597

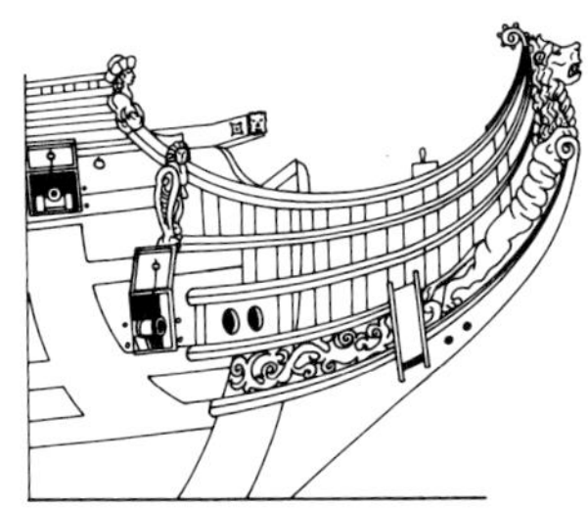

Niederländischer Zweidecker 1660

Friedrich Wilhelm zu Pferde
brandenburgischer Zweidecker 1680

Moskwa
russischer Zweidecker 1715

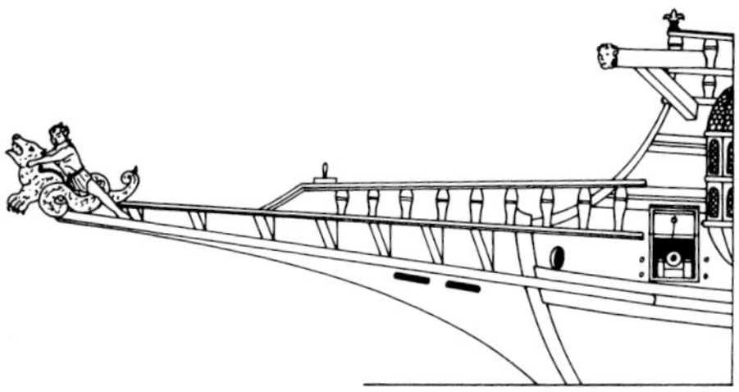

La Couronne
französischer Zweidecker 1636

Souvereign of the Seas
englischer Dreidecker 1637

HMS Prince
englischer Dreidecker 1670

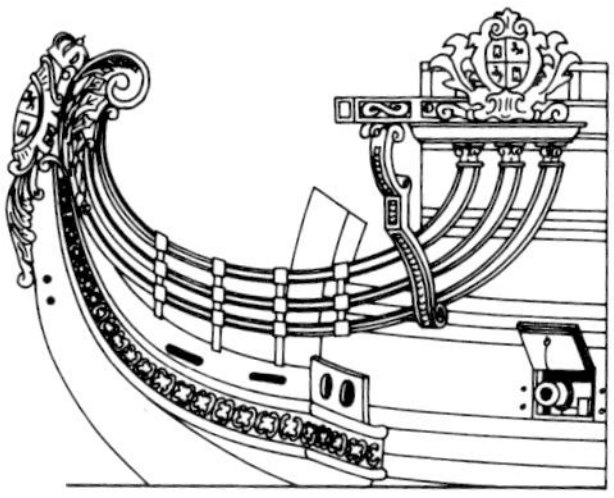

Sant Felipe
spanischer Dreidecker 1690

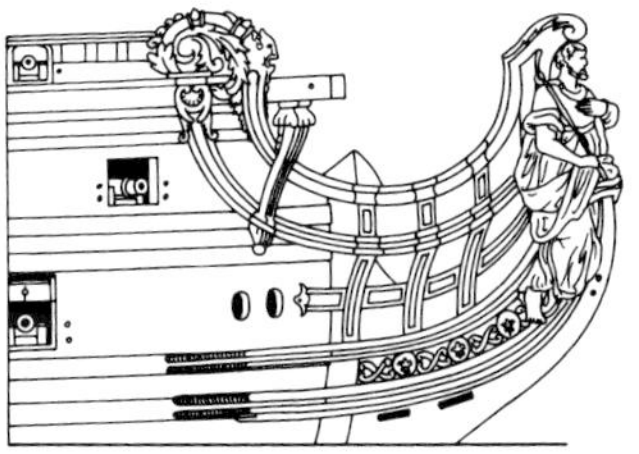

St. Philippe
französischer Zweidecker 1690

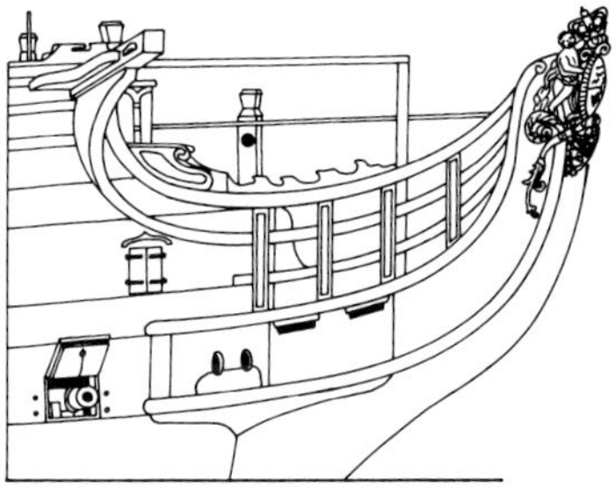

HMS Victory
englischer Dreidecker 1780

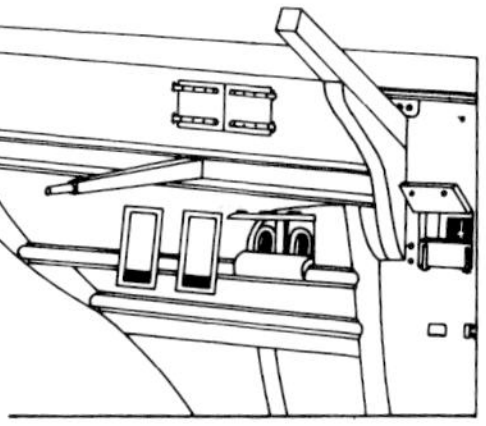

La Belle Poule
französischer Fregatte 1834

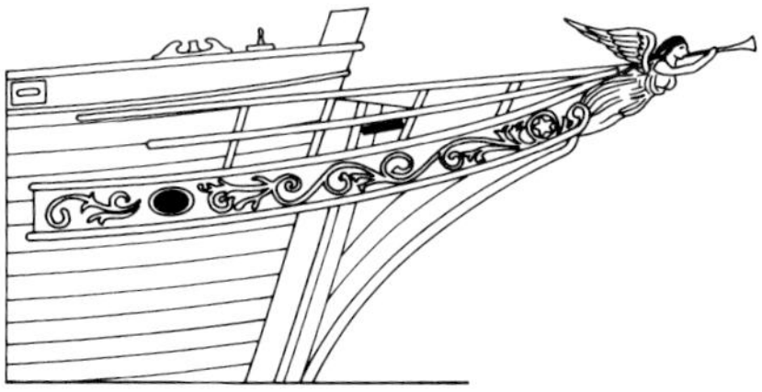

Star of Empire
amerikanischer Klipper 1853

Der entscheidende Wandel begann um 1530 mit der Entwicklung der Galeone in Spanien (Abb. s. SANTA MARÍA DEL PILAR, S. 287) und war abgeschlossen, als John Hawkins 1567 die Aufbauten des JESUS VON LÜBECK bis auf ein einziges kleines Backdeck am Bug gnadenlos herunterschneiden ließ, ihm ein flaches Galion als Wellenbrecher vorsetzte und damit die einstige Wellenburg zu einem tadellos hochseegängigen Schiff machte.
Die neue Entwicklung kam um 1625/40 aus den Niederlanden. Das tiefliegende und kompakte Galion der bisherigen Bauart hatte die unangenehme Eigenschaft, bei rauem Wetter stark Wasser zu übernehmen. Also bog man das Galion stärker auf, und als auch das noch nicht den gewünschten Erfolg brachte, ließ man die Beplankung einfach weg und ließ nur noch das „Gerippe" des Galions stehen. Diese neue Form wurde schnell in Kontinentaleuropa übernommen.
Um 1650 folgte auch England, allerdings mit einer wesentlichen Veränderung gegenüber dem holländischen Vorbild. Sine ira et studio, aber Großbritannien brauchte im Schiffbau stets ein bisschen seine „Extrawurst", die sich, um im Bild zu bleiben, ja auch für andere vielfach als durchaus „wohlschmeckend" erwies (was man vielleicht nicht unbedingt auf alle sonstigen, typisch englischen Gaumenfreuden übertragen sollte ...). Während in den Niederlanden die Galionsspanten U-förmig geschnitten waren, baute England die seinen V-förmig und reduzierte auch ihre Anzahl beträchtlich.
Um 1680 entwickelten Frankreich und Spanien eine verbesserte Variante: Ihr Galion war auffallend tief gekurvt und stieg dann steil auf, in Spanien etwas ausladender, in Frankreich ziemlich kurz.
Während die Galionsformen noch im frühen 18. Jahrhundert für ihre Herkunftsländer höchst charakteristisch waren, verschmolzen die verschiedenen Typen im 18. Jahrhundert mehr und mehr zu einer Symbiose aus französischem und englischem Galion, das nun allgemein üblich wurde.
Das 19. Jahrhundert brachte das Galion schließlich zum Verschwinden. Rudimente hielten sich noch bis in die zweite Hälfte jenes Jahrhunderts, bis es als überflüssiger Schmuck endgültig abgeschafft wurde.

Die prachtvollsten, allerdings auch kompliziertesten Formen des Schmucks am

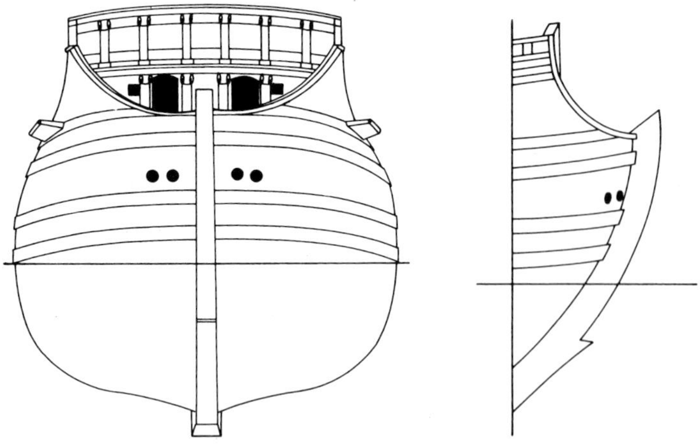

Die Pläne: Bug eines Schiffs niederländischer Bauart um 1680 noch ohne das Galion.

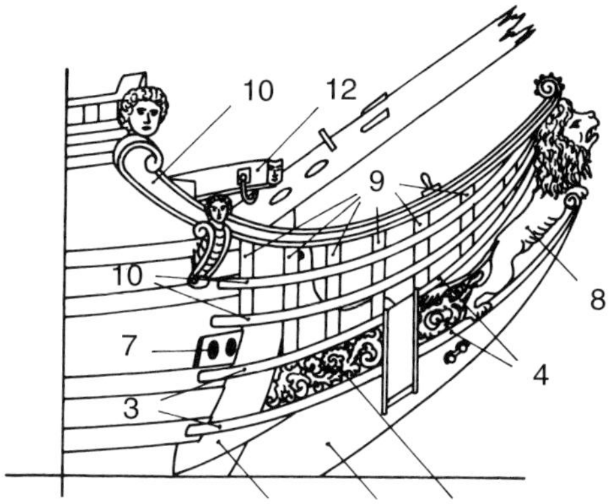

Seitenansicht

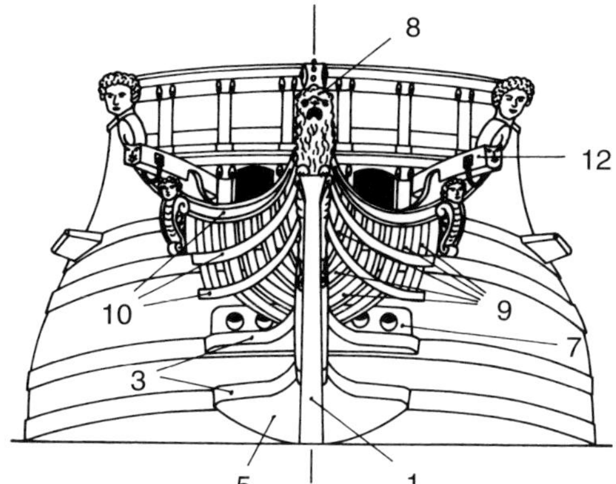

Bugansicht

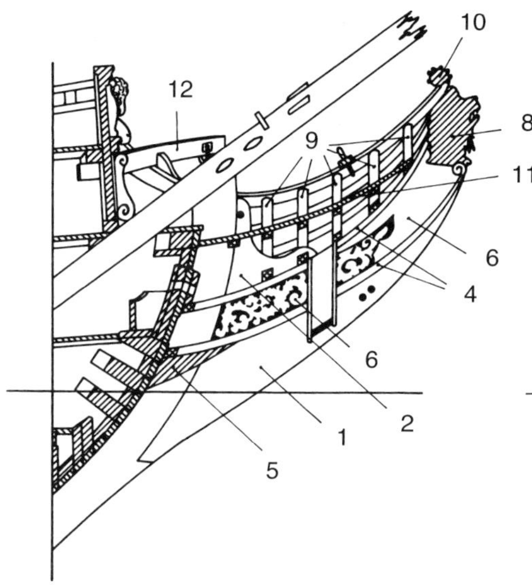

Mittellängsschnitt

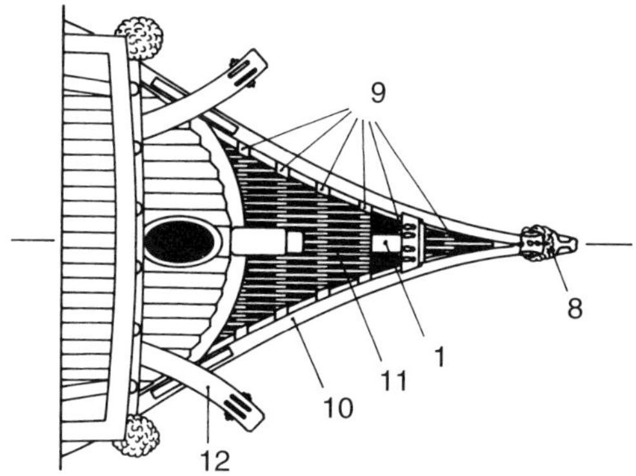

Deckaufsicht

1. Scheg, 2. Schegknie, 3. Schloiknie, 4. Galionssimse, 5. Ankerscheuer, 6. Liegerfutter, 7. Ankerklüsen mit Klüsenholz, 8. Galionsfigur, 9. Galionsspanten, 10. Galionsregeln, 11. Galionsgrätings, 12. Kranbalken.

Schiffsbug stammen aus dem 17. und 18. Jahrhundert. Sehen wir uns deshalb beispielhaft das Galion eines niederländischen Schiffes aus dem späten 17. Jahrhundert entsprechend genauer an:

Pläne

Zumeist ist das Problem, dass die Teile des Galions nicht einzeln auf den Plänen herausgezeichnet sind. Man muss sie sich in der Regel zusammensuchen und herausmessen und sicherheitshalber auch historische Quellen heranziehen, welche etliche Planzeichner aus Bequemlichkeit zu übersehen geruhten. Das klingt jetzt böse, ist aber, vor allem bei den Modellbaukästen, leider oft der Normalzustand. Tatsache ist auch, dass da oft massiv vereinfacht wird. Das ist dann zwar einfacher für den Modellbauer, mindert aber den Wert eines Modells erheblich.

Modellbau

Es sei keineswegs verschwiegen, dass das Galion, vor allem bei Schiffen des 17. bis frühen 18. Jahrhunderts, das schwierigste und diffizilste Bauteil des ganzen Modells ist!
Auf die Gefahr hin, dass ich Sie jetzt langsam nerve, muss ich nochmals wiederholen: Sehen Sie sich die entsprechenden Originalunterlagen (nicht etwa nur eine Baukastenbeschreibung!) sehr genau an, ob Sie handwerklich und im geplanten Maßstab überhaupt in der Lage sind, das Geforderte zu leisten!
Und auch noch mal der dringende Rat: Lieber ein kleineres, einfacheres, optimal gebautes Modell als einen schlecht gebauten „Kübel“ (s. auch Band 1, MODELLE UND VORKENNTNISSE, Kap. Welches Modell? und Kap. Der Maßstab)!

Scheg

Das Scheg ist die Verlängerung des Vorstevens am Bug und zugleich der tragende Teil des ganzen Galions.
Als im späten 13. Jahrhundert die Bugkastelle immer größer wurden und immer weiter über den Vorsteven hinausragten, wurde es sinnvoll, sie mit einem stehenden Knie von unten abzustützen. Doch bald reichte auch dies nicht mehr. Ein schwerer Balken, gestützt von einem kräftigen Knie, eben dem Scheg, nebst entsprechenden Querrippen war notwendig, um die Konstruktion zu stützen und zu tragen.
In der ersten Hälfte des 16. Jahrhunderts verschwanden die inzwischen oft weit überdimensionierten Bugaufbauten wieder.
Das Scheg freilich „überlebte“, wenn man es nun auch erheblich tiefer ansetzte. Das erste, derartige – zumindest mir bekannte – Scheg trug die spanische Galeone SANTA MARÍA DEL PILAR (Abb. Kapitel Ältere Rumpfbeschläge). Dies war zweifellos auch vom Sporn einer Galeere beeinflusst.
Sehr schnell erkannte man freilich, dass solch ein Scheg die von vorne einkommenden Wellen „zerschlug“ und damit das Backschott schützte.

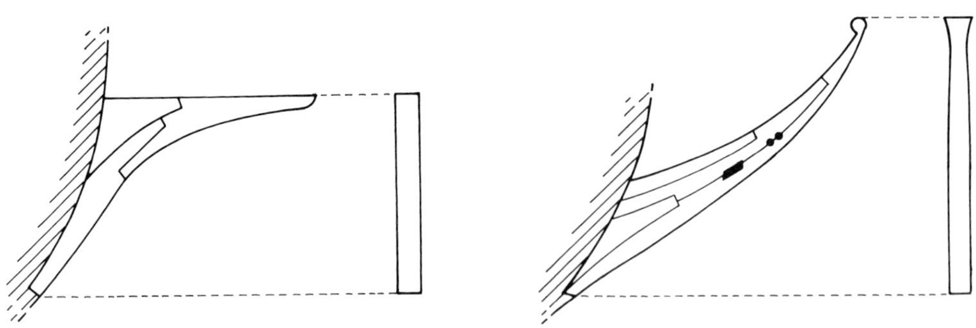

Scheg: links 14. bis Mitte 16. Jahrhundert zunehmend größer, rechts erste Hälfte 16. bis erste Hälfte 19. Jahrhundert.

Und damit begann die zweite „Karriere“ des Schegs: Ehe man im Verlauf des 19. Jahrhunderts andere, neue Bugformen entwickelte, war das Scheg, wie immer man es im Einzelnen gestaltete, der „Wellenbrecher“ schlechthin.

Modellbau

Wie der Vorsteven setzt sich das Scheg aus einer Reihe ineinander gepasster Hölzer zusammen. Für einen Modellbauer ist dieses Verfahren gewöhnlich allzu kompliziert und er wird das Scheg aus einem Stück herstellen, wobei die Holzmaserung so weit als möglich in der Längsrichtung des Bauteils verlaufen muss. Die Stöße der einzelnen Hölzer kann man mit einem Messer einritzen und so andeuten; hierzu sollte allerdings in den Plänen eine exakte Zeichnung vorliegen (und solche Zeichnungen sind selten), frei nach Gefühl zu arbeiten ist da weniger ratsam, es sei denn, man verfügt auch über solide theoretische Kenntnisse im historischen Schiffsbau.
Zu beachten ist, dass das Scheg, dort wo es an den Vorsteven ansetzt, gleich breit ist wie dieser, sich nach vorne zu aber verjüngt. Ebenso wichtig ist, dass das Scheg genau (!) in der Linie des Kiels steht, da sonst das ganze Galion schief wird!
Ehe man das Scheg montiert, müssen, sofern in dieses eingelassen, die Öffnung(en) für die Bugsprietzurring (s. Band 9, STEHENDES GUT, Kap. Bugsprietzurring) und die Öffnungen für die Fockhalsen (s. Band 10, LAUFENDES GUT, Kap. Halsen) eingesägt bzw. gebohrt werden.
Grundsätzlich: Es sei nochmals daran erinnert, dass jedes Teil (allenfalls außer der Farbe) fix und fertig sein sollte, ehe es montiert wird und dass man sich sehr genau die Reihenfolge überlegen sollte, in der man vorgeht. Beim Galion gilt dies in ganz besonderem Maß, denn wenn man hier versucht, nachträglich noch zu bohren, zu sägen oder ein vergessenes Teil einzubauen, führt das fast unweigerlich zu Beschädigungen und Bruch!

Schegknie

Nach oben wird das Scheg durch das Schegknie gegen den Vordersteven zu abgestützt. Ab dem späten 18. Jahrhundert war das Schegknie oft auch gleich in das Scheg mit eingebaut. Aussehen und Abmessungen erhält man aus den Plänen wie jene des Schegs. Im 17. Jahrhundert war das Schegknie vielfach etwas schmäler als die Vorderkante des Vorstevens, danach in gleicher Stärke wie dieser gehalten.

Modellbau

Sie werden aus entsprechend starken Edelholzbrettchen angesägt und entsprechend eingepasst.

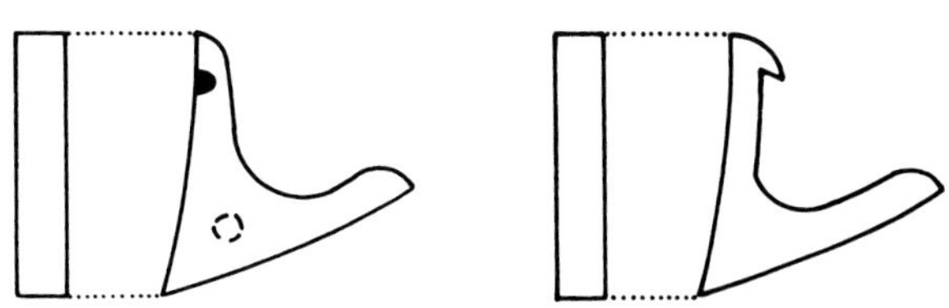

Stehende Schegknie: links mit Bohrung (gestrichelt englische Bohrung) für den Großstagkragen, rechts mit Haken wie im 18. Jahrhundert weitgehend allgemein gebräuchlich.

Seit dem 17. Jahrhundert wurde der „Großstagkragen“ (s. Band 9, STEHENDES GUT, Kap. Stag) über oder durch das Schegknie geführt.
Als Modellbauer darf man deshalb keinesfalls vergessen, dort im gegebenen Fall ein entsprechend großes Loch durch das Teil zu bohren bzw. einen entsprechenden „Haken“ zu berücksichtigen, denn beide lassen sich nachträglich keinesfalls mehr einbauen!

Kastellbalken bzw. Galionsbalken

Vom 14. bis teilweise Anfang des 17. Jahrhunderts trug eine massive Rahmenkonstruktion die Vorkastelle, deren Rückgrat der Schegauflieger war. Im 15. Jahrhundert wurden dann zunehmend in diesen Querbalken die „Kastenbalken“ eingelassen, die das unterste Kastelldeck trugen.
Auch als nach 1550 die riesigen Kastelle verschwanden und das „Galion“ erheblich tiefer rutschte, änderte sich am Bauprinzip so gut wie nichts, nur, dass man diese Hölzer nun als „Galionsbalken“ zu bezeichnen pflegte.
Seitlich wurden ihnen senkrecht die Kastellspanten aufgesetzt.

Modellbau

Die Herstellung ist simpel: Zunächst wird das Kastell oder das Galion von unten beplankt, dann werden entsprechend dimensionierte Vierkantleisten quer von unten angeklebt. Diese sollten die Farbe von Vorsteven und Scheg haben.

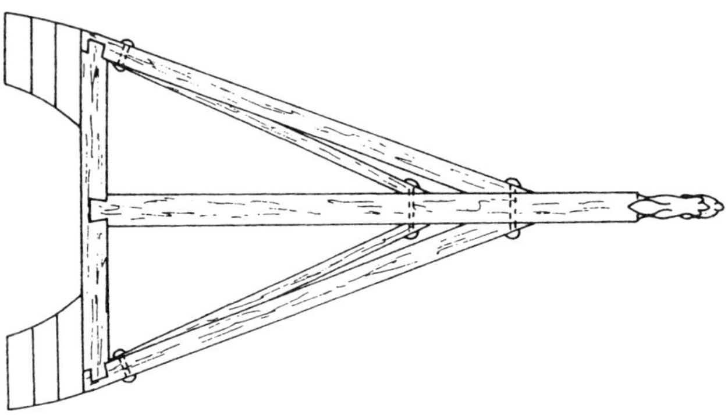

Auf Scheg und Spantauflanger wurde im 15. Jahrhundert ein massiver Holzrahmen gesetzt, der das Kastell trug, wie das Beispiel der MATARÓ-Não zeigt.

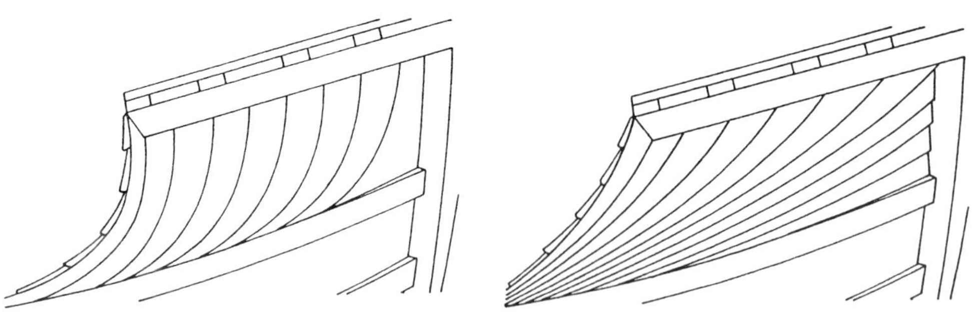

Der Teil zwischen Oberkante Rumpf und Unterkante Kastell wurde gerne mit einer sichelförmigen Plattung geschlossen.

Große Não im Hafen. Nach Schildberger EINE WUNDERBARLICHE UND KURZWEILIGE HISTORY *Ende des 15. Jahrhunderts.*
Sehr gut zu sehen die Kastellbalken. Dass sie leicht nach oben gerichtet zu sein scheinen ist freilich zweifellos ein Zeichenfehler des Verfassers, denn da das Deck, das sie trugen, stets eben waagerecht war, müssen es zwangsläufig auch die Balken sein.

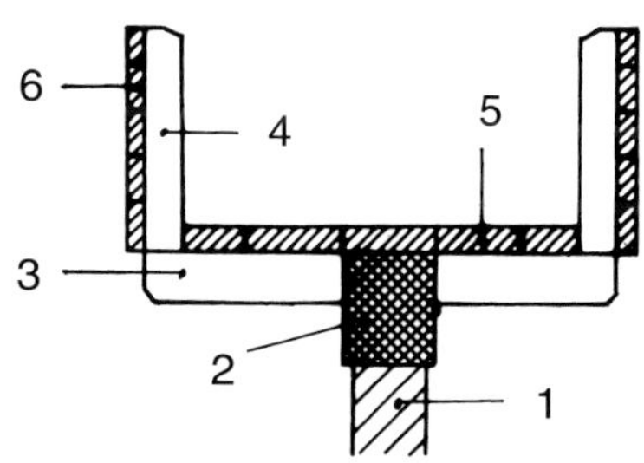

Galionsbalken im 16. Jahrhundert:
1. Scheg, 2. Schegauflieger, 3. Galionsbalken, 4. Galionsspanten, 5. Galionsdeck, 6. Galionsplankung.

Danach wird das Galionsdeck von oben beplankt, die Seitenteile werden angesetzt, außen und innen beplankt und die Spanten eingeklebt.

Galionssimse und Liegerfutter

Nach oben wurde das Scheg mit einer etwas breiteren, vielfach seitlich profilierten Leiste abgeschlossen, dem „Galionssims“, das aber seitlich deutlich über das Scheg hinausragte.

Seit Ende des 16. Jahrhunderts setzte man auf dieses eine oft nicht unbeträchtlich hohe Verstärkung, das „Liegerfutter", um die Gesamtkonstruktion stabiler zu machen, und schloss dieses nach oben mit einem zweiten Galionssims ab. Die oberen Galionssimse liefen vorne oftmals in einer eleganten Volute aus. Nun war das Liegerfutter kein so entscheidend tragendes Bauteil, dass man es

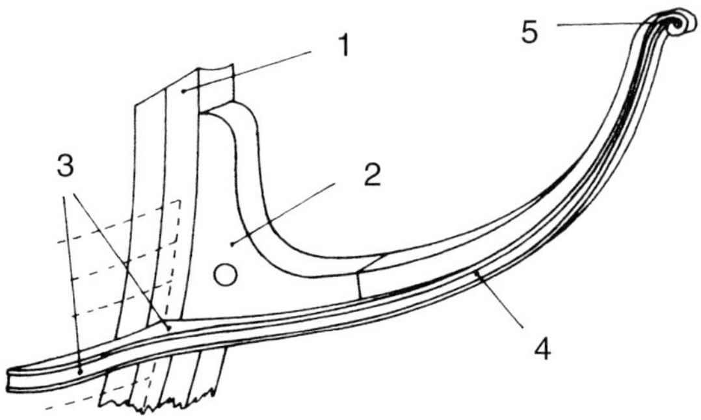

Seit Mitte des 17. Jahrhunderts war das Konstruktionsprinzip – bei allen nationalen Ausformungen – stets gleich: 1. Vorsteven, 2. Schegknie, 3. oberes Schloiknie (das untere identisch), 4. Galionssims, 5. Volute.

nicht hätte entsprechend verzieren und auch durchbrechen dürfen. Bis ins frühe 18. Jahrhundert lieferten sich die Schiffbaunationen ganz Europas einen Wettstreit darum, wer den fantasievollsten, elegantesten und prächtigsten Galionslieger zu gestalten wusste. Den Preis für den fantasievollsten muss man wohl der schwedischen WASA zuerkennen (Abb. s. Band 2, MATERIAL UND WERKZEUG, S. 24), den für den elegantesten der französischen SOLEIL ROYAL (Abb. s. Band 1, MODELLE UND VORKENNTNISSE, S. 119). Die Entscheidung über den prächtigsten möchte ich dem Geschmack des einzelnen Modellbauers überlassen.
Im weiteren Verlauf des 18. Jahrhunderts wurde man wieder erheblich nüchterner und besann sich darauf, wozu der Lieger eigentlich gedacht war, nämlich zur Stabilisierung des Galions. Man baute ihn daher aus massiven Holzbrettern, die stets senkrecht zu den Simsen standen (Abb. s. auch Band 2, S. 54), was

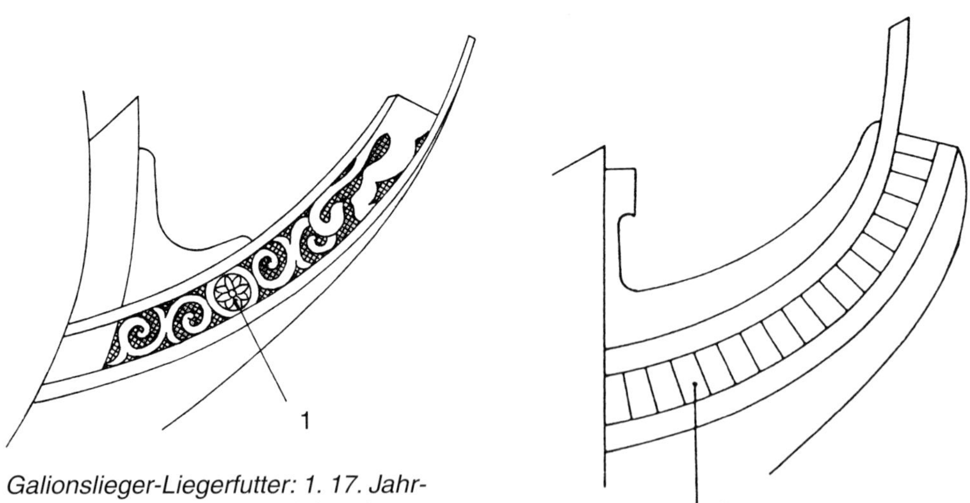

Galionslieger-Liegerfutter: 1. 17. Jahrhundert, 2. 18. und 19. Jahrhundert.

aber nicht unbedingt bedeutete, dass man diese außen nicht auch entsprechend dekorieren konnte (Abb. s. Band 1, S. 42. Hier sind auch sehr schön die Galionssimse zu erkennen, die seitlich deutlich über das Scheg hinausragen!).

Modellbau

Einfacher gestaltete Galionslieger sägt man am besten zunächst aus einem entsprechend dicken Edelholzbrettchen aus und arbeitet dann mit Skalpell und eventuell feinsten Fräsköpfen nach.

Für sehr feine und komplizierte Teile empfehle ich Ihnen dringend nochmals die Lektüre von Band 2, MATERIAL UND WERKZEUG, Kapitel Schnitzen sowie Gips und Kunstharz. Mit Sicherheit werden Sie dort eine Ihnen zusagende Herstellungstechnik finden.

Das Galion der WASA von 1628:
Das Galion war um diese Zeit bereits nach unten offen, damit das überkommende Wasser leicht ablaufen konnte, und die Galionsspanten leicht aufgebogen. Die Seiten waren noch teilweise geplankt, ab spätestens 1650 verschwand auch diese Plankung. (Modell von Wolfram zu Mondfeld, Hohenfurch, im Deutschen Technikmuseum, Berlin)

Schloiknie

Das Scheg wurde seitlich durch liegende Knie quer abgestützt. Zunächst war es ein, bald waren es schon zwei Paare, die an den Galionssimsen ansetzten und sich zumeist an den Barkhölzern abstützten. In der Regel hatten sie die gleiche Stärke wie die Simse. An ihren Außenkanten setzten sie gewöhnlich auch die gleichen Verzierungen wie die Simse fort (Abb. Band 2, Material und Werkzeug, S. 54).

Modellbau

Abmessungen und Platzierung der Schloiknie erhält man aus Wasserlinienriss, Bugansicht und Seitenansicht. Allerdings ist es trotzdem schwierig, die exakte, passgerechte Form auf Anhieb zu finden. So ist es ratsam, auch hier zunächst eine Schablone aus Pappe oder Sperrholz anzufertigen und diese einzupassen und erst, wenn man die richtige Form gefunden hat, diese entsprechend aus Edelholz anzufertigen.

Ankerscheuer

Unter dem unteren Schloiknie saß seit dem 17. Jahrhundert so gut wie immer ein gerundetes Holz, die Ankerscheuer, die verhindern sollte, dass der aufkommende Anker das Galion beschädigte.

Modellbau

Abmessungen und Platzierung erhält man ebenfalls aus Wasserlinienriss, Buganssicht und Seitenansicht – und glauben Sie da ja nicht irgendwelchen Modellbaukästen, die diese als „zu kompliziert“ und „ohnehin nicht wichtig“ weglassen! Sie ist wichtig, wenn auch, zugegeben, ein wenig kompliziert in der Herstellung. Am besten setzt man sie zunächst nach Art der Schichtbauweise aus Brettchen zusammen, die anschließend in die entsprechende Form geschliffen werden.

Galionsspanten und Galionsregeln

Ihr Aussehen und ihre Platzierung sollten „eigentlich“ aus den Plänen erkennbar sein. Doch wie schon oft gesagt: Trauen Sie keinem Plan bedingungslos, oder anders ausgedrückt: Vertrauen ist gut. Kontrolle ist besser!

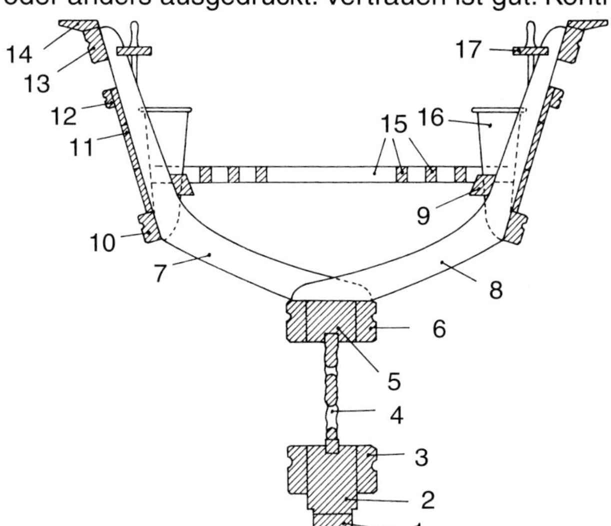

Schnitt durch das Galion der Wasa: 1. Scheg, 2. Scheglieger, 3. Schloiknie, 4. Galionslieger, 5. Galionssims, 6. Schloiknie, 7. hinterer Galionsspant und 8. vorderer Galionsspant (ab Mitte des 16. Jahrhundert in einer Ebene!), 9. Galionsweger, 10. Zierleiste, 11. Galionsplankung, 12. Zierleiste, 13. Galionsregel, 14. Gelionsreling, 15. Lattenrost (gesetzt auf Galionsdeckbalken zwischen den Spanten, getragen von 9.), 16. Latrine, 17. Nagelbank.

Das Galion des englischen Dreideckers St. Michael von 1669.
Seit Mitte des 17. Jahrhundert fuhr man konstruktiv das Galion „nackt" – überkrustete es allerdings, zumal im 17. Jahrhundert, leidenschaftlich mit prachtvollen Schnitzereien.
(Admiralty-Model im Science Museum, London-South Kensington)

Nachdem wir uns schon ausführlich mit der historischen Theorie beschäftigt haben, können wir bedenkenlos zur Modellbaupraxis übergehen.

Modellbau

Der kniffeligste Teil des Galions ist der Zusammenbau von Galionsspanten und Galionsregeln.

Die Stellung der Galionsspanten ermittelt man aus der Seitenansicht. Der hinterste Spant saß als Paar an der Beplankung des Bugs an, die übrigen Spanten auf dem Scheg bzw. Galionslieger. Ihre Form – man ermittelt sie aus der Buganansicht – war, wie schon erwähnt national und zeitlich verschieden, von U-förmig in Holland bis V-förmig in England.

Achten Sie auch auf die Schmiege der Galionsspanten!
Verbunden wurden die Galionsspanten mit den Galionsregeln. Da diese in der Seitenansicht verkürzt dargestellt sind, muss man sie sich selber mit Hilfe von Seitenansicht und Decksaufsicht herauskonstruieren, wie die Originalzeichnung von Abraham Rees von 1820 zeigt, wobei die Mittellinie und die KWL als Grundkoordinatenlinien verwendet werden.
Galionsregeln müssen selbstverständlich sowohl längs als auch quer einen gleichmäßigen und steten Verlauf haben, d. h. ohne irgendwelche Knicke und Ausbuchtungen! Falls Ihnen keine extrem guten Pläne zur Verfügung stehen, werden Sie in der Praxis sehr schnell bemerken, dass Sie auch mit Millimeterpapier, Lineal und Zirkel in neun von zehn Fällen allenfalls brauchbare Näherungswerte erhalten. Machen Sie sich also lieber gleich darauf gefasst, dass Sie ohne Probieren nicht weit kommen werden. Am besten fertigen Sie die Galionsspanten zunächst aus Sperrholz und passen die Galionsregeln aus Pappe und/oder dünnem Sperrholz ein. Dabei unbedingt streng auf die Symmetrie zur Mittschiffsebene achten! Erst, wenn alles richtig sitzt, zerlegen Sie ihr Versuchsgalion wieder und verwenden die Einzelteile als Baumuster für das endgültige Galion. Das klingt nicht nur kompliziert, das ist es auch – es ist aber die einzig zuverlässige Methode, die auch von allen Spitzenkönnern des Schiffsmodellbaus verwendet wird!

Achtung: Zwingen Sie kein Bauteil in seine richtige Form! Schleifen und schnitzen Sie so lange, bis jedes Teil ohne Zug und Druck richtig sitzt! Die Holzdimensionen von Galionsspanten und Galionsregeln sind zu schwach, um erzwungenem Zug oder Druck dauerhaft standzuhalten – und wenn sie (und sei es vielleicht erst nach ein paar Monaten) nachgeben, dann ist Ihr ganzes Galion schief!

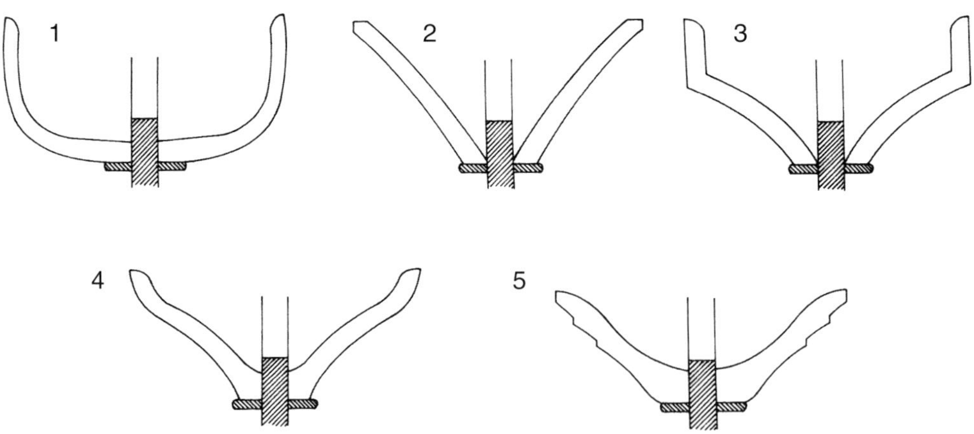

Beispiele für Galionsspantformen: 1. holländisch 17./ 18. Jahrhundert, 2. englisch 17./18. Jahrhundert, 3. französisch um 1700, 4. französisch um 1750, 5. spanisch 17./18. Jahrhundert. Die Formen änderten sich, zumal unter Fremdeinflüssen, fast beständig – klare Auskunft kann da wirklich nur ein optimaler Plan geben.

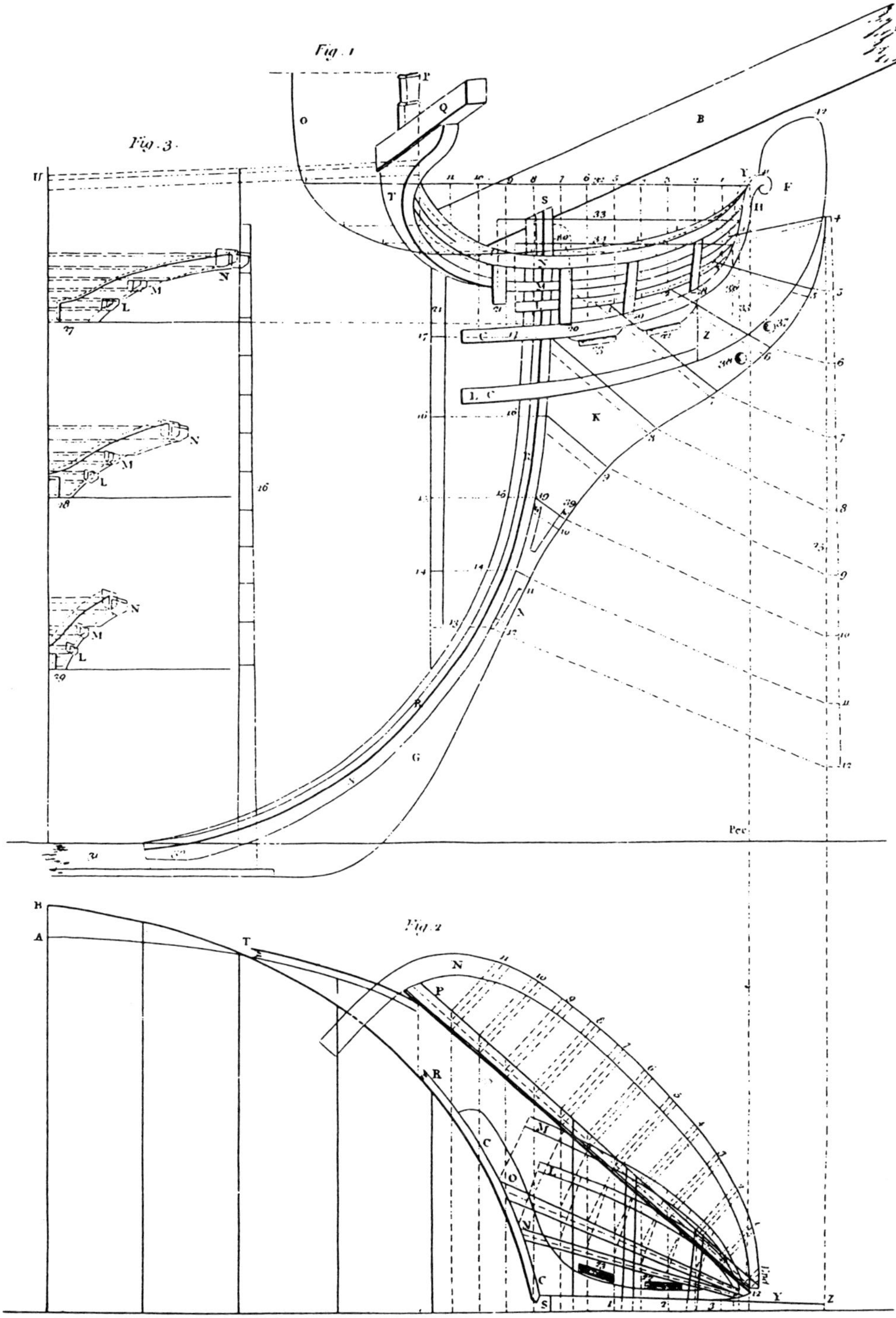

Herauskonstruieren von Galionsspanten und Galionsregeln.
(Zeichnung von Abraham Rees in Ship Building*, London 1819)*

Auflieger bzw. Galionsdecksbalken

Ähnlich den Decksbalken wurden die Galionsspanten mit Aufliegern bzw. Galionsdecksbalken verbunden. Je nach Zeitpunkt und Nationalität waren diese, ähnlich den Decksbalken, leicht gewölbt. Nach 1730 wurden diese Teile seitlich mit liegenden Knien abgestützt.

Modellbau

Im Modellbau ist es oft zweckmäßig, die Galionsspanten gleich mit den Aufliegern zusammen herzustellen, da diese so eine größere Festigkeit erhalten.

Galionsdeck

Bis ins frühe 17. Jahrhundert war das Galionsdeck ein Deck wie jedes andere und wurde auch so beplankt.

Modellbau

Sofern man eine Decksunterlage aus Zeichenkarton oder dünnstem Sperrholz verwendet (s. Kap. Das Deck), muss diese nicht nur von oben, sondern auch von unten beplankt werden. Da das aber leicht zu dick werden kann, ist es oft ratsam, das Deck mit entsprechend dünnen Leisten „original" zu beplanken.

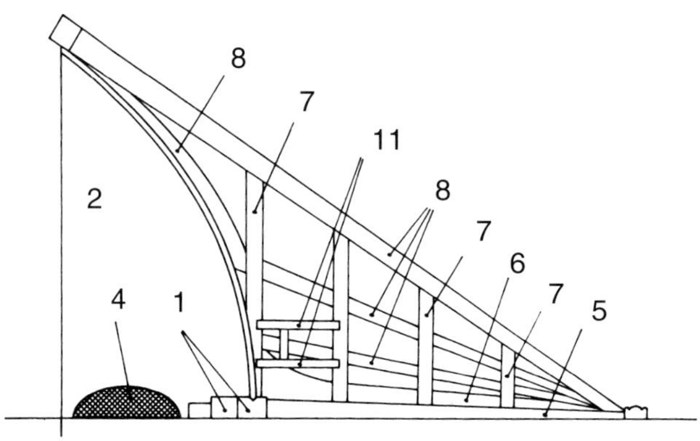

vor 1730

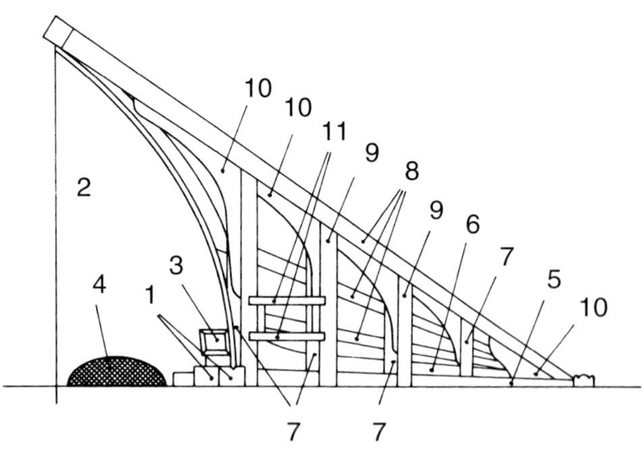

nach 1730

Ausbau des Galions: 1. Vorsteven, 2. Bugdeck, 3. Ohrhölzer, 4. Bugsprietöffnung, 5. Scheglieger, 6. Schloiknie, 7. Galionsspanten, 8. Galionsregeln, 9. Spantauflieger bzw. Galionsdeckbalken, 10. liegendes Knie, 11. Latrinensüll.

Galionsgrätings

Da das Galion bei rauer See leicht von Wasser überspült werden konnte, verzichtete man seit dem späten 16. Jahrhundert und auf jeden Fall seit der ersten Hälfte des 17. Jahrhunderts auf ein festes Deck und verwendete stattdessen Grätings, durch welche das Wasser ebenso schnell ablaufen konnte, wie es hereinkam. (Zu Grätings generell s. Band 4, Die Ausrüstung, Kap. Grätings).
In der Regel war dies ein „Rost" aus mehr oder minder parallelen Latten, der von Spant zu Spant gelegt wurde. „Gitter"-Grätings kamen erst um 1750 bei englischen Schiffen auf, setzten sich allerdings dann relativ schnell auch auf dem Kontinent durch.

Da diese Grätings den Zweck hatten, den Füßen der Matrosen einigermaßen sicheren Halt zu geben, wurden sie in aller Regel zwischen den vordersten ein bis zwei Galionsspanten weggelassen, da dort ohnehin kein Mensch herumlief.

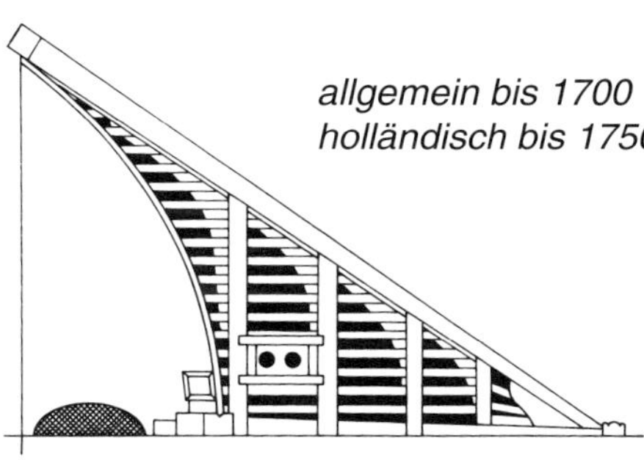

allgemein bis 1700
holländisch bis 1750

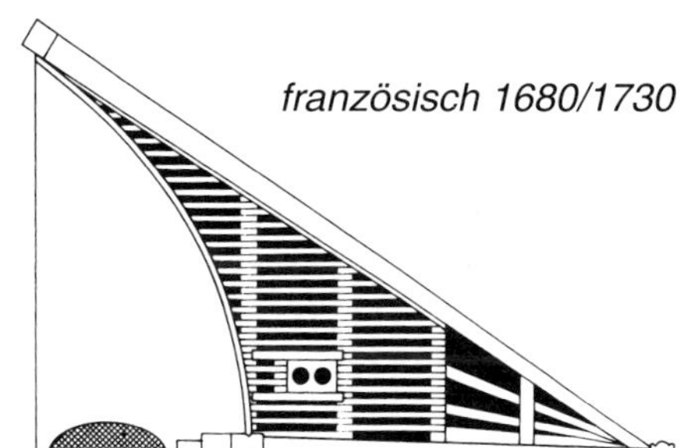

französisch 1680/1730

allgemein nach 1700

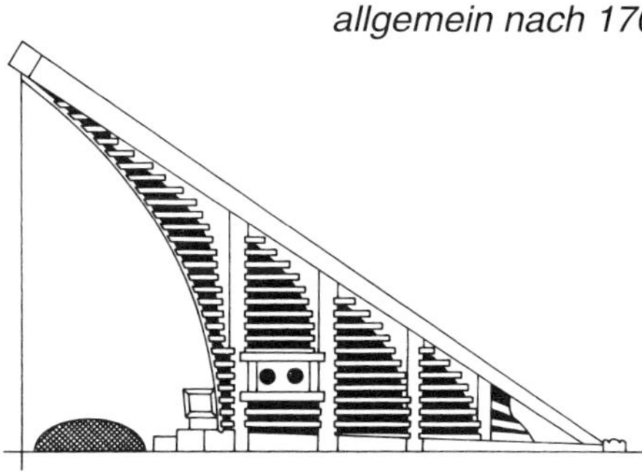

französisch nach 1730

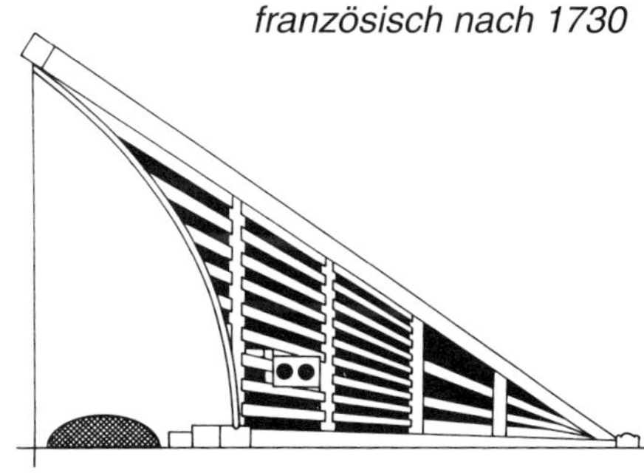

englisch nach 1750
allgemein nach 1780

Galionsgrätings nach 1600.
Gegen Ende des 16. Jahrhunderts setzten sich als Boden für das Galion Grätings durch. Bis etwa 1780 bestanden sie aus Längslatten, die zwischen den Galionsspanten eingefügt waren ehe sich dann Grätings der üblichen Form endgültig durchsetzen.

Achtung: Sorgen Sie dafür, dass eine entsprechende Öffnung für die Bugsprietzurring (s. Band 9, STEHENDES GUT, Kap. Bugsprietzurring) gewährleistet ist!

Modellbau

Die Galionsgrätings fertigt man am besten aus dünnen Leistchen, welche die helle Farbe der übrigen Decks haben sollten.
Mitunter waren sie, vor allem auf französischen Schiffen, in die Galionsdecksbalken oder deren liegende Knie eingelassen, wie es die Zeichnungen „französisch 1680/1730“ und „französisch nach 1730“ zeigen.
Galionsgrätings einzubauen ist ohnehin eine extreme Fieselei. Sie auch noch „einzulassen“ macht freilich nur bei wirklich großmaßstäblichen Modellen Sinn!
Sofern die Leistenrichtung (parallel oder fächerförmig) stimmt, sind Galionsgrätings-Leisten der gezeigten Typen „allgemein bis 1700/holländisch bis 1750“ und „allgemein nach 1700“ – selbst für den gestrengsten Schiedsrichter in einem internationalen Modellbauwettbewerb – absolut akzeptabel, vor allem, da ja auch später noch Galionsgrätings vielfach in dieser Form gebaut wurden.

Latrinen

Wie früher schon gesagt, diente das Galion zunächst als eine Art Wellenbrecher, dann aber kaum weniger auch als Schmuck eines Schiffes.
Seit dem frühen 17. Jahrhundert (möglicherweise sogar noch früher) erfüllte es allerdings noch einen weiteren, höchst prosaischen Zweck, denn hier waren die Latrinen – garantiert mit „Wasserspülung“ – untergebracht. Genaueres zu diesem Thema, das manche Modellbauer strikt zu vermeiden versuchen, in Band 4, DIE AUSRÜSTUNG, Kap. Latrinen.

Nagelbänke

Seit spätestens dem frühen 17. Jahrhundert waren auf dem Galion auch ein oder zwei Nagelbänke für die Taue des Vorgeschirrs (s. Band 4, DIE AUSRÜSTUNG, Kap. Nagelbänke und Band 10, LAUFENDES GUT, Kap. Vorgeschirr) angebracht.

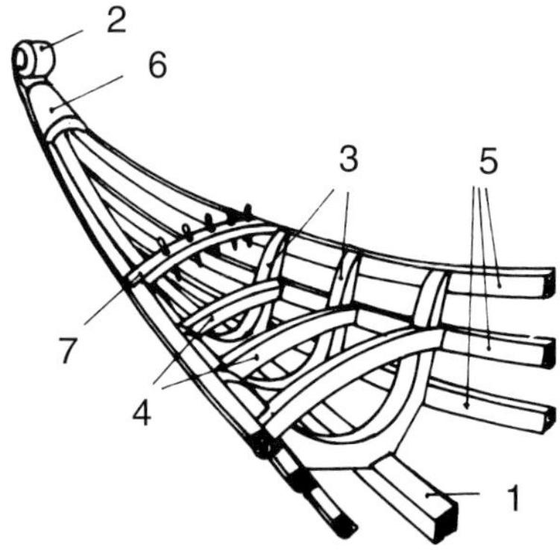

Galion von etwa 1650 bis 1830.
1. Scheglieger, 2. Krulle, 3. Galionsspanten, 4. Grätingsbalken, 5. Galionsregeln, 6. Brookstück, 7. Nagelbank (oft auch zwei Stück).
(Zeichnung nach Herrmann Ketting, Amsterdam)

Galionsfigur

Die Galionsfigur wurde seit jeher mit besonderer Aufmerksamkeit und liebevoller Ausführung bedacht, galt sie doch als eine Art Personifikation des ganzen Schiffes.
Bereits in der Antike gab es solche Figuren.
In der prädynastischen Periode Ägyptens sind Steinschnitte aus der nubischen Wüste bekannt, die eindeutig solche Verzierungen aufweisen. Sie sind mindestens 6000 Jahre alt und viele Historiker halten sie sogar für noch erheblich älter. Dass man den Vorsteven mit dem „Auge" schmückte, damit das Schiff etwas „sehen" konnte, hat seit mindestens 3000 v. Chr. in Ägypten und dann im ganzen Mittelmeer eine ungebrochene Tradition, die zumindest auf Fischerei- und Küstenfahrzeugen bis heute durchaus lebendig ist.

Auf Felszeichnungen in der nubischen Wüste erscheinen erstmals „Galionsfiguren". Die Zeichnungen entstanden um mindestens 4000 v. Chr., vermutlich sind diese sogar noch sehr viel älter.

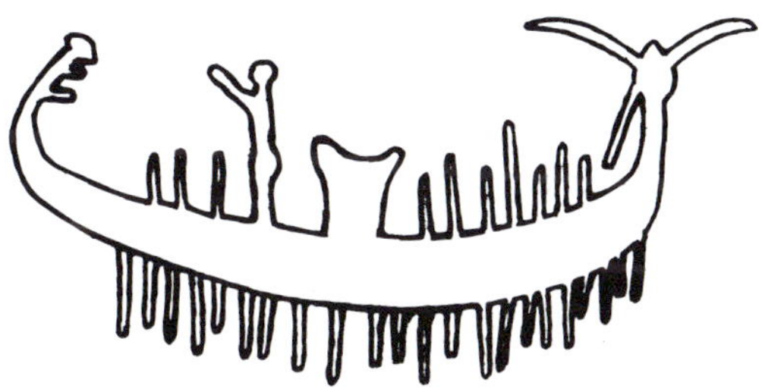

Von diesem frühen Galionsschmuck abgesehen stammt der erste bildliche Nachweis einer Galionsfigur vom Tempel Pharao Râ-mose's (Ramses) III. in Medinet-Habu um 1190 v. Chr., der seinen grandiosen Sieg über die Seevölker aus dem Norden feierte. Die bronzenen Löwenköpfe hatten auch einen durchaus

Als Rammsporn geeignet: Der Löwenkopf eines ägyptischen Kriegsschiffes des Pharao Râ-mose III. in der Schlacht gegen die Seevölker um 1190 v. Chr. – die erste bekannte Darstellung einer Seeschlacht! (Darstellung von Björn Landström, Stockholm)

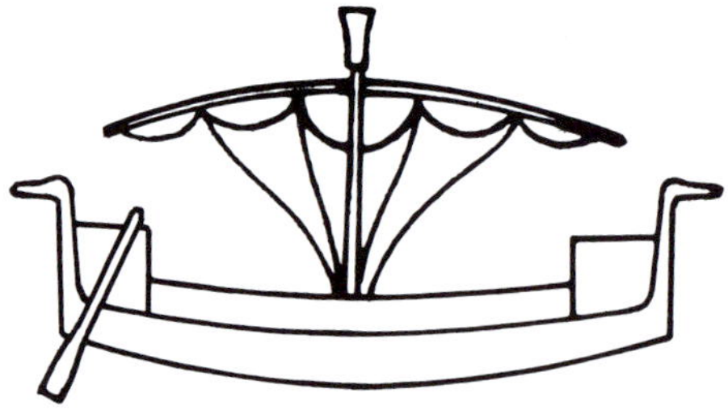

Die zweifellos aus dem Norden kommenden „Seevölker“ – wer immer sie denn sein mochten – segelten, im Gegensatz zu den Skandinaviern, ausschließlich ihre Schiffe, was ihnen im Nildelta zum Verhängnis wurde.
Aber auch sie schmückten ihre Vor- und Achtersteven mit „Enten(?)-schabeligen“ Figuren.

praktischen Sinn, denn mit ihnen konnte der Rammstoß, als dessen Erfinder König Râ-mose gilt, gegen ein feindliches Schiff durchgeführt werden und dieses zum Sinken oder zumindest Kentern bringen.
Interessant, dass auch die Schiffe der Seevölker über einen entenkopfartigen Galionsschmuck verfügten, was uns nach Brandskogen in Mittelschweden führt, wo auf einer Felszeichnung der Bronzezeit ca. zwischen 1500 und 1000 v. Chr. solch ein Schiff dargestellt ist.

Der Schiffstyp ist zwar ein anderer – generell eher gerudert als gesegelt – doch die Ähnlichkeit der Stevenköpfe zumal mit dem Hällristningar-Schiff von Brandskogen ist auffallend.

Wenig später übernahmen die Phönizier, wohl „die“ Seefahrer schlechthin jener Epoche, spätestens ab 700 v. Chr. die Tradition von Galionsfiguren auch auf ihren Handelsschiffen.

Phönizische Handelsschiffe bevorzugten Pferdeköpfe als Galionsfiguren wie auf diesem assyrisch-babylonischen Relief aus Khorsabad.
(Original im Britisch Museum, London)

Schiffe waren ein beliebtes Motiv auf griechischen Vasen des 12. bis 8. Jahrhunderts v. Chr.. Das Auge hatte man wohl von den Ägyptern übernommen, doch die Galionszier in Form von Hörnern oder Geweihen stammt offenkundig aus dem Norden, wo sie aus der gleichen Epoche auf vielen skandinavischen Hällristningar zu finden sind.

Die Griechen übernahmen seit ihrer Einwanderung aus dem Norden nahezu unverzüglich nicht nur das Auge am Bug und den Rammsporn, sondern auch die Dekoration des Bugs ihrer Schiffe – zunächst wohl mit Hörnern oder Geweihen von Tieren, wie zahlreiche Darstellungen auf Tonvasen bezeugen (oder hatten sie diese aus ihrer Urheimat an der Ostseeküste bereits mitgebracht?). Wie dem auch sei, um 500 v. Chr. war der bronzene Schiffschnabel griechischer Kriegsschiffe voll entwickelt, sehr persönlich gestaltet und beim Rammstoß zu einer gefürchteten Waffe geworden.

Ein oft wunderschön ausgearbeiteter, bronzener Rammsporn war im 6. bis 4. Jahrhundert v. Chr. in Griechenland auf Kriegsschiffen obligatorisch. (Darstellung von Björn Landström, Stockholm)

Die Römer waren hoffnungslose Landratten, aber dank des „Corvo", einer Enterbrücke mit der man eine Seeschlacht zu einer Landschlacht machen konnte, (s. Bd. 4, Die Ausrüstung, Kap. Frühe Geschütze) waren sie auch im Enter-

Beim „Messer"-Sporn blieb als Galionsfigur nur der Platz für eine Galionsfigur auf der hochgeschwungenen Krulle, etwa der Kopf der Minerva oder der Roma wie auf dem Relief vom Grab des Lucius Cartilio Poplicola um das Jahr 0. (Original im Museo Ostia Antica, Ostia)

Ein Eberkopf schmückte den Bug eines byzantinischen Kriegsschiffes um 450 n. Chr. wie auf diesem bis heute vorhandenen Brunnen in Rom. (Original auf der Piazza Navicella, Rom)

kampf erfolgreich. Vor allem freilich dank ganz ihrer generellen militärischen Überlegenheit errangen sie auch die Übermacht zu See. Den Rammsporn ihrer Kriegsschiffe gestalteten sie in der Regel in Form von drei gebündelten Messern/Schwertern, so dass für eine Galionsfigur nur die rückwärts gerichtete

Krulle des Vorstevens mit einem Relief blieb. Phantasievoller ging man da wohl vielfach bei Handelsschiffen zu Werke, wenn etwa der Apostel Paulus über seine Reise von Malta nach Rom schreibt: „Nach drei Monaten setzten wir Segel auf einem Schiff … aus Alexandria, mit den Zwillingsbrüdern (Castor und Pollux) als Galionsfigur".

Die Drachenköpfe auf dem Vorsteven von Lang- d. h. Kriegsschiffen der Wikinger wurden legendär. Wenn man sich einem befreundeten Hafen näherte, wurden diese übrigens in aller Regel abgenommen, um zu demonstrieren, dass man in freundschaftlicher Absicht kam (s. auch S. 245).

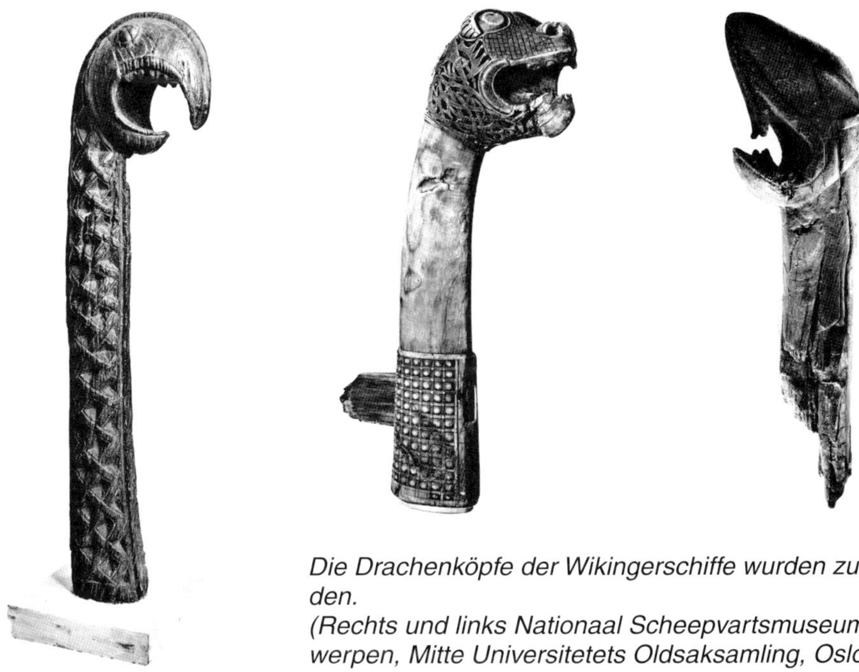

Die Drachenköpfe der Wikingerschiffe wurden zu Legenden.
(Rechts und links Nationaal Scheepvartsmuseum, Antwerpen, Mitte Universitetets Oldsaksamling, Oslo)

Im hohen Mittelalter sind zwar immer wieder einmal Stevenverzierungen überliefert (Abb. s. auch Band 1, MODELLE UND VORKENNTNISSE, S. 108), doch waren das eher Ausnahmen.

Galionsfigur einer Galeone um 1500.
Der Mann, der dieses Graffito auf einem Ziegel in einer nahe des dänischen Helsingør gelegenen Kirche ritzte, mag nicht der größte Künstler seiner Epoche gewesen sein – aber ein profunder Kenner von Schiffen! (s. z. B. die Spangen, welche die Planken verbinden und vor allem die verschieden geschlagenen Taue!)
(Original im Handels und Søfahrtsmuseet, Helsingør.)

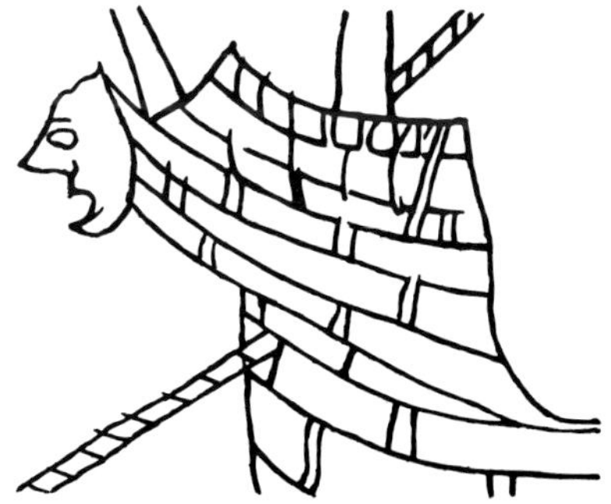

Als man im frühen 14. Jahrhundert bugwärts begann, den Schegbalken unter dem Kastell hervorragen zu lassen, war ein idealer Platz für eine Bugverzierung gefunden. Zunächst an dessen Vorderende wie einst bei König Râ-mose III. (Abb. s. auch Band 1 S. 19), dann *auf* diesem (Abb. s. auch Band 1 S. 29 f.)

St. Georg, der den Drachen tötet, reitet hier noch auf dem Galionslieger/Galionsscheg der englischen HMS PRINCE von 1610, welche angeblich auch der erste Dreidecker der Schiffsgeschichte gewesen sein soll.
(Gemälde von Cornelis Vroom, National Maritime Museum, London-Greenwich)

Die Glanzzeit der Galionsfiguren war ohne jede Frage das 17. bis inklusive das 19. Jahrhundert. Es ist unmöglich, hier eine genaue Geschichte der Galionsfigur zu zeichnen. Also nur in Stichworten:
Zunächst waren es wohl vor allem die Kriegsschiffe, die sich solch einen, nun auf dem Scheg montierten, Bugschmuck leisteten. Doch die großen Handelsschiffe wie Ost- und Westindienfahrer zogen schnell nach.
Im 17. Jahrhundert waren die Figuren durchaus individuell gestaltet und entweder aus dem jeweiligen Wappen entlehnt oder bezogen sich unmittelbar auf den Schiffsnamen oder auch Symbole, die dem jeweiligen Herrscher lieb und teuer waren. Dies blieb auch generell in den nächsten zwei Jahrhunderten so.
Im 18. Jahrhundert dominierte allerdings auf Kriegs-/Staatsschiffen eine gewisse Fantasielosigkeit. Anders gesagt, machte sich am Galion vielfach ein ganzes Löwen-„Rudel“ breit. Der Löwe – stolz, mächtig und gefährlich – war nicht nur ein starkes Symbol, er war ja auch in den Wappen von England, den Niederlanden und Spanien präsent. Selbstverständlich gab es auch dort nach wie vor

Das prachtvolle Galion des englischen 100-Kanonen-Dreideckers HMS Prince von 1670 – s. auch Seiten 379 und 380.
(Admiralty-Model im Science Museum, London-South Kensingston)

individuell gestaltete Galionsfiguren. In Frankreich oder Russland, die ja keinen Wappenlöwen besaßen, waren entsprechende Figuren üblich (Abb. z. B. Band 2, Material und Werkzeug, S. 45, 51, 54). Seit der zweiten Hälfte des 18. Jahr-

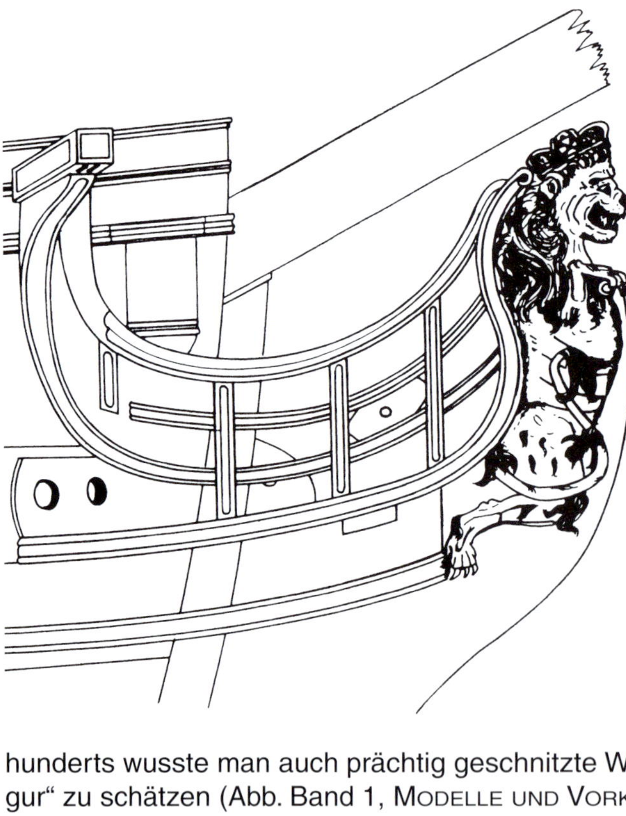

hunderts wusste man auch prächtig geschnitzte Wappenschilde als „Galionsfigur“ zu schätzen (Abb. Band 1, MODELLE UND VORKENNTNISSE, S. 42).

Auch wenn im 17. und vor allem 18. Jahrhundert zumal auf Kriegsschiffen der Löwe zur eindeutig beliebtesten und häufigsten Galionsfigur wurde blieb durchaus noch Raum die individuellere Gestaltungen.

Linke Seite:
Oben: Galion des holländischen Ostindienfahrers PRINS WILLIM *von 1649.*
(Originalmodell im Rijksmuseum, Amsterdam)
Unten links: Galion des englischen 20-Kanonen-Schiffes BLANDFORD *von 1720.*
(Zeichnung von Peter Goowin, London)
Unten rechts: Gekrönter Galionslöwe.
(Original im Sjöhistoriska Museum, Stockholm)

Rechte Seite:
Oben: Galionsfigur eines Krieges von einem russischen Kriegsschiff um 1800.
(Original im Zentralen Marinemuseum, St. Petersburg)
Unten: Galion des französischen 82-Kanonen-Zweideckers LE VENGEUR *um 1798.*
(Gefangenenmodell aus Knochen im Science Museum, London-South Kensington)

Galionsfiguren aus England, Deutschland, Frankreich, Dänemark, Finnland, Russland und USA aus dem 18. und vor allem 19. Jahrhundert.
Die Amazone (oben rechts) hatte im freizügigen 18. Jahrhundert keine Probleme, im victroianisch geprägten 19. Jahrhundert hielt man sich die Brüste eher „keusch“ zu (rechts unten Mitte) – oder präsentierte sie eben genau deshalb herausfordernd (Kunst!).

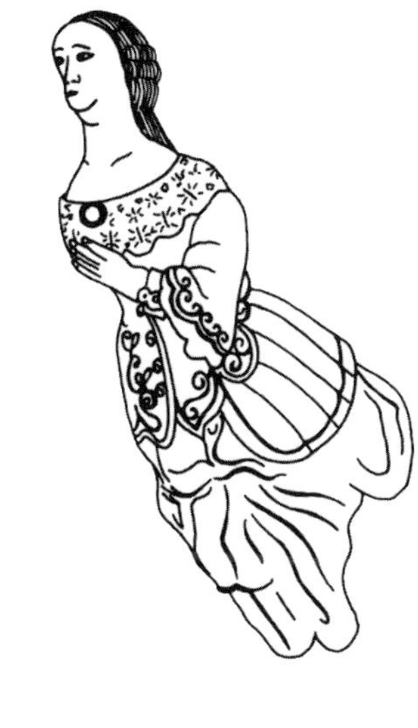
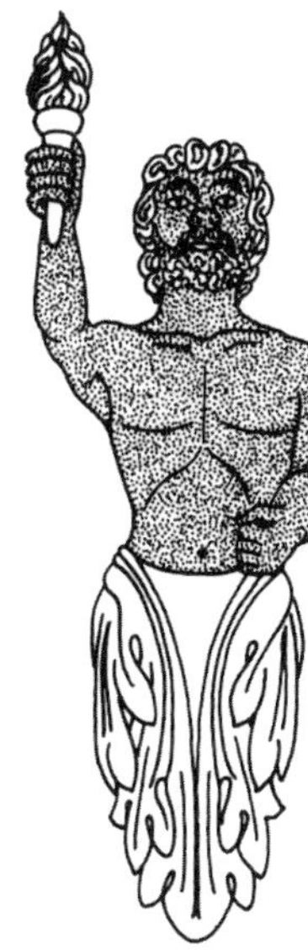

Was Galionsfiguren anbelangte, ließ man im Handelsschiffbau – nach eher bescheidenen Anfängen im 18. und vor allem im 19. Jahrhundert der Fantasie voll die Zügel schießen. Giancarlo Costa meinte in seinem Buch Die hölzernen Engel (Basel 1980): „Nichts, das nicht möglich gewesen wäre!“: Außer blanker Pornografie (und nach den damaligen Moralbegriffen schrammte da manche Galionsfigur haarscharf an diesem Begriff vorbei!) war in der Tat „alles erlaubt“: Büsten und Vollfiguren, klassische Motive, Gestalten des öffentlichen Lebens wie Könige und Krieger, Darstellungen militärischer Erfolge, Allegorien und Wappen, Tiere und Frauen (sogar der eigenen) usw. Ich wüsste kein Schifffahrtsmuseum weltweit, das in seiner Sammlung kein solches Stück vorzuweisen hätte. Wo das wahre „Mekka“ für Galionsfiguren liegt, das will und wage ich nicht zu sagen, nur dass es sich irgendwo zwischen St. Petersburg und Washington befinden müsste.

Modellbau
Die Galionsfigur erfordert, auch bei sonst wenig entsprechend dekorierten Schiffen, das ganze schnitzerische Geschick eines Modellbauers. Wie und aus welchem Material er sie herstellt, das muss dem einzelnen Modellbauer überlassen bleiben (s. dazu unbedingt Band 2, MATERIAL UND WERKZEUG, Kap. Schnitzen usw.).
Als tiefgläubiger Mensch (russisch-orthodox) habe ich genau deshalb mitunter massive Hemmungen, die Bibel zu zitieren. Doch in diesem Fall mag wirklich gelten: „Fürchtet euch nicht!". Auch wenn Sie kein Schnitzer sind: Wenn der erste, zweite und sogar dritte Versuch misslingt, werden Sie mit jedem Versuch ja auch schlauer und geschickter. Und mit Geduld und Liebe zum Detail werden Sie erleben, dass selbst die kritischen Modellbaukollegen staunen: „Das hast wirklich *du* gemacht?!"

Wichtige Tipps:
1. Schon die Rohform muss unbedingt dem Scheg angepasst werden!
2. Sinnvollerweise teilt man also die Figur in ein „rundgeschnitztes" Oberteil über dem und in die beiden reliefgeschnitzten Unterteile am Scheg.
3. Um das Scheg nicht zu beschädigen, setzt man die Teile provisorisch zunächst auf ein Hilfsbrettchen genau von der Dicke des Schegs, an dem man nun bedenkenlos weiterarbeiten kann.
4. Erst nachdem die Figur endgültig fertig ist, wird sie entsprechend am Modell montiert.

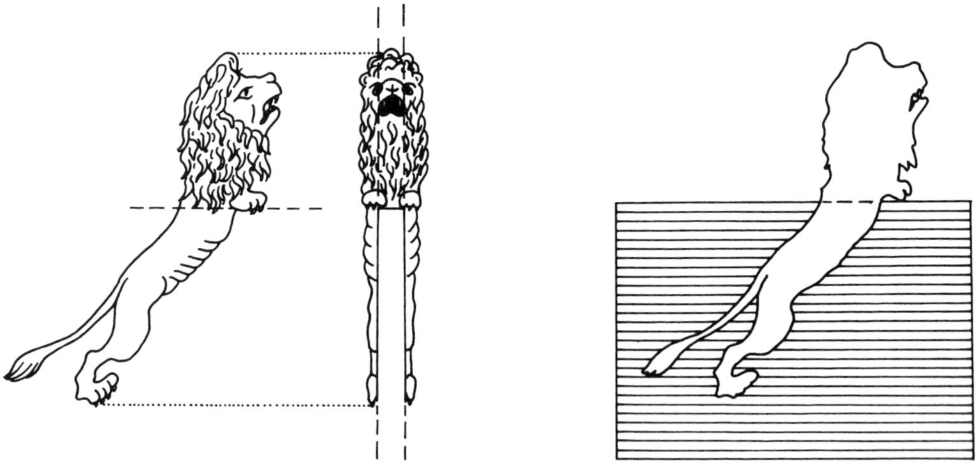

Schnitzen einer Galionsfigur: Links: Teilungsmöglichkeiten. Rechts: Die Figur auf einem Schnitzbrett von der Stärke des Scheg bzw. Galionsliegers.

Firmenliste

Für diesen Band besonders relevante Firmen.

„aero-naut" Modellbau
In diesem Zusammenhang ist die Firma vor allem als Quelle für Modellbauholz wichtig, doch auch als optimaler Lieferant für diverse Kleinteile wie etwa Gatchen, Bullaugen oder Relingstützen.
„aero-naut" Modellbau GmbH & Co. KG
Stuttgarter Straße 18–22, D-72766 Reutlingen
Tel. + 49 (0) 7121/4330880, Fax +49 (0) 7121/4330888
Internet: http//www.aero-naut.de

amati MODELLISMO
In dem eher kleinen Programm finden sich durchaus ein paar Leckerbissen für Baukastenbauer.
Andreas Spanjer Schiffmodellbau
Werderstraße 81, D-6920 Sinsheim

ARKOWOOD
Wenn es um Holz für den historischen Schiffsmodellbau geht, zweifellos die „Nummer 1" in Deutschland!
arkowood
Oliver C. König
Schloßring 12, D-72290 Loßburg
Tel. + 49 (0) 7446/3619, Fax +49 (0) 7446/916270
Internet: www.arkowood.de

Bayha
Eigentlich auf Ärztebedarf ausgerichtet, sind ihre Skalpelle beinahe ein „Muss" für den historischen Schiffsmodellbau.
C. Bruno Bayha GmbH
Dr. Karl-Storz-Straße 14, D-78532 Tuttlingen
Tel. + 49 (0) 7461/8711, Fax +49 (0) 7461/4944
Internet: www.bayha-skalpelle.de

BÖHLER
Kleinmaschinen. Da über einen Trafo gesteuert, manchmal freilich ein wenig leistungsschwach.
Günter Böhler GmbH
Carl-Benz-Str. 6, D-79211 Denzlingen
Tel. +49 (0) 7666/2652, Fax +49 (0) 7666/1032
Internet: http://www.boehler-minitool.com

CALDER CRAFT
Diese englische Firma liefert wirklich erstklassige Baukästen – trotz aller Bedenken, die man bei Baukästen nun einmal haben muss.
Die Baukästen sind zu beziehen über Klaus Krick Modellbautechnik.

CLOU
Beizen und auch Wachse (etwa zur Darstellung von Dübeln und Nägeln) sind die kaum übertroffene Spezialität dieser Firma. Man bekommt die Produkte in jedem Baumarkt.

Alfred Clou Lackfabrik GmbH & Co
Otto-Scheugenpflug-Straße 2, D-63073 Offenbach/M.
Tel. +49 (0) 69/89007-0, Fax + 49 (0) 69/89007-143
Internet: www.clou.de

Corel
Von kleinen Ausrutschern abgesehen ist die Firma aus Mailand zweifellos diejenige mit dem höchsten Qualitätsstandart, was Baukästen anbelangt.
Internet: www.corel.com/bd
Die Baukästen sind zu beziehen über Klaus Krick Modellbautechnik.

Efco
Metallische Prägefolien, ideal vor allem für Unterwasserbeschläge aus Kupfer, Messing oder Zink.

Henkel
Ponal ist „das" Klebemittel für den historischen Schiffsmodellbau schlechthin. Mit Pattex steht auch ein zuverlässiger Kontaktkleber zur Verfügung.
Henkel AG & Co. KGaA
Henkelstraße 67, D-40589 Düsseldorf
Tel. +49 (0) 211/797-0, Fax +49 (0) 211/798-4008
Internet: www.henkel.de

Herbol
„Kunststoff-Siegel matt" ist meiner langjährigen Erfahrung nach der ungeschlagen ideale Lack für historische Schiffsmodelle. Man bekommt ihn in guten Farbgeschäften – notfalls bestellen lassen.
Akzo Nobel GmbH
Vitalisstraße 198–226, D-50827 Köln
Tel. +49 (0) 221/5881-616, Fax +49 (0) 221/5881-628
Internet: www.akzonobel.de

Krick
Vertreibt nicht nur teilweise wirklich gute Modellbaukästen, sondern auch Holz und optimale Beschlagteile für den historischen Schiffsmodellbau. Zweifellos eine der besten Adressen!
Klaus Krick Modellbautechnik
Postfach 1138, D-75434 Knittlingen
Tel. +49 (0) 7043/9351-0, Fax +49 (0) 7043/31838
Internet: www.krick-modell.de

Liquid Leaf
Für gemaltes Gold an Modellen die Optimallösung schlechthin! Liquid Leaf gibt es in verschiedensten Goldtönen und ist in gutsortierten Geschäften für Künstlerbedarf zu erhalten.
Connoisseur Studio Ltd.,
GB-Bognor Regis, PO22 9TS, Großbritannien

Mantua Model
Wenn man von einigen wahrhaft fürchterlichen Takelagen absieht, liefert die Firma aus Mailand tadellose Qualität.
Internet: www.mantuamodel.com
Die Baukästen sind zu beziehen über Klaus Krick Modellbautechnik.

OcCre Ocio Creativo
Engagierte Baukastenfirma, deren Modelle man im Detail aber einer sehr gründlichen Überprüfung unterziehen sollte!
Pol. Ind. Les Hortes del Camín Ral. C/Repuntadora, 2–6 nave 14, 2a Planta
E-08302 Mataró-Barcelona, Spanien
Tel. + 34 937414536, Fax + 34 937986140
Internet: www.occre.com

PROXXON
Liefert wahrhaft leistungsfähige Kleinmaschinen (ohne den „Handbohrer“ wird ein Schiffsmodellbauer kaum auskommen!).
PROXXON GmbH
Im Spanischen 18–24, D-54518 Niesbach
Internet: www.proxxon.de

SELVA
Eigentlich auf Uhrenbau spezialisiert, ist der Katalog dieser Firma auch für Erbauer historischer Schiffsmodelle eine wahre Fundgrube, was Werkzeuge und Materialien anbelangt!
SELVA TECHNIK GmbH & Co. KG
Christian-Messner-Straße 29, D-78647 Trossingen
Tel. + 49 (0) 7425/930300, Fax + (0) 7425/930400
Internet: www.selva.de

Steingraeber
Baukastenfirma mit qualitativ sehr gemischtem Programm.
Andeas Steingraeber
D-3570 Stadtallendorf
Internet: www.drexlers-modellbau.de

UHU
„Im Falle eines Falles“ ist diese Firma für optimale und auch höchst spezifische Klebstoffe nahezu legendär.
UHU GmbH & Co. KG
Herrmannstraße 7, D-77815 Bühl/Baden
Tel. + 49 (0) 7223/284-0, Fax + 49 (0) 7223/284-240
Internet: www.uhu.de

In der Mehrzahl der Fälle liefern diese Firmen nicht an Privatkunden, sondern ausschließlich über Vertragshändler. Trotzdem habe ich (soweit möglich) die vollständigen Firmen-Adressen angegeben, um den einschlägigen Händlern das Auffinden der entsprechenden Anschriften leichter zu machen, wenn diese etwas für Sie bestellen sollen. Die Mehrzahl der Produkte finden Sie ohnehin im „ganz normalen“ Angebot des einschlägigen Fachhandels.

Bildnachweis